U0200376

本书受到国家自然科学基金面上项目“城市群多中心空间发展对雾霾污染的影响：效应评估、传导途径和政策建议”（项目编号：72074175）资助

中国城市区域多中心空间发展的减霾绩效及政策

■ 李 治 詹绍文 著

Haze Reduction Performance and Policies of Polycentric Spatial Development in Urban Regions of China

科学出版社

北 京

内 容 简 介

本书结合我国城市区域空气污染治理学术研究和实践的重点和热点，及时回应当前我国城市区域污染治理难题。

本书在理论研究及国内外实践经验比较分析的基础上，基于城市群和城市两种地理空间尺度，不仅定量测度城市区域空间结构的多中心化程度，而且还采用计量经济手段考察多中心化程度对雾霾污染、污染产业布局及家庭能耗的影响，从而检验多中心城市空间结构的减霾机制及绩效，旨在为我国城市区域空间规划和城市区域生态环境品质提升提供学术支撑，并进一步丰富和深化我国城市区域空间结构的环境绩效理论。

本书内容翔实、重点突出，适合城市发展和环境治理领域的政策制定者、学者以及对这一问题感兴趣的社会各界人士阅读。

图书在版编目（CIP）数据

中国城市区域多中心空间发展的减霾绩效及政策 / 李治，詹绍文著.
北京 ：科学出版社, 2025. 1. -- ISBN 978-7-03-080769-4

Ⅰ. X51

中国国家版本馆 CIP 数据核字第 2024DG6967 号

责任编辑：杨婵娟 / 责任校对：韩 杨
责任印制：师艳茹 / 封面设计：有道文化

科学出版社 出版
北京东黄城根北街 16 号
邮政编码：100717
http://www.sciencep.com

北京中科印刷有限公司印刷
科学出版社发行 各地新华书店经销

*

2025 年 1 月第 一 版 开本：720×1000 1/16
2025 年 1 月第一次印刷 印张：14 1/4
字数：241 000

定价：118.00 元

（如有印装质量问题，我社负责调换）

FOREWORD 序

“十三五”以来，我国新型城镇化取得重大进展，城镇化水平和质量大幅提升，2023 年我国常住人口城镇化率达到 66.16%，提前实现“十四五”规划目标。我国的城镇化已进入下半场，相比一次城镇化过程中人口由乡到城的流动，二次城镇化是城市之间的流动，由中小城市向中心城市、城市群集聚。然而，人们在享受城镇化带来的甜蜜果实的同时，也品尝到了环境恶化带来的苦涩后果。我们现代化建设成果举世瞩目，但我们也为现代化付出沉重的代价。近些年严重的大气污染尤其是雾霾污染已经直接影响人们的健康生活，尽管目前城市区域雾霾情况大有改善，但 2023 年国务院颁布的《空气质量持续改善行动计划》中指出，2022 年我国仍有 25%的地级及以上城市细颗粒物（PM2.5）浓度超过国家二级标准，我国 PM2.5 平均浓度是世界卫生组织最新空气质量指导值的 5.8 倍，而且京津冀城市群及周边、长三角城市群等重点区域仍然是细颗粒物控制的重点区域。

当前多中心空间结构发展已逐渐成为国内城市群、超大特大城市等城市区域空间规划普遍采用的策略。例如，长三角城市群、京津冀城市群、北京、上海、广州、重庆、郑州等都提出了不同形式的多中心空间发展构想。随着“多中心”空间结构作为理论分析和政策工具在城市研究和城市规划实践中的普遍应用，围绕城市区域空间结构的环境绩效研究也迅速兴起，引发了对最优城市空间发展模式的广泛讨论。基于“空间结构-环境绩效”相互作用逻辑，理论上存在“单一环境要素绩效最优”的城市空间结构。而且由于城市空间结构的“刚性固化”现象导致环境“锁定效应”，其产生的环境问题也可能是长期和不可逆的，因此如何通过土地政策、环境和规划法规以及经济手段将负向环境效应内部化处理，即将环境问题内置而不是外置地处理，应该成为解决城市环境问题的根本出路。

《中国城市区域多中心空间发展的减霾绩效及政策》就是一本专门分析当代中国城市区域多中心空间发展的环境绩效的著作。该书从城市区域多中心空间发展及雾霾污染的演化特征出发，遵循多中心空间结构的环境绩效理论、区域协调发展理论，从现象到规律、从规划实践到政策层层递进，深入系统地研究了城市区域多中心空间发展对雾霾污染的影响及传导路径。另外，该书结合新经济地理学、产业经济学、公共管理学等学科，采用计量模型分析、定量公共政策分析及统计指标法等多学科交叉融合的研究方法，对城市区域多中心空间发展与雾霾污染、污染产业布局及家庭能耗之间的关系进行深入剖析，综合考虑城市区域多中心空间发展对雾霾污染、污染产业布局及家庭能耗的影响效应、机制及政策安排，将理论研究、实证研究与政策研究相结合，为该领域提供了新的研究思路。

该书力争凸显城市区域多中心空间发展减霾绩效及政策的典型性，也试图将对雾霾污染、污染产业布局及家庭能耗的影响纳入同一个总体框架中，每一章都以理论为先导，深入浅出地展示在城市群、城市两个尺度下多中心空间发展减霾的影响效应、机制和路径。该书进一步厘清了城市区域空间结构的科学内涵和本质特征，科学有效地评价了城市区域空间结构的减霾绩效和对城市发展的影响，也强化了对城市区域空间结构形成机制的理论和实践认知，同时该书还力图展示生态文明建设背景下中国城市区域空间发展的战略转型。当前，中国式现代化、美丽中国建设战略又对城市区域多中心空间发展减霾绩效提出了新的要求，特别是人与自然和谐共生的现代化、打造美丽中国建设示范样板等方面，期望可以在今后的研究中予以补充。

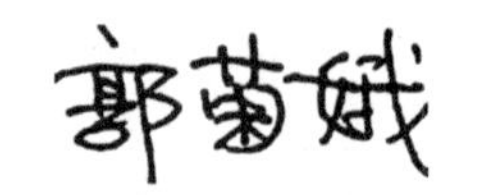

2025 年 1 月 3 日于西安[①]

① 郭菊娥，女，教育部软科学研究基地中国管理问题研究中心常务副主任，西安交通大学管理学院教授，博士生导师。

PREFACE 前言

当前，我国雾霾污染治理已取得初步成效，2023年国务院印发的《空气质量持续改善行动计划》明确指出“以空气质量持续改善推动经济高质量发展”，要求“远近结合研究谋划大气污染防治路径，扎实推进产业、能源、交通绿色低碳转型，强化面源污染治理，加强源头防控，加快形成绿色低碳生产生活方式”[①]。通过城市区域多中心空间发展来推动对污染物的协同治理，有助于实现环境效益、经济效益和社会效益多赢。

本书以城市区域多中心空间发展的减霾绩效分析为核心命题，分别从城市群层面和城市层面的雾霾污染、污染产业布局及家庭能源消费三方面分解城市区域多中心空间发展的减霾绩效，探索如何通过多中心空间发展来实现城市区域空气质量改善、污染产业合理布局及家庭能耗下降。本书对城市区域多中心空间发展与雾霾污染内在联系进行深入分析，揭示雾霾污染随城市区域多中心空间发展的动态演变过程，为治理城市区域雾霾污染提供对策建议。这不仅有利于优化城市区域空间布局并缓解雾霾污染，而且为我国新型城镇化发展和生态文明建设提供了新的思路，同时推动了城市区域空间结构、区域协调发展的环境绩效等方面研究的进步。本书为当前及未来如何深化在城市区域进一步降低雾霾污染等空气污染提供了经验证据。

本书的研究得到了国家自然科学基金面上项目“城市群多中心空间发展对雾霾污染的影响：效应评估、传导途径和政策建议”（72074175）的资助。本书共分为十章：第一章系统阐释我国的雾霾污染特征及采取的减污

① 国务院关于印发《空气质量持续改善行动计划》的通知，https://www.gov.cn/zhengce/zhengceku/202312/content_6919001.htm[2024-10-31]。

措施，并概述本书的理论分析框架和研究假说；第二章介绍城市区域多中心空间结构测度与演化；第三章是多中心空间结构对雾霾污染的影响；第四章是多中心空间发展对污染企业存续的影响；第五章是多中心空间发展对城市能源强度的影响；第六章是多中心空间发展对污染产业布局的影响；第七章是多中心空间发展对企业污染排放的影响；第八章是多中心空间发展对城市家庭能源消费的影响；第九章是长三角城市群多中心空间发展政策对空气质量的影响；第十章是多中心空间发展减霾建议及研究展望。

本书执笔人是李治和詹绍文。李治设计了研究的整体框架和主要工作思路，同时撰写第一至第八章和第十章，詹绍文对本书中涉及环境公共政策的内容进行了总结，撰写了第九章。同时吕慧英、魏静然、潘玉清、王雯、张晨晓等五位在读硕士研究生参与了书稿校正、图表及参考文献整理工作。

我在开展研究及撰写书稿过程中受到很多学者的启发，包括美国俄亥俄州立大学 Jean-Michel Guldmann 教授、华东理工大学邵帅教授、西安交通大学冯耕中教授、大连理工大学宋金波教授、广东财经大学张浩然教授、华中师范大学张祚教授、西北大学郑建斌教授和上海师范大学胡振教授。在此对各位教授表示诚挚的谢意。

本书在编写过程中，还得到了西安建筑科技大学公共管理学院的大力支持，感谢郭斌书记、方永恒副院长、任云英副院长、程哲教授、李晨曦副教授等众多同仁的大力支持和指导。同时我要对我的研究团队中的所有成员表示感谢，尤其是我的硕士研究生。多年来对学术的执着追求使我们收获很多，我们一起学习，共同进步，我以他们为荣。此外还要特别感谢科学出版社杨婵娟编辑细致高效的工作。

我们希望本书能够为优化城市区域空间结构、提升我国城市区域环境治理效能提供帮助。当然，实践的发展会进一步促进理论的创新，我们将会在今后的研究工作中更加努力，更多地注视城市区域多中心空间发展可能给空气污染治理带来的新变化。最后，由于笔者的学识、经验有限，书中不妥之处在所难免，恳请读者多提宝贵意见。

李　治

于西安建筑科技大学雁塔校区

2024 年 12 月

C O N T E N T S 目录

第一章

绪　　论

第一节　现实意义和理论价值

一、现实意义

1. 城市区域雾霾污染问题突出

我国正处于快速城市化的进程中，从2000年到2023年城镇人口从4.6亿飞跃至9.3亿，城镇化率从36.22%攀升至66.16%。快速城市化不仅带来了人口的迁移和经济的聚集，也使得我国成为世界第一大能源消费国，面临能源短缺与环境污染的双重压力。城市群将成为我国打造美丽中国建设示范样板，而根据不完全统计数据，我国城市群的工业废水排放量、工业废气排放量以及工业固废排放量占全国的比例甚至超过了67%（方创琳等，2016）。

尽管目前我国城市区域雾霾情况大有改善，但2022年仍有25%的地级及以上城市细颗粒物（PM2.5）浓度超过国家环境空气质量二级标准，全国PM2.5重污染天数占人为因素导致的重污染天数的90%以上，我国PM2.5平均浓度是世界卫生组织最新空气质量指导值的5.8倍，PM2.5仍是影响我国空气质量和公众健康的最主要污染物[①]。京津冀及周边地区、长三角地区、汾渭平原等是细颗粒物控制的重点区域。可以看到，我国雾霾污染不仅表现出覆盖范围

① 专家解读｜全面落实精准、科学、依法治污要求，推动空气质量持续改善，https://www.mee.gov.cn/zcwj/zcjd/202312/t20231224_1059769.shtml［2024-10-31］。

广的特点，还具有成因复杂、集聚时间久、可吸入颗粒物浓度大等特点，因此根治雾霾问题的难度较大（Zheng and Kahn，2017）。

城市化进程的推进与城市人口数量的增加使得城市成为能源消耗、空气污染和温室气体排放的集中地（郑思齐和霍燚，2010）。城市雾霾污染与交通排放、工业活动和家庭能源消耗密切相关（Burgalassi and Luzzati，2015；Sun et al.，2020）。例如，伴随工业化、城市化的快速发展，我国产业集聚、转移方向与程度也在发生着深刻变化，城市区域产业结构和空间分布格局不断演进，使得城市区域重塑污染产业空间布局表现出差异化的效果。污染密集型产业转移一度成为热门研究话题（孙久文和姚鹏，2015），污染产业往往既可能造成环境污染又能带动地区经济发展（田光辉等，2018），了解重污染产业的空间分布和集聚特征可以识别潜在的污染风险区域，以应对日益严峻的环境污染问题（吴福象和段巍，2017）。由于环境问题日益严峻，我国政府不断进行政策革新并开始强调生态文明建设，我国相对环境规制与环境污染集聚呈现倒U形关系；高污染产业转移带来工业废水污染和工业废气污染的集聚程度的加深，一般情况下，工业化程度的加深使得地区环境污染集聚加剧，劳动力成本和质量的提高会使得环境污染集聚下降（秦炳涛和葛力铭，2018）。目前我国经济发展已经进入“新常态”，从粗放型发展转向以结构优化、提高生态效益为目标的内涵型发展（邵帅等，2019a），而防范污染产业过度集聚、促进产业布局均衡化发展是应有的题中之义。

另外，家庭部门已成为继交通运输部门、工业部门之后全球第三大能源消耗主体，因此作为城市生产生活的基本单元，家庭部门也成为能源消费与污染排放的主要贡献者之一。2009年美国平均家庭能源消费总量为3038千克标准煤，美国居民家庭能源消费占全国能源消费的比重已达21.7%（Ali，2012）。2014年我国一个标准居民家庭能源消耗为1087千克标准煤（郑新业等，2017），仅为美国家庭的35.8%。随着我国产业结构的调整，家庭部门的能源需求仍会进一步增长（崔一澜等，2016；吴巍等，2018），但家庭部门仍具有25%的节能机会（The Mckinsey Global Institute，2017）。

2. 多中心规划被视为城市区域减霾问题的解决方案之一

早在2001年瑞典哥德堡召开的欧盟理事会上，多中心空间结构就被赋予了能促进环境可持续发展的含义（Vandermotten et al.，2008）。欧盟在进行空间开发时，强调多中心、网络化的城市发展更加有利于欧洲的区域平衡以及缩小其内部的区域差异[①]。我国多中心空间发展通过促进城市之间的产业分工实现更大地域范围内的经济活动和资源整合，进一步提升要素利用效率，逐渐成为我国经济转型的重要突破口和支撑点。我国政府发布的《"十四五"新型城镇化实施方案》[②]中就特别强调"完善以城市群为主体形态、大中小城市和小城镇协调发展的城镇化格局"，"形成疏密有致、分工协作、功能完善的城镇化空间格局"，"加强城市大气质量达标管理"，"推进生产生活低碳化"，这说明"十四五"期间我国新型城镇化建设和大气质量管理都十分重要。

《中华人民共和国国民经济和社会发展第十四个五年规划和2035年远景目标纲要》明确指出，要"优化城市群内部空间结构，构建生态和安全屏障，形成多中心、多层次、多节点的网络化城市群"，实质上就是把多中心发展与绿色发展有机融合起来。2023年，《中共中央 国务院关于全面推进美丽中国建设的意见》指出，要建设美丽中国先行区，聚焦区域协调发展战略和区域重大战略，加强绿色发展协作，打造（京津冀地区、粤港澳大湾区、长三角地区等）绿色发展高地，同时推进以绿色低碳、环境优美、生态宜居、安全健康、智慧高效为导向的美丽城市建设[③]。可以看到，人口密度较大同时碳排放量也较大的城市区域，是"双碳"目标达成和"美丽中国"建设的主要战场（秦昌波等，2023）。

为缓解主城的生态环境和交通拥堵问题，世界各国进行了轰轰烈烈的造城运动（冯奎，2015；宁越敏，2017），主要是将主城的人口和就业疏散到周边的副中心或中小城市，其中多中心的城市规划是实践中最多的选择。由于社会背景与政策实施的差异，这些多中心规划有的实现了目标，而有的效果不尽如人意（陆铭，2019）。当前在我国多中心空间结构逐步成为多数城市或城市群的空间结构形态选择。对于城市而言，通过撤县设区推动城市多中心发展已经成为一种重要的政策选择。我国撤县设区是指撤销原隶属于地级市的县域（或县级市）并在原行政区域设立市辖区。随着撤县（市）设区、区县（市）合并的进行，城市内部产生了设置分区或新中心的要求，即空间规模的扩张要求通过设立新的辖区或新的功能中心来满足公共服务供给需求

---

① 据1999年欧盟编制的《欧洲空间发展愿景》（European Spatial Development Perspective），https://eur-lex.europa.eu/legal-content/EN/TXT/?uri=LEGISSUM:g24401［2024-10-31］。

② 参见《"十四五"新型城镇化实施方案》，https://www.gov.cn/zhengce/zhengceku/2022-07/12/5700632/files/7e5eda0268744bebb5c1d4638e86f744.pdf［2024-10-31］。

③ 参见《中共中央 国务院关于全面推进美丽中国建设的意见》，https://www.gov.cn/gongbao/2024/issue_11126/202401/content_6928805.html［2024-10-31］。

（吴金群和廖超超，2019）。对于我国城市群而言，尽管西部和东北部城市或城市群依旧是单中心空间结构形态，但是随着经济发展和人口规模的扩大，这些地区的空间结构形态将会逐渐向多中心空间结构形态转变（孙斌栋等，2017），多中心空间发展意味着传统城市群要摆脱一城独大的局面，努力培养新的中心城市或次中心城市，提高城市群内的中心城市数量，缩小城市群内城市之间的差距（Meijers and Burger，2010；刘修岩等，2017a）。

城市群内城市规模等级体系和经济活动可能会随着多中心空间发展而发生改变，从而使得城市群内的环境污染通过产业转移和交通联系等多种途径外溢到相邻地区。例如，北京市的雾霾污染并非全部由自身产生，其中28%～36%来自周围地区的外溢（邵帅等，2016）。长三角城市群高耗能高污染产业不再像以往一样集聚，而是从中心城市转移到了边缘城市。珠三角城市群高耗能高污染产业的转移也与长三角相似，且这一转移趋势相对于长三角而言更为明显（崔建鑫和赵海霞，2015；段娟和文余源，2018）。因此，近些年我国对包括城市和城市群在内的城市区域空间发展规划更加重视，希望通过转变城市区域空间建设模式引导劳动力和产业向非中心城市集聚，以此来促进城市区域向多中心空间结构转变进而达到减少区域环境污染的目的。

二、理论价值

有别于欧美等发达经济体的市场驱动型多中心发展模式，中国政府在工业化进程、户籍制度、土地政策和综合配套政策等方面均对区域多中心城市群的发展具有重要影响。换言之，在中国城市群的发展过程中，政府扮演了更为重要的角色。具体来说，中国城市群是从20世纪80年代开始形成和发展的，政府政策作为“隐形力量”贯穿了城市群的形成和发展，在国家宏观调控与区域发展政策的双重支持下，中国城市群的形成与发展呈现出明显的政府主导特质（方创琳等，2018）。

2019年，习近平总书记提出“推动形成优势互补高质量发展的区域经济布局”[①]。一些学者已经探讨了空间集聚、多中心治理对城市污染产业布局及污染企业存续的影响（周浩等，2015；范剑勇等，2021）。除了城市单元，本书还进一步提出城市群多中心空间发展如何影响城市群污染产业布局和污染企业存续的问题。与周边中小型城市相比，城市群中心城市往往具有劳动力、

---

① 参见2019年12月16日出版的第24期《求是》杂志，《推动形成优势互补高质量发展的区域经济布局》。

人才和技术等方面的比较优势。结合中心-外围理论和产业布局理论，在多中心的发展模式下，中心城市的溢出、扩散效应使得周边城市共享区域集聚效益，同时，周边城市又可以通过“借用规模”进行自我扩张，导致城市群内的“一城独大”的集中、单一中心的集聚格局逐步被打破，分散平衡的格局逐步显现出来，最终形成一个较为均衡的多中心空间格局。因此，多中心空间发展能够促进新的城市集聚，不仅促进了各种要素的重新优化分配，而且充分利用了集聚效应，提高了生态环境绩效，但如果过度分散，多中心发展模式也可能导致环境绩效降低，从而给生态环境带来负面影响。

从多中心治理理论出发，以城市区域为单位展开区域规划、联防联控，一方面有助于优化区域要素资源的空间配置，形成完整统一的市场体系、配套协同的产业链；另一方面极大地避免了区域发展过程中存在的行政分割、地方政府恶性竞争及发展同质化等现象。也就是说，城市区域多中心空间发展对污染性产业布局与要素流动、产业分工和区域一体化都有影响，它改变了要素禀赋条件及地理区位对污染企业的限制，加之政策引导和市场机制的作用发挥，能够推动污染产业迁移与集聚进而形成均衡的污染产业布局。

本书对城市区域空间发展与环境污染二者关系进行深入分析，在揭示雾霾污染随城市群多中心空间发展的集聚和转移形态的特征事实基础上，考察城市群多中心空间发展对雾霾污染的影响及传导途径，通过对地区雾霾污染、污染产业布局及家庭部门能耗的研究，探明抑制雾霾污染的城市区域多中心空间发展的实现路径。本书突破城市区域研究往往“就城市论城市”的窠臼，提出“区域多中心、网络化发展”的研究理念，为构建有利于抑制雾霾污染的多中心城市网络提供更为适宜的研究路径和多样化表现形式，可为有效抑制雾霾污染的城市区域多中心空间发展提供理论支撑和政策依据，亦可为国家“新型城镇化”和“生态文明建设”推进提供参考。

第二节 多中心空间发展减霾绩效的研究思路

本书以城市区域多中心空间发展的减霾绩效分析为核心命题，从空气污染、家庭能耗及污染产业布局三方面分解城市区域多中心空间发展的减霾绩效；以城市群和城市两个空间尺度解构空间结构，探索如何通过多中心空间发展来实现城市区域空气质量提升、家庭能耗下降和污染产业合理布局。本小节从如下两个方面进行阐述：第一，城市区域减霾绩效评价的内容；第二，如何通过空间结构来评价城市区域减霾绩效。

一、城市区域减霾绩效评价的内容

雾霾污染是指大气中悬浮的细小颗粒物和气态污染物混合形成的污染现象。雾霾的成分从形态上看主要分为两种，分别为气态污染物和固态污染物，气态污染物主要包括二氧化硫及氮氧化物，而固态污染物主要是指可吸入颗粒物，但值得注意的是，可吸入颗粒物才是造成雾霾污染的主要成分。可吸入颗粒物主要包括两种，一种是 PM2.5，另一种是 PM10，二者的划分标准为颗粒物空气动力学直径的大小，粒径小于等于 2.5 微米的颗粒物为 PM2.5，而粒径小于等于 10 微米的颗粒物为 PM10。与 PM10 相比，PM2.5 表现出颗粒更小、在物体表面附着时间更久、活性更强且对人体健康影响更大的特点。

长期以来，许多学者试图从多个视角界定雾霾污染。赵建平等（2018）研究表明，雾霾污染是一个非线性的、动态复杂的系统，它是多方面相互作用的结果。林筱蕴等（2016）认为雾霾污染可以人为导致，也可以由自然产生。自然来源的危害轻，人为来源是主要原因。Tang 等（2018）认为，当阳光被高密度的气溶胶所吸附和散射时，有极大可能产生雾霾污染。从目前的研究来看，雾霾污染对人体具有极大的危害，微小的颗粒是雾霾的主要成分，它们可以在大气层内聚集，从而导致能见度下降并造成环境污染。同时，微小的颗粒会吸附大量有毒有害物质，对人类的身体和空气质量造成的损害比粗糙的空气微粒要严重得多，特别是可能会破坏人体的免疫力，让人的心脏和呼吸系统功能降低，甚至会影响到生殖能力。

雾霾污染中的 PM2.5 主要来源于能源、交通和工业部门（UNEP，2012）。颗粒物中的 PM2.5 是损害人类健康最主要的空气污染物（WHO，2011），因此也越来越受到各国政府关注。当前我国工业化和城市化仍是城市区域雾霾污染的最主要的原因，其主要表现为两大特征：其一是雾霾污染与工业化、城市化水平空间分布高度一致，其二是复合型污染特征突出。

与自然灾害不同，雾霾污染以空气作为介质传播，它是没有边界的，因此空间对于环境污染有着更加特殊的意义。某一区域的环境资源以及环境质量，将通过经济机制与其他区域产生联系，甚至相互依赖。例如，上海对污染较大、能耗较高、工艺落后且不符合城市战略功能定位的工业企业和生产工艺予以限期淘汰，使得大量的高排放、高污染产业转移到长三角其他省份，尽管这使得上海市环境污染水平下降，但外围城市环境污染水平上升，长三角整体环境污染水平仍略有上升（卢洪友和张奔，2020）。因此环境污染的研究和治理不能就城市论城市或者就区域论区域，尤其是大气污染问题，并非某个城市或省份的责任，而是整体区域性甚至是全球性的问题，而什么样的城市区域雾霾污染状态在实践中受到规划决策者的重视？影响城市区域的哪些雾霾要素成为学术研究的重点？实践经验和学术文献也许能够提供更多的思路。

减霾绩效（haze-governing performance）是指减霾要素对施加的行为做出的表现和反应。一般而言，当一项城市区域措施、政策实施后，城市区域减霾要素的管控水平提升，即认为对应的城市减霾绩效提升；相反，城市区域减霾要素的管控水平随着城市区域管理措施的实施而下降，则认为对应的城市区域减霾绩效下降。

二、如何通过空间结构来评价城市区域减霾绩效

城市区域减霾的内涵丰富且要素众多，将城市区域减霾所有要素都纳入研究范围内，既不现实也不可行，因此，选取关键和典型的城市区域进行减霾要素重点研究，以此推广到城市区域整体，是现实以及可行的做法。本书将从实践角度和学术角度探索城市区域减霾的关键和典型要素。

随着城市化的推进和城市群规模的扩张，我国当前雾霾污染的集中地和敏感地演变为城市群。2023 年我国城镇化率已经突破 66%，我国的城市化进程重要特征是人口和资源向核心城市和大城市聚集，这一趋势体现在人口流动由中心集聚向多点扩散转型，空间格局由小城镇向都市圈和城市群转型，城市功能由产城分离向产城融合转型。城市化的迅速推进促进了城市区域规模的扩张，同时也对环境造成了巨大的破坏，比如全国整体 PM 2.5 浓度小幅下降，京津冀及周边地区、长三角地区和汾渭平原三大重点区域表现不佳（亚洲清洁空气中心，2023）。雾霾污染不仅降低了我国经济发

展的质量，而且也不利于推进人与自然和谐共生的现代化。根治雾霾污染的意义不仅仅在于保护环境，还在于实现我国经济发展方式的根本性变革和生态文明。

本书将从城市区域雾霾污染、污染产业布局和家庭能耗三方面切入，研究我国城市区域减霾的优化策略，其优势在于如下几点。

第一，覆盖全面。城市群区域雾霾污染、污染产业布局和家庭能耗涵盖了区域层面和工业、家庭两大主要部门的绝大多数雾霾污染问题。正如前文所说，由于城市化和工业化的快速推进，人口集中带来了各种各样的负外部性，进而带来污染过度排放，在区域层面分不同部门去考察雾霾污染可以看作是对整体城市区域减霾问题研究的缩影。

第二，重点突出。区域雾霾污染、污染产业布局和家庭能耗对城市区域减霾问题来说，具有典型性和代表性。另外，对雾霾污染的区域响应也会对现有的环境状况产生影响，包括与响应相关的压力和驱动力。例如，在污染压力下，经济活动、污染产业转移方向以及污染企业存续也都随之改变，包括政府在内的不同利益主体会对雾霾污染做出不同的响应措施（如环境规制），这些都会影响区域环境状况。

第三，以点带面。雾霾污染问题既是经济问题也是政治问题，对前者而言环境成本成为地方政府进行经济竞争的重要筹码，对后者而言在经济分权和环境分权的制度背景下，产业转移和跨界污染已成为认识雾霾问题的重要视角。因此，在面对作为“公共物品”的资源环境时，“公地悲剧”的困境使任何以区域或城市为单位的单边行动都显得无助，“跨界”污染使污染以更加隐蔽的方式存在，以“污染避难所”为目的的产业转移降低经济发展给欠发达地区带来福利，这也是雾霾问题不能“就区域论区域、就城市论城市”的重要原因，此时雾霾问题的解决更需要政府间的共同协作。

综上所述，本书将实践与理论相结合，分别以区域雾霾污染、家庭能耗和污染产业的“减污、降耗、布局优化”为实现城市区域减霾绩效的主要目标，从降低雾霾污染、减少家庭能耗和优化污染产业空间布局三个方面构建城市区域减霾的内涵框架。该框架既对应了学术研究的重点和热点，又能及时回应当前城市区域的雾霾污染难题，具有重要的理论意义和实践意义。

第三节 理论分析框架和假说

一、理论分析框架

城市区域空间结构与减霾之间的关系表现出直接影响与间接影响相结合、正向影响与反向影响并存的特征（沈清基，2004；颜文涛等，2012）。一方面，城市区域空间结构可以直接影响风向、风速、温度等城市生态要素（Xu et al.，2019）；另一方面，空间结构可以间接影响城市减霾绩效，经济集聚、产业结构、绿色技术、交通联系和市场一体化等因素起到了主要的传导作用（Han et al.，2020；Sun et al.，2020）。基于城市规划实际，本书主要从空间结构影响城市区域减霾绩效方面解析并构建系统且全面的分析框架。

首先，城市化对空气污染存在影响。一些研究者在研究城市化和空气污染之间的关系时发现能源消耗和空气污染会随着城市化水平的提高而增多（Parikh and Shukla，1995；Jones，2007）。认同这种观点的研究者认为，城市化推进虽然促进了城市规模的扩大，尤其是生产规模扩大，提升了城市经济水平，但城市化的推进还使得城市对能源需求增加，交通压力的增大又会带来交通拥挤和污染排放的增多，这使得环境变得更为糟糕（Breheny，2001；Cole and Neumayer，2004；York，2007；Holtedahl and Joutz，2004；Zheng and Kahn，2013）。然而，另外一些学者认为这种观点较为悲观，他们认为城市化的推进不仅会促进城市经济发展，还会提高城市基础设施及公共服务设施的使用效率，因此不会增加城市的能源消耗和污染排放，反而会减少城市的能源消耗和污染排放，人口在城市化推进与空气污染的关系之间具有调节作用（Newman and Kenworthy，1989；Liddle，2004；Chen et al.，2008；Wang and Wheeler，1996；Burton-Freeman，2000；Capello，2000a；Glaeser and Kahn，2010；Fragkias et al.，2013）。还有一些学者认为城市化和空气污染之间并不是简单的单调递增或单调递减的线性关系，而是存在着复杂的非线性关系（Xu and Lin，2015；Qin and Wu，2015；师博和沈坤荣，2012）。

其次，城市区域空间结构对雾霾污染存在影响。单中心还是多中心的空间结构、集中式发展还是分散式发展更有利于减少环境污染是目前相关文献主要讨论的话题。经典集聚经济理论虽然没有具体且明确地指出城市空间结构与雾霾污染之间的关系，却潜在说明了要素在城市的集聚会对雾霾污染产生影响，即单中心空间结构将深刻影响雾霾污染。单中心的支持者利用集聚经济理论论证了要素在城市层面的集聚将有利于减少雾霾污染。城市群的“第二天性”即资源、要素、人类经济活动等具有在地理空间上集中的趋向和过程，通过集聚来促进城市群发展。同时由于存在共享、匹配和学习的集聚微观机制，经济活动的空间集聚通常会产生较高的经济效率并产生正的外部效应（Jacobs，1969）。部分研究者认为单中心空间结构会降低环境污染，单中心空间结构作为一种紧凑型的空间结构可以充分发挥集聚的正外部性，从而促进清洁技术外溢，使得企业间通过共享清洁技术减少污染排放，同时对污染的控制可以产生规模效益，从而节省治污成本（Zeng and Zhao，2009；许和连和邓玉萍，2012；张可和豆建民，2013；陆铭和冯皓，2014；李勇刚和张鹏，2013；李顺毅和王双进，2014；韩峰等，2014）。而另一部分学者认为单中心发展增加了环境污染，经济集聚下增加生产要素并扩大城市规模可能会加速能源消费，碳排放也会伴随着能源消费的增加而增加，进而不利于环境治理（Virkanen，1998；Verhoef and Nijkamp，2002）。然而，还有一部分学者认为经济集聚和雾霾污染之间的关系是非常复杂且不确定的，二者呈现出非线性的关系，原因是经济集聚对雾霾污染的影响最终要取决于双重效应综合作用的结果（Newman and Kenworthy，1989；李伟娜等，2010；闫逢柱等，2011；沈能，2014；李筱乐，2014；原毅军和谢荣辉，2015；杨仁发，2015；豆建民和张可，2015）。因此，关于单中心空间结构是否确实可以降低环境污染的问题仍需商榷。依据理论分析与归纳，本书实证的第一个问题是在城市群和城市尺度，分别从区域雾霾污染、污染产业布局和家庭能耗对城市区域减霾进行解构，探究到底是单中心还是多中心的空间结构具有更高的城市区域减霾效应。

相对于影响效应分析，空间结构对城市区域雾霾的作用机制更受学术界的青睐。动态集聚经济理论认为单中心空间结构减缓环境污染的效应并不是持续存在的，而是存在拐点，当人口密度超过临界值时就会产生集聚的负外部性，进而导致单中心空间结构缓解雾霾污染的正向促进作用不再显著，而多中心空间结构的降污作用则会显现，因此该理论侧重强调城市群规模的门槛效应（Williamson，1965；Fujita and Ogawa，1982）。大都市内部的单个城市可能会因为多中心空间结构而产生拥挤或环境污染现象（Parr，2002），而较小的城市更容易控制环境成本（Capello，2000b）。城市雾霾污染会因不同的集聚形式和不同的集聚程度而不同，多样化集聚减少污染排放的作用会随着集聚经济水平的提高而增加，但专业化集聚减少污染排放的作用会随着集聚经济水平的提高而降低，但这并不是由多样化集聚减排效应的增加造成的，二者之间并不存在矛盾且可以共生（沈能等，2013）。

最后，城市区域空间结构对雾霾污染的作用机制缘起于对经济集聚、产业结构调整、绿色技术进步、交通联系、市场一体化的影响。其中，多数研究探究了空间结构和经济集聚之间的关联，发现两者之间存在显著的联系，且对环境产生影响。例如，集聚外部性通过共享、匹配和学习等机制促使各种高质量元素集聚到城市群，再通过规模经济、资源再配置效应等途径降低环境损害（Zeng and Zhao，2009；何文举，2017；王桂林和张炜，2019），但这也在一定程度上产生规模效应和拥堵效应，从而加剧包括雾霾污染在内的各种环境污染（朱英明等，2012；杨仁发，2015；徐辉和杨烨，2017）。城市化推进有助于资源共享和知识溢出，这有利于绿色技术的推广应用，从而大大降低能源强度并减少污染排放（Harbaugh et al.，2002；李顺毅，2016）对于产业结构而言，区域经济的发展离不开内部各层级城市之间的要素合理分工及优化配置。合理的层级体系必然伴随着不同程度的专业化分工，这有助于中心地区产业结构的转型升级（Huallachain and Lee，2011）。随着城市群的发展，城市体系的优化促进了核心产业和其他城市产业结构的升级。一方面，产业结构质量和效率水平的提高通常伴随着主导产业的变化，主导产业将提高技术水平、资源利用能力并减少污染排放（Li et al.，2017；Huang and Du，2018）。这种现象还伴随着空间集聚或地理邻近，专业化集聚和多样化集聚可以通过集聚外部性显著促进本地和邻近城市的碳排放减少（Han et al.，2018a；杨礼琼和李伟娜，2011）。另一方面，城市群通过提高第三产业比重，促进生产多样化，提高大城市的生态效益，同时还可以促进工业化进程和专业化生产，提高中小城市的生态效益（Xu and Lin，2015；林伯强和谭睿鹏，2019）。至于交通联系，作为经济集聚体的城市，相比分散生产和居住的乡村更加环保，集聚可以有效降低通勤距离从而降低污染排放（Glaeser，2011）。轨道交通的开通具有显著且稳健的污染治理效应，累计开通里程越长，新开通线路的减排效果越强，而这一规律在人口密度较高的城市表现得较为明显（梁若冰和席鹏辉，2016）。产业专业化集聚和多样化集聚通过交通运输作用显著正向影响了雾霾污染水平。产业专业化集聚的影响不仅表现在当地还影响了周边地区，而多样化集聚主要影响本地污染水平，对于周边的区域传输效应在不同规模城市中具有差异性（罗能生和李建明，2018）。除了以上因素，空间结构也会影响市场一体化。城市群多中心空间发展模式，可以在加快要素流动的同时促进市场一体化水平的提高，这也有利于缩小地区差距（刘修岩等，2017a）。区域一体化显著促进了城市间污染排放强度的收敛并有利于减排，且近年来这种减排效应愈发明显（张可，2018）。我国市场分割与城市二氧化碳排放呈U形关系，低水平的市场分割抑制二氧化碳排放，而高水平的市场分割促进二氧化碳排放(Shao et al.,2019)。通过城市群扩容的区域一体化具有显著的减排效应，污染排放通过原位城市向外围新加入城市转移，在降低原位城市污染密集度的同时并未增加新加入城市的排污密度（尤济红和陈喜强，2019）。

在理论文献和实证文献评述的基础上，本书构建了城市群多中心空间发展影响雾霾污染的理论框架（图1-1）。在影响效应中，研究什么样的空间结

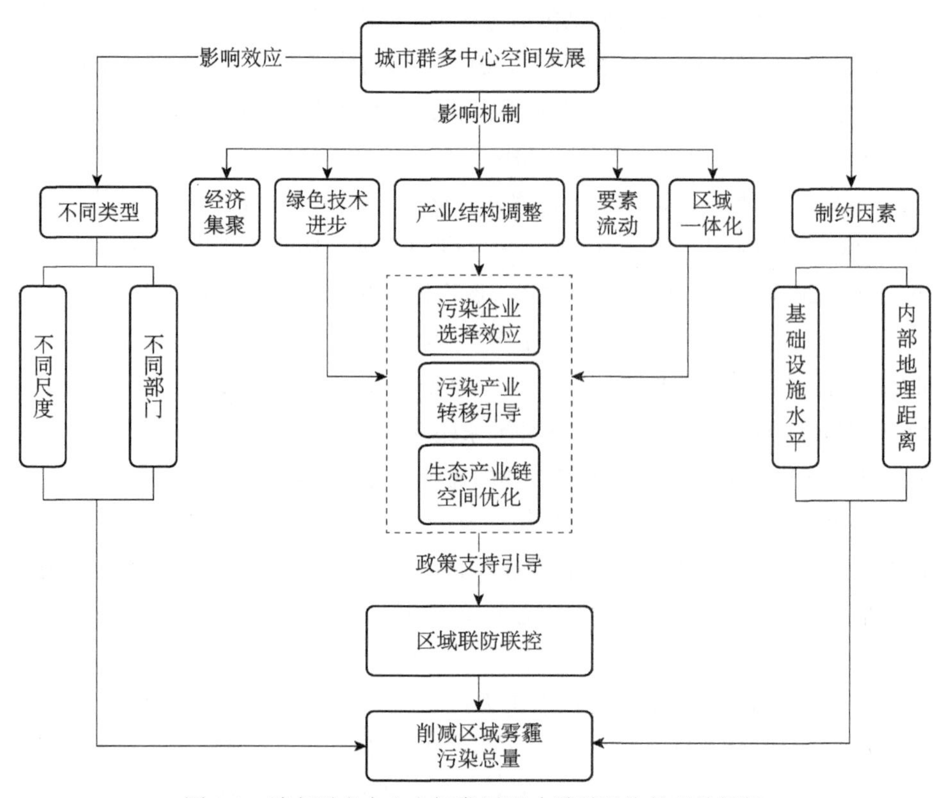

图1-1 城市群多中心空间发展影响雾霾污染的理论框架

构有利于提升城市区域的减霾绩效，这是对本书研究的整体概括，关注的是“what”的问题。在影响机制中，探索空间结构是如何影响城市区域污染要素的，经济集聚、产业结构、绿色技术、交通联系和市场一体化等起到了什么作用，关注的是“why”的问题。本书将基于新经济地理学从学理上探究“企业或家庭选择效应—生态产业链空间优化—区域联防联控—削减区域雾霾污染总量”的内在逻辑，构建理论框架及研究假说，然后提出抑制雾霾污染的城市区域多中心空间发展的实现路径。通过研究城市区域多中心空间发展如何影响产业、企业或家庭转移，以及污染产业生态产业链空间布局的微观机理，对比分析多中心空间发展的既有政策，提出抑制雾霾污染的城市区域多中心空间发展政策选择，使其具有能有效引导产业、企业或家庭转移，以及优化污染产业生态产业链空间布局的特点。

二、研究假说

为了检验上面的理论框架，并弥补已有实证研究的不足之处，本书不仅实证分析城市区域多中心空间发展对雾霾污染的影响效应，还尝试验证对城市区域雾霾污染影响的传导机制，为城市区域空间规划提供更有说服力的证据。城市区域多中心空间发展的减霾绩效依赖于集聚经济与集聚不经济的均衡。特别地，多中心空间发展在不同的空间尺度上可能会有不同的减霾绩效。例如，在较大尺度的城市群多中心空间发展，一方面中心分离减少了集聚的负外部性，另一方面多中心通过城市间的“借用规模”使得集聚经济超越了单个城市的边界，这些行为优化了资源在较大空间内的配置，有助于城市群环境的可持续发展，因此对减霾绩效的影响可能是非线性的。在尺度较小的城市内部，人口和企业数量相对较少，多中心空间发展更能带来集聚经济，因此减霾绩效是线性且正向的。根据理论框架，本书将设计几点假说来对所要研究的问题做出尝试性的理论解答，在后续的实证章节中通过实证结果来观察是否得到验证。

1. 影响效应假说

根据本书设计的理论框架，在城市群和城市尺度上影响效应有线性和非线性的，但无论是线性还是非线性，不同尺度的影响效应可能都会有所差异。对于雾霾等空气污染而言，小尺度的城市多中心空间发展更容易降低集聚不经济，从而减少雾霾等空气污染。当空间尺度扩大至城市群时，需要通过去中心化的多中心结构来降低集聚不经济，但只有城市群整体经济发展超过一定门槛才可能减少雾霾等空气污染，因此本书围绕影响效应做出如下假说。

H11：在城市群层面，多中心空间发展对雾霾污染的影响是非线性的。

H12：在城市群层面，多中心空间发展对污染企业存续的影响也是非线性的。

H13：在城市层面，强调由单中心向多中心演变可能会降低城市能源消费强度。

H14：在城市层面，多中心空间发展能够带来合理的污染产业布局。

H15：在城市层面，多中心空间发展能够降低城市污染企业排放。

H16：在城市层面，多中心空间发展能够降低城市家庭能源消费。

H17：在政策层面，多中心空间发展能够降低污染从而提高空气质量。

2. 影响机制假说

本书将研究城市区域空间结构如何通过经济集聚、产业结构、绿色技术、交通联系和市场一体化等变量对雾霾污染、污染产业布局或家庭能耗产生传导作用，本书围绕影响机制做出如下假说。

H21：多中心空间发展所带来的经济集聚外部性通过共享、匹配和学习等机制促使各种高质量元素集聚，再通过规模经济、资源再配置效应等途径提高减霾绩效。

H22：多中心空间发展会促进核心产业发展和城市产业结构升级，它不仅提高了大城市的减霾绩效，同时还提高中小城市的减霾绩效。

H23：多中心空间发展有助于资源共享和知识溢出，有利于更加清洁的生产技术和工艺的推广应用，从而可能产生显著的污染治理效应。

H24：多中心空间发展促进了交通基础设施的完善，它可能具有显著的污染治理效应。

H25：多中心空间发展带动了区域一体化进程，它具有显著的污染治理效应。

第四节　研究内容

本书归纳并梳理了城市区域的多中心空间结构对减霾绩效的潜在贡献、对环境产生的现实影响以及政策治理效能，在理论研究、文献回顾和实践总结的基础上，从不同空间尺度和不同角度对我国城市区域发展进行了系列实证研究，检验城市区域的多中心空间结构的减霾绩效，最终提出我国城市区域提升环境治理效能的政策建议。

本书关注的地理单元是城市区域，包括我国行政体系下的城市群和城市。在国内外多中心战略实践比较中，考虑到资料可得性，并不强求所研究城市区域的空间尺度完全一致，本书各章节内容如下。

第一章，绪论。描述中国城市区域雾霾污染现状、特征及起因，介绍世界各地将多中心城市规划作为减霾方案的理论与实践，提出城市区域多中心空间减霾绩效的研究思路，建立城市区域多中心空间发展对雾霾污染影响、机制及政策三个方面给出总体框架和研究假说。

第二章，多中心空间结构测度与演化。从认知视角介绍城市区域空间结构的定义、类型以及形态和功能分类，以及在城市区域不同尺度上的空间结构测度和方法适用性，测算多中心空间结构（城市群尺度、城市尺度）并分析其时间演化、地区差异等特征。

第三章，多中心空间发展对雾霾污染的影响。检验城市群多中心空间发展对雾霾污染影响及异质性，同时还考察这种影响如何通过产业结构、交通联系、市场一体化和绿色技术（能源强度）来实现。

第四章，多中心空间发展对污染企业存续的影响。检验城市群多中心空间发展对污染企业存续影响及异质性，描述在中心城市外围污染企业选址和存续的关系，同时运用计量模型考察城市群多中心空间结构对污染企业存续的影响的非线性关系，发现要素流动和产业结构优化是多中心空间结构影响污染企业存续的重要途径，基础设施水平及城市间距离具有显著的调节作用。

第五章，多中心空间发展对城市能源强度的影响。检验撤县设区所带来的多中心空间发展对城市能源强度的影响及动态特征，丰富城市多中心空间结构绩效研究，同时还考察如何通过地区分权、集聚效应和区域一体化进行机制传导。

第六章，多中心空间发展对污染产业布局的影响。检验撤县设区所带来的多中心空间发展对城市污染产业地理集中度的影响，考察撤县设区和城市污染产业地理集中度的时间和空间演化特征，以及撤县设区对城市污染产业地理集中度的影响效应及异质性，同时还分析土地要素扩张、财政要素集中的机制作用及经济增长目标、官员晋升激励的调节效用。

第七章，多中心空间发展对企业污染排放的影响。基于全过程管理框架，考察撤县设区所带来的多中心空间发展对城市企业污染排放，尤其是从前端控制、过程管理和末端治理考察撤县设区所带来的边界扩张对被撤并县工业企业污染排放的影响机制，以及政府调控能力和中心城区首位度在其中发挥的显著的调节作用。

第八章，多中心空间发展对城市家庭能源消费的影响。考察城市多中心空间发展对城市居民能源消费的影响，多中心空间发展通过影响家庭的住宅选择、出行习惯以及城市热岛效应对城市居民能源消费产生影响。

第九章，多中心空间发展政策对空气质量的影响。以长三角城市群为例，结合合成控制法考察多中心空间发展政策对空气质量的影响，以及在中心城市-外围城市政策异质性。同时还对多中心空间发展政策如何通过环境规制、能源消费结构和产业结构的作用机制进行深入分析。

第十章，多中心空间发展减霾建议及研究展望。提炼理论研究和实证研究的基本结论，提出我国城市区域（城市群尺度、城市尺度）多中心空间发展减霾绩效的政策建议，并给出未来的研究展望。

第五节 本章小结

本章梳理了城市区域空间结构与减霾绩效之间的作用逻辑，并从实证视角回顾了多中心空间发展对于雾霾污染、污染产业布局及家庭能源消费等影响的文献；提出了城市区域多中心空间发展的减霾绩效的概念，以及经济集聚、产业结构、绿色技术、交通联系和市场一体化等机制传导效应的理论框架与研究假说。

基于以上理论和实证研究整理，本章将城市区域分为城市群、城市两类空间尺度，总结出如下结论：城市区域多中心空间发展的减霾绩效主要体现在集聚经济的向心力和离心力两方面，多中心空间发展对城市区域减霾绩效的最终影响取决于正向影响和负向影响的均衡。传导机制通常出现在空间结构与空气污染的研究中，本章还指出城市多中心空间发展还会影响污染产业布局和家庭部门能耗。本书还强调从整体出发考虑城市区域减霾绩效的政策效果，不出现“顾头不顾脚”的状况。

第二章

多中心空间结构测度与演化

城市区域空间结构优化在一定程度上可以缓解城市区域雾霾问题，而了解城市区域空间结构特征和演变是研究两者联系的基础。本章将首先介绍多中心空间结构的概念、分类和特征，同时对多中心空间结构的形态、功能和治理特征进行比较分析，然后交代城市群和城市两类研究尺度及与之对应的子单元，以及用于计算空间结构指数的数据，最后比较分析城市群和城市尺度上的多中心空间结构时空演化特征。本章的内容包括：介绍城市区域多中心空间结构概念、研究单元、空间尺度、量化方法及数据来源等；提供城市群和城市尺度多中心空间结构时空演化特征，为后文探究多中心空间结构对雾霾污染等的影响奠定基础。

第一节　多中心空间结构的定义及测度

一、多中心空间结构的定义

城市区域空间结构是在特定的发展环境下，各功能单元（经济活动、城镇等）在城市区域内的空间分布状态，是具有一定功能的空间地域系统和空间组织形式，它是在长期经济发展与要素流动过程中人类活动和区位选择的结果。“多中心”（polycentricity）的概念起源于城市规划领域，最早可以追溯到19世纪末20世纪初,但至今仍是一个笼统而不明确的概念(Davoudi,2003;Waterhout et al.,2005)。多中心的基本思想是在一个区域范围内，聚集着多个中心并且相互作用（van Oort et al.，2010)，与之对应的单中心则更强调地理范围内存在唯一的强大中心。多中心的概念在不同分析框架和测度标准下有着多重解释，对该概念的辨析反映出城市空间现象的复杂性与多样性。

二、多中心空间结构的分类

如前所述，多中心通常被认为是多个不同的、相互分离的中心（centre）组成的体系，这个体系在规模上呈现出较为平均或平缓的“层级”(hierarchy)。那么如何定义“层级”和“中心”，这涉及空间结构最常见的分类方法：形态（morphology）和功能（function）(Veneri and Burgalassi，2012)。

如果“层级”被认为是规模（如人口数量)，那么空间结构就表现为形态维度。形态多中心结构需要各个中心在规模上大致相等，没有明显突出的头部中心，彼此之间互相分离但距离适中；而形态单中心结构内的中心规模存在较大差异，存在一个明显的主中心。如果“层级”被认为是中心之间的联系强度，那么空间结构就表现为功能维度。功能分类注重各个中心之间联系的强度和方向，功能多中心是指各个中心之间联系强度分布较为均匀，呈网络状，没有明显的集中指向性，不存在绝对重要的中心节点；而功能单中心则表现为主中心承担了与各个次中心发生联系的任务，地区内的联系均集中指向主中心，而各个次中心之间联系较少。

除了“层级”，城市中心的定义也影响了空间结构的分类。无论是在单中心结构还是在多中心结构中，如果中心是由于人口或就业空间集聚而形成的城市集聚体（urban agglomeration)，具有空间物质属性，那么该空间结构就属于形态型；如果中心是由于成为周围地区的供应集散地而形成的，那么该空间结构就属于功能型（图2-1)。

空间结构的形态和功能分类之间差异巨大，但两者并没有高下之分，都是衡量和描述城市要素空间分布的维度。形态多中心强调中心的绝对重要性，指一定地理单元内各种中心的规模分布是相对均匀的（含人口、就业、建筑面积等)。比如，在城市尺度上形态多中心结构是指在既定的城市边界内，城市内部由中心商务区和多个分布在外围地区的新兴副中心共同构成的空间发展模式。近年来为缓解交通堵塞、空气污染等“城市病”，我国特大城市相

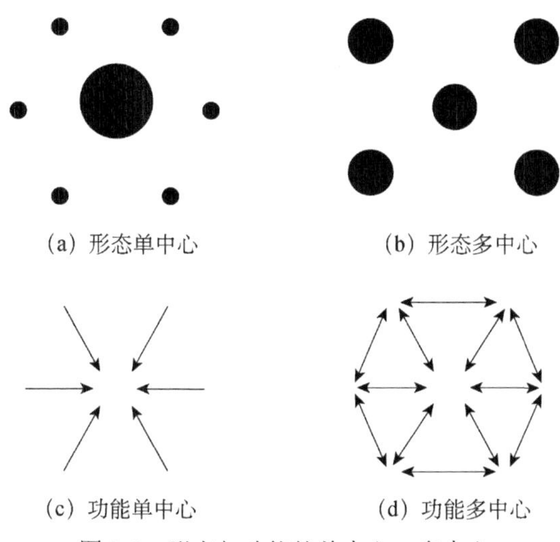

图 2-1　形态与功能的单中心、多中心

继推行并实施了多中心网络化的城市空间发展战略，通过在城市边缘建立郊区新城、设立产业园区等方式，优化人口、产业在空间上的分布。由于形态维度的数据（如人口规模、就业规模及企业数量等）易于获取，很多学者在定义单中心、多中心结构时往往只强调其形态属性，甚至有研究将单中心、多中心结构的定义和特征限定在形态维度。限于数据可得性，本书主要从形态维度来研究城市区域多中心空间结构减霾绩效。

三、多中心空间结构的测度

城市区域空间结构具有整体性、有序性、时滞性、动态性等特征。区域内各个空间单元组成了一个相互联系、相互依赖的集合体。区域空间结构是在多种约束下的有序结构，其形成过程中往往存在着复杂的、非线性相互作用。城市区域空间结构与经济发展相比具有明显的滞后性，在相对较短的时间内，它表现为一种静态结构，在较长时期内，则表现出一种动态的地域演化过程。目前测度城市区域空间结构的工具主要有首位度（primacy index）、位序-规模法则（Zipf 法则）、赫芬达尔指数（Herfindahl-Hirschman index，HHI）和基尼系数（Gini index）等，在测度某个区域的空间结构类型时，大部分学者采用这四种工具（刘修岩等，2017b）。

第一种工具为首位度，它描述了区域内首位城市的“相对重要性”，是测度区域单中心/多中心程度常用的指标（Veneri and Burgalassi，2012；Brezzi and Veneri，2015），计算方法如下：

$$\mathrm{Primacy} = \frac{S_1}{S} \quad (2\text{-}1)$$

其中，Primacy 表示区域的首位度，S_1 是区域内人口规模排名首位的子单元的人口规模，S 是区域总人口。Primacy 越大，表示区域内首位子单元的人口占比越高，区域越倾向于形成单中心结构，反之区域越倾向于多中心分布。

第二种工具是位序-规模法则，其反映不同城市的规模与其在整个系统中位序之间的关系，可评估一个国家或地区城市体系的分布状况，其计算公式如下：

$$P_i = P_1 \times R_i^{-q} \ (R_i=1, 2, \cdots, n) \quad (2\text{-}2)$$

式中，n 为城市的数量，R_i 代表城市 i 的位序，P_i 是按照从大到小排序后位序为 R_i 的城市规模，P_1 是首位城市的规模，而参数 q 通常被称作位序规模法则指数（Zipf 指数）。为直观起见，通常对式（2-2）进行自然对数变换，得到：

$$\ln P_i = \ln P_1 - q \ln R_i \quad (2\text{-}3)$$

Zipf 指数具有以下性质：当 q=1 时，区域内首位城市与最小规模城市之比恰好为整个城市体系中的城市个数，认为此时城市体系处于自然状态下的最优分布，称此时的城市规模分布满足 Zipf 法则；当 q<1 时，城市规模分布相对集中，人口分布比较均衡，中间位序的城市较多，多表现为多中心空间结构；当 q>1 时，城市规模趋向分散，城市规模分布差异较大，首位城市垄断地位较强，多表现为单中心空间结构。

除了首位度和 Zipf 法则外，标准化的赫芬达尔指数也受到了学者们的偏爱（Al-Marhubi，2000）。赫芬达尔指数是各子单元区域总体比例的平方和加总，通常被用来测度区域的人口空间分布状况，具体计算过程如下：

$$H = \frac{\sqrt{\sum_{i=1}^{n}\left(\frac{p_{it}}{P_i}\right)^2} - \sqrt{\frac{1}{n}}}{1 - \sqrt{\frac{1}{n}}} \quad (2\text{-}4)$$

式中，H 为用赫芬达尔指数衡量的城市群多中心度，i 代表测度的具体城市，t 代表时间，该区域的城市数量为 n，而这一区域的 i 市在 t 年的人口总和用 P_{it} 表示，P_i 则表示该区域所包含所有城市的人口总和。该方法求得的中心度 H 的最小值为 0，最大值为 1。H 的值越接近于 0，表明该区域越倾向于多中心；H 的值越接近于 1，表明该区域越倾向于单中心。

基尼系数原本是根据洛伦兹曲线（Lorenz curve）设计的用于判断年收入

分配公平程度的指标，其本质是识别财富是被个别人所掌握，还是均匀地分配给所有人。后来基尼系数被用于量化相对平均偏差（relative mean deviation，RMD），计算公式如下：

$$\text{Gini} = I_{\text{RMD}} = \frac{1}{2\bar{y}n}\sum_{i=1}^{n}\left|y_i - \bar{y}\right| \tag{2-5}$$

其中，Gini 为基尼系数，I_{RMD} 表示相对平均偏差，$\bar{y}$ 表示市域内所有子单元的平均人口规模，y_i 表示第 i 个子单元的人口规模，n 为区域内所有子单元的个数。基尼系数最小值为 0，最大值为 1。基尼系数的值越接近于 0，表明该区域越倾向于多中心；基尼系数的值接近于 1，表明该区域越倾向于单中心。

第二节　研究单元与数据

一、研究单元：城市群与城市

经济全球化使全球城市之间的竞争日益加剧，而地方化又直接导致了区域城市的协作。这种竞争与协作促使城市与区域组成一个复杂的城市区域系统。城市区域是城市区域化和区域城市化共同作用的结果，目前国内外对“城市区域”的研究，在空间上包括城镇密集区、城市群（体）、（大）都市区等不同层次。从狭义上讲，城市区域是指城市内按其功能划分的小区；从广义上讲，城市区域为城市和与之有紧密联系的周围地区间的一种特定的地域结构体系。这一城市区域概念与国内外研究的都市区概念之间既有联系也有区别。从地理范围来看，“城市区域”与单核心的“（大）都市区”的概念表述较为接近；从功能联系上看，城市区域更强调对区域化、一体化趋势的动态判断，因此根据以上定义本书将城市区域的空间尺度界定为城市和城市群。

任何一个城市的发展，除依托自身禀赋外，与其所在区域的经济基础也紧密相关。对多中心空间结构的辨析依赖于空间尺度的辨析。例如，在我国行政区划背景下，当空间尺度从城市扩展到城市群时，原本高集中度的城市可能会因为周边城市的加入变成多中心；而在多中心结构的城市群中，随着空间尺度的不断扩大，越来越多的中小城市进入城市群，这会使得原多中心结构中的“头部城市”愈发突出，从而形成区域单中心结构。

虽然大都市带、大都市圈和城市群等空间结构在全球、大洲域等地理尺度上都被讨论过，但是城市群依然是空间结构最重要的空间载体。“城市群”这一空间尺度主要分为行政地域、功能地域和实体地域三种界定类型（周一星和史育龙，1995）。行政地域是指一个城市群在国家行政区划法规规定下所管辖的地域范围，根据欧美国家的经验，城市群或者都市圈的边界主要以不同行政区之间的人口通勤频率等指标来划分。美国管理与预算办公室给出了美国大都市圈的定义，即大都市圈通常由一个核心城市（超过 5 万人）以及多个与其有紧密经济联系的县组成，这里的经济联系主要是由外围县与核心城市的劳动力通勤比率衡量（唐为，2021）。在我国行政区划语境下，城市群是随着城市化的推进和城市发展不断成熟而出现的，它是若干大城市或者特大城市联合起来形成的具有多个层次和多个核心的集团。其中，我国政府认定的国家级城市群则是城市群发展的更高级的空间组织形式，同时也是我国城市群发展最为成熟的区域。在国家级城市群这一紧凑的空间结构内部，城市间经济及产业联系密切，呈现出高度的协同化和一体化，更容易观察到多中心空间发展对雾霾污染的影响。2015～2019 年，国务院分别对 11 个国家级城市群（京津冀城市群、长江中游城市群、哈长城市群、成渝城市群、长江三角洲城市群、中原城市群、北部湾城市群、关中平原城市群、呼包鄂榆城市群、兰西城市群及粤港澳大湾区）进行了正式审议与批复，各城市群具体批复时间见表 2-1。

表 2-1　城市群发展规划批复时间

批复时间	城市群	批复时间	城市群
2015 年 5 月	京津冀城市群	2017 年 1 月	北部湾城市群
2015 年 3 月	长江中游城市群	2018 年 1 月	关中平原城市群
2016 年 2 月	哈长城市群	2018 年 2 月	呼包鄂榆城市群
2016 年 4 月	成渝城市群	2018 年 2 月	兰西城市群
2016 年 5 月	长三角城市群	2019 年 2 月	粤港澳大湾区
2016 年 12 月	中原城市群		

“城市”通常是指地级及以上城市，主要包含两个维度：第一，城市市辖区，在此范围内，人口、基础设施、城市景观等要素类型全面且完整，空间分布较为连续；第二，城市市域，本质上是区域的概念，包括市辖区、县和县级市，是在同一个地级市政府管辖区内的一整套城市体系。因此，从行政

区划的视角看，城市市域也属于“城市”的范畴，从功能地域的视角来看，城市市域是指一个人口就业核心所能波及的范围，核心和腹地之间有紧密的通勤、客货运联系，如美国的大都市区（metropolitan area），而我国目前城市统计口径还没有类似的空间应用。建成区属于城市实体空间的范畴，目前只有国家统计局出版的《中国城市统计年鉴》等统计报告中汇报了建成区的人口数量等数据，而没有给出具体的建成区空间范围和边界，无法实现全国范围内所有城市建成区的空间识别。因此，在城市空间尺度，本书选取地级及以上城市作为“城市”的空间范围，市辖区和市域就分别作为城市内部和城市之间的空间范围使用，主要原因如下。

第一，市辖区是相对同质的地域实体，是我国城市行政区划语境下最接近城市实体的概念。虽然我国城市的市辖区可能是由多个“区”组合而成的，但是各个区之间的城市景观连续性较好，没有出现大片的非城市景观（耕地、山川等）。因此，市辖区作为城市景观连续、不间断分布的有机整体，是人口活动的高密度地区，适合作为单个城市内部空间结构的研究单元。同时，基于行政区划的市辖区范围，其经济社会数据易得。

第二，城市市域是同一个市政府管辖下的对内紧密联系、对外相对独立的城市体系，适宜作为城市之间空间结构的分析单元。城市市域内的市辖区、县和县级市都是具有完整城市功能和城市景观特征的行政区，相互之间在贸易交流、交通联系和人口流动方面联系密切。一些特定的省直管县是指省、市、县财政关系由“省—市—县”三级模式转变为“省—市、省—县”二级模式，省对直管县的各类专项补助和专款不再经过市，而由省财政直接分配下达到直管县，实行“省直管”。城市市域对外具有独立性，我国具有明显的行政区经济特征，地级市相互之间形成了严重的经济壁垒（游细斌等，2005）。

第三，研究城市群、城市（市辖区）人口空间组织结构具有政策意义。首先，我国省域面积较大，省很难直接对县和县级市进行管理，市管县（市）作为我国目前行政体制的主体（全伟，2002；何显明，2004），很好地协调和缓冲了省与县、县级市之间的治理关系，几乎所有的自上而下的城市治理措施都需要经过地级市市域。其次，市辖区是我国城市化发展的主要载体，其经济、社会和环境发展水平直接关系到我国城市可持续发展的水平（张婷麟，2019）。同样，多数城市治理措施也最终在城市市辖区尺度上实施。例如，因为交通拥堵和环境污染而实施的交通限行和机动车单/双号出行、2014 年国务院以“城区”尺度重新划分的城市规模，而“城区”的主体即指市辖区。因此，将市辖区和市域分别作为单个城市和城市群的对应研究单元，其研究结论可以为政府部门或城市规划部门通过调节空间结构以提高城市区域环境质量提供政策参考。

第四，市辖区和市域作为城市内部和城市群空间结构研究的空间载体，一定程度上能够弥补目前该领域内研究的空白。空间结构具有尺度依赖性，而空间尺度也具有地区适用性。有别于发达国家的大都市区尺度，我国“城市”包含市辖区和市域两种尺度，其分别对应了单个城市和城市群，这具有我国的行政区划特色。同时比较这两者空间结构的减霾绩效的研究较为鲜见，这里的“市辖区-市域”空间尺度研究为形成完整的空间尺度链（市辖区—市域—城市群—国家）提供了直接的证据和支撑。

另外，本章主要涉及两个研究尺度：城市群和城市，分别对应多个城市和单个城市。相关的名词在不同尺度的含义如表 2-2 所示，尺度 1 和尺度 2 语境下的不同表述具有对应关系和相似性。

表 2-2　本节语境下城市尺度的不同表述

研究尺度	尺度范围	行政区划尺度	城市数目	核心地区的描述
尺度 1	城市内部	地级市市辖区	单个城市	城市中心
尺度 2	城市之间	地级市市域	多个城市	中心城市

二、研究的子单元

除了确定市辖区和市域作为空间结构研究的整体分析单元，确定其内部的子单元也是测度空间结构的重要前提。以往的研究主要包含两种城市内部子单元的选择方法。一是选择次一级的城市或者行政单元作为子单元，如张婷麟（2015）以我国地级市市辖区的辖区数目作为政府碎片化的代理变量，研究了市辖区地方官员竞争对于整体经济增长的影响。二是采用网格、邮政编码区、普查区作为基本子单元，通过门槛法、非参数模型等方法识别城市中心（Giuliano and Small，1991；Anderson and Bogart，2001；McMillen，2001；Sun and Lv，2020）。Li 等（2019）将市辖区划分为 1 千米 × 1 千米的网格，以此网格作为空间子单元进而测度城市的空间结构系数；张婷麟（2019）计算了市辖区每个邮政编码区的就业人数，以邮政编码区作为空间子单元计算了市辖区的空间集中程度和集聚程度。

三、数据来源

在以往文献中，空间结构的认知和测度基于各种城市要素，如人口、就业、土地利用、兴趣点（point of interest，POI）及企业等。本书选择使用人口数据或夜间灯光数据来测度城市区域空间结构，主要原因在于以下几种。第一，就业、土地利用、POI 和企业等空间数据无法与经济集聚、产业结构、绿色技术、交通联系和市场一体化等（本书设计的中介变量）剥离干净，这会导致后文机制传导研究的逻辑混乱。第二，长时间序列的空间细分人口数据可得。对于就业数据而言，目前可得的经济普查数据提供了 2004 年、2008 年、2013 年的企业就业数据，并不符合后文长时期面板数据模型的要求，土地利用和 POI 数据难以获取全国城市层面的全样本数据，因此人口数据就成为本书研究城市区域空间结构的基础数据。第三，需要说明的是，我国在城镇化过程中时常出现撤县设区等行政变更现象，因此若是用经济体量或人口规模衡量城市规模序位，会降低同一城市在前后年份的经济、人口数据的可比性；相比之下，精确至街区层面的夜间灯光数据能够剔除行政区划变更的影响，成为衡量一个地区空间形态的有效替代指标，这是本书采用夜间灯光亮度来测算城市区域多中心空间结构的主要原因。

第三节　多中心空间结构的演化特征

一、城市群多中心空间结构的演化特征

本节以 Zipf 法则测算了 11 个国家级城市群的中心度 q，结果详见表 2-3 和图 2-2。从表 2-3 中可以发现，本书研究的 11 个城市群在整体上表现为多中心空间结构。除北部湾城市群和兰西城市群为单中心空间结构外，其余 9 个城市群均呈现了多中心的空间结构。从图 2-2 中可以看到，兰西城市群和北部湾城市群的中心度明显高于所有城市群的平均中心度，呼包鄂榆城市群的中心度明显低于所有城市群的平均中心度，其余城市群的中心度与所有城市群的平均中心度大致相同，此外，无论是单中心结构还是多中心结构的城市群中心度都呈现出在波动中下降的态势。因此，整体上所有城市群都呈现出向多中心模式转变的态势，表明所有国家级城市群正在不断向着成熟的多中心空间结构进行发育。

表 2-3 以 Zipf 法则测度的城市群空间结构中心度

年份	北部湾城市群	成渝城市群	关中平原城市群	哈长城市群	呼包鄂榆城市群	京津冀城市群	兰西城市群	粤港澳大湾区	长江中游城市群	长三角城市群	中原城市群	均值
2000	1.08	0.88	0.86	0.74	0.55	0.64	1.48	0.68	0.79	0.73	0.77	0.84
2001	1.08	0.88	0.76	0.73	0.54	0.64	1.44	0.68	0.79	0.73	0.77	0.82
2002	1.08	0.86	0.72	0.73	0.53	0.64	1.41	0.68	0.79	0.74	0.76	0.81
2003	1.08	0.86	0.70	0.74	0.52	0.64	1.41	0.69	0.77	0.74	0.77	0.81
2004	1.08	0.81	0.69	0.72	0.50	0.62	1.37	0.69	0.74	0.75	0.76	0.79
2005	1.08	0.82	0.70	0.72	0.50	0.62	1.34	0.70	0.74	0.75	0.76	0.79
2006	1.08	0.81	0.70	0.71	0.49	0.64	1.26	0.70	0.72	0.75	0.77	0.78
2007	1.08	0.78	0.70	0.69	0.48	0.65	1.21	0.70	0.72	0.76	0.77	0.78
2008	1.07	0.83	0.70	0.67	0.46	0.67	1.31	0.71	0.80	0.77	0.77	0.80
2009	1.07	0.82	0.70	0.65	0.45	0.69	1.30	0.71	0.80	0.77	0.77	0.79
2010	1.06	0.81	0.73	0.64	0.35	0.70	1.09	0.72	0.75	0.75	0.75	0.76
2011	1.06	0.82	0.73	0.60	0.33	0.71	1.07	0.72	0.78	0.76	0.75	0.76
2012	1.06	0.84	0.73	0.57	0.33	0.72	1.02	0.72	0.78	0.76	0.75	0.75
2013	1.06	0.83	0.74	0.53	0.33	0.73	0.96	0.72	0.74	0.77	0.75	0.74
2014	1.06	0.85	0.73	0.56	0.33	0.73	1.14	0.72	0.77	0.77	0.75	0.76
2015	1.06	0.86	0.74	0.55	0.33	0.73	1.13	0.74	0.76	0.73	0.76	0.76
2016	1.06	0.87	0.74	0.55	0.32	0.73	1.27	0.75	0.76	0.73	0.76	0.78
2017	1.06	0.86	0.74	0.56	0.32	0.72	1.06	0.74	0.76	0.72	0.76	0.75
2018	1.06	0.86	0.74	0.55	0.31	0.67	1.04	0.74	0.76	0.71	0.76	0.75
2019	1.06	0.86	0.74	0.55	0.32	0.71	1.13	0.74	0.76	0.72	0.76	0.76
2020	1.06	0.86	0.74	0.55	0.32	0.70	1.08	0.74	0.76	0.72	0.76	0.75

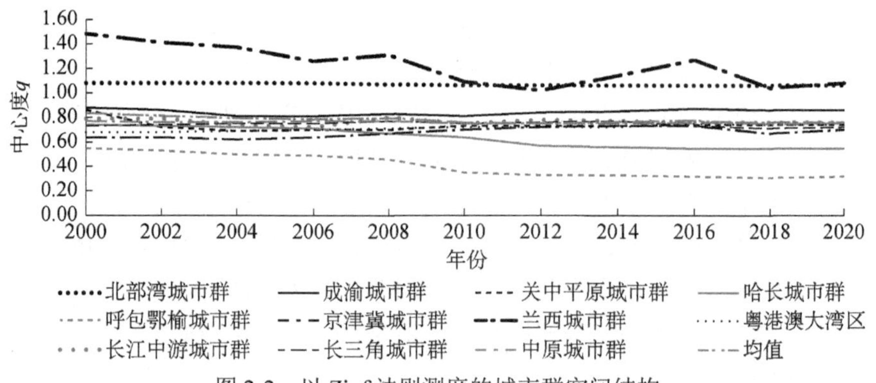

图 2-2 以 Zipf 法则测度的城市群空间结构

二、城市多中心空间结构演化特征

基于城市首位度（Primacy 指数），表 2-4 展示了我国 84 座主要城市的市域空间结构分布特征。

表 2-4　基于 Primacy 指数的城市空间结构分布

城市	Primacy 指数	城市	Primacy 指数	城市	Primacy 指数
七台河市	0.509	长治市	0.218	福州市	0.173
鹰潭市	0.485	呼和浩特市	0.215	信阳市	0.169
铜川市	0.449	延安市	0.215	商丘市	0.168
眉山市	0.421	玉溪市	0.214	柳州市	0.159
日照市	0.350	太原市	0.212	邵阳市	0.156
安顺市	0.336	上海市	0.210	怀化市	0.156
吴忠市	0.322	孝感市	0.209	郴州市	0.155
蚌埠市	0.312	乐山市	0.204	济宁市	0.152
铁岭市	0.311	阜阳市	0.202	南充市	0.149
常州市	0.307	西宁市	0.201	昆明市	0.149
宣城市	0.302	泸州市	0.200	汉中市	0.149
汕头市	0.301	上饶市	0.198	南京市	0.145
黑河市	0.292	长春市	0.195	武汉市	0.144
黄山市	0.288	宜宾市	0.193	三明市	0.139
漯河市	0.279	宁波市	0.193	运城市	0.134
葫芦岛市	0.277	大理白族自治州	0.192	遵义市	0.133
兰州市	0.270	崇左市	0.191	烟台市	0.130
湖州市	0.269	襄阳市	0.190	临沂市	0.129
深圳市	0.262	广州市	0.190	周口市	0.123
昭通市	0.257	漳州市	0.189	沧州市	0.118
玉林市	0.246	朝阳市	0.189	齐齐哈尔市	0.117
宜春市	0.244	庆阳市	0.187	洛阳市	0.114
松原市	0.244	吉林市	0.187	哈尔滨市	0.112
泰安市	0.239	沈阳市	0.185	唐山市	0.111
恩施土家族苗族自治州	0.227	天津市	0.182	赣州市	0.102

续表

城市	Primacy 指数	城市	Primacy 指数	城市	Primacy 指数
扬州市	0.223	徐州市	0.179	成都市	0.097
连云港市	0.218	杭州市	0.179	邯郸市	0.092
贵阳市	0.218	北京市	0.177	重庆市	0.054

由表 2-4 可以看出，单中心程度较强的城市多聚集于我国的东北地区、华东地区，在西北及西南地区也存在零散分布，而多中心程度较强的城市主要分布于我国的西南及华北地区。具体来说，重庆市、邯郸市、成都市的 Primacy 指数数值垫底，主中心人口占市域总体人口的比重低于 10%。在城市市域子单元数量较多的情况下，首位子单元与排名第二位子单元在人口占比方面无明显差异，这些市域的人口在不同子单元间分布相对均衡，没有子单元拥有绝对的主导地位。七台河市、鹰潭市和铜川市的单中心程度相对较强，城市中大部分的城市人口都集中在首位子单元内。此外，部分经济发达、人口高度聚集的城市（如上海）Primacy 指数数值也相对较大，且排名第二位子单元的人口占比与首位子单元相比存在较大的差距，这在一定程度上印证了李琬（2018）的研究结论，即大城市可能通过单中心的空间结构提高其经济绩效。

第四节 本章小结

在空间结构概念辨析和基本特征描述的基础上，本章介绍了本书的研究单元（城市群、城市）和空间子单元（城市市域、市辖区），并说明了用于空间结构测度的数据来源。基于不同的演变动力和演变形式，空间结构在不同尺度下具有不同的特征，因此本书从空间结构的尺度出发，详细介绍并分析了空间结构的尺度差异性，不同尺度空间结构的基本分布特征，以及市辖区和市域空间结构指标的不同计算方法。最后，描述了城市群和城市的现状和时空演化。本章的主要目的是通过介绍空间结构的概念、主要特征、测度与方法并展示多中心空间发展在我国城市区域的分布现状，为后文实证研究不同尺度下多中心空间发展的减霾绩效做铺垫。

市辖区具有完整、连续的建成区分布、稠密的人口、功能齐备的土地利用和城市景观设施，从物理形态看，市辖区已经可以作为城市内部结构研究的研究空间，而包含不同城市的城市群作为封闭区域内的完整的城市体系，对内紧密联系、对外相对独立，适合作为区域空间结构的研究空间。本章从城市和城市群两个不同的空间尺度，区分了空间结构的研究单元、子单元和测度方法，这不仅呼应了第一章中对于空间结构尺度差异的理论分析，更为后文从不同空间尺度研究空间结构的减霾绩效做好了技术准备。另外，在空间结构的基本事实描述中，也发现了多中心空间发展指数在不同空间尺度上的差异性，从而印证了前文的理论判断。区分空间结构的尺度差异以及有针对性地采用不同的测度方法，为城市管理者和规划者采取有差别的城市治理措施提供了理论基础，避免了“一刀切”的环境政策带来的不明确的实施效果。

第三章

多中心空间发展对雾霾污染的影响

第一节 相关研究和文献

以往的研究已发现集聚会对雾霾污染产生重要的影响，而以往文献大多是从高密度、紧凑及蔓延等密度含义出发展开研究。部分研究者认为由于居住和就业邻近性的提高，紧凑发展通常能够降低交通排放量，进而改善空气污染（Tsai，2005；Norman et al.，2006；Ewing and Rong，2008；Brownstone and Golob，2009；邵帅等，2019b）。相反，城市低密度蔓延会增加通勤时间，同时带来郊区住房面积的增加，从而增加了与交通和居住相关的污染排放（Glaeser and Kahn，2010）。但随着城市化的快速推进，线性的（或单调的）紧凑发展往往转向去中心化，因为这样不仅能够最大化紧凑带来的正效应，还能够在一定程度上解决城市空间蔓延带来的问题（Holden and Norland，2005）。

动态集聚经济理论更加强调城市（群）规模的门槛效应，当人口规模超过一定的阈值时，单中心发展策略的优势逐渐减弱，集聚不经济则会占主导地位，从而为空间多中心平衡提供了可能（Fujita and Ogawa，1982；Wu et al.，2016；高明等，2018）。多中心空间结构降霾作用的发挥主要通过以下两种途径进行。首先，多中心空间结构会促进城市（群）中心分离，进而减少集聚产生的负外部性。多中心空间结构不仅可以降低原先单个中心城市的集聚不经济，还可以促使资源和要素向新的中心城市集聚，减少资源的浪费，促使要素进行优化配置，发挥经济集聚的正外部性，进而提高生态效益（Han et al.，2018a）。其次是多中心空间发展可以使外围城市借用中心城市的集聚经济效益和正外部性，减少集聚经济和正外部性的损失，再加上网络外部性的存在，可以打破城市与城市之间的界限与壁垒，促使资源在新的更大范围内进行重新配置，从而解决原先单个城市过度扩张造成的环境问题和降低集聚不经济，提高生态、生产和生活条件，从而促进城市的可持续发展。相较于距离较远的城市，地理位置相邻的城市能源使用效率的空间扩散效应更强；地理距离越近，越有利于发挥区域间能源使用效率的空间扩散效应（张华和丰超，2015）。在集中式发展还是分散式发展的问题上，扩张型的城市化发展道路的效率较低，并不能产生降低雾霾污染的作用，而集约型的城市化发展道路则可以充分发挥集聚的正外部性，进而降低城市的雾霾污染（邵帅等，2019a）。我国大部分城市无论是多中心发展还是分散式发展可能都不会降低雾霾污染，只有人均 GDP 和产业结构超过某一阈值时，多中心空间发展才可能达到降低雾霾污染的效果（Li et al.，2019）。

根据以往文献，多中心空间发展作用于雾霾污染的路径主要集中在产业结构、要素流动、绿色技术及区域一体化这四个方面。①产业结构。不断优化各种生产要素配置和合理分工是区域经济可持续发展的关键，城市体系的优化可以促进核心产业发展和产业结构的升级，进而改善城市体系的环境质量（Duranton and Puga，2001）。产业结构高度化指产业结构质量和效率水平的提高，它通常伴随着主导产业的变化与调整，这种高度化不仅可以降低能源强度而且可以减少污染的排放（Li et al.，2017）。产业结构的优化也会增加区域生产的专业化程度，这一过程往往还伴随着空间集聚或地理接近，这导致要素集聚以及正的外部性，最终使环境得到改善（Huallachain and Lee，2011）。②要素流动。提高交通基础设施水平有利于促进多中心网络的形成与发展，也可以降低区域之间相互交易的成本（李松林和刘修岩，2017）。经济集聚大大缩短了通勤距离进而有利于城市降低环境污染，地铁的开通能够有效降低污染物的排放，在人口较为密集的大城市这一规律更为明显（Glaeser，2012；梁若冰和席鹏辉，2016），产业专业化集聚和多样化集聚通过交通运输作用能有效降低雾霾污染（罗能生和李建明，2018）。③绿色技术。城市化通过集聚效应、市场需求和资源集中等方式，为技术进步提供重要的推动力，从而有效推动了清洁生产和环境治理（Harbaugh et al.，2002）。经济集聚可以通过促进科技创新和知识溢出来降低污染物的排放，从而促使更多的企业采用更加清洁的技术（李顺毅和王双进，2014）。低端技术产业专业化集聚对本地及周边城市碳排放的影响在多数情况下显著降低，而多样化集聚对本地及周边城市碳排放的影响有所增加；高端技术产业的专业化、多样化集聚对本地和周边城市都有不同程度的显著的碳减排效应（Han et al.，2018a）。④区域一体化。城市群的多中心空间发展不仅能缩小地区差距、促进市场一体化水平的提高，还可以加快生产要素的流动（刘修岩等，2017a）。区域一体化水平提高可以显著提高能源使用效率且减少 CO_2 排放（Li and Lin，2017）。我国市场分割程度与城市碳排放二者之间呈现 U 形关系，当市场分割程度超过阈值时，市场分割对城市碳排放的整体影响为正值（Shao et al.，2019）。城市群通过扩容实现的区域一体化能够有效降低污染物排放，污染物排放会向新加入的城市转移，原来的城市污染物密度会随之降低但不会增加新加入城市的污染物密度（尤济红和陈喜强，2019）。

究竟是单中心还是多中心空间结构的减霾绩效更优？这已经成为城市经济学和城市生态学的研究热点。本章选择城市群作为空间层次，以第二章第二节给定的 11 个国家级城市群为研究对象，主要关注如下几点：第一，城市群单中心还是多中心对降低 PM2.5 排放量的影响更大？或者是都不影响？第二，检验产业结构、要素流动、绿色技术和区域一体化等因素作为空间结构的传导机制对 PM2.5 排放量的影响。

第二节　雾霾污染的时空演变

一、雾霾污染的定义及测度

本章实证研究的样本期为 2000～2020 年，但 2012 年之前我国政府并未将 PM2.5 作为监测对象，因此很难对城市群多中心空间发展与雾霾污染的关系进行长时间的整体研究。为了保证 PM2.5 数据的连续性、可得性与准确性，本章使用美国国家航空航天局（NASA）公布的 MERRA-2 数据集，其包含气溶胶的空基观测结果，根据 Buchard 等（2016）和 He 等（2019）的计算方法，基于该数据集反演出城市 PM2.5 浓度，最终得到了 2000～2020 年的国家级城市群的城市 PM2.5 数据。

二、雾霾污染的演化特征

表 3-1 显示了我国 11 个国家级城市群 2000～2020 年的 PM2.5 浓度演变情况。从表中可以看到我国城市群的雾霾污染状况并非持续恶化，这是否与我国城市群空间结构的演变有关将在下一节进一步检验。从 2000～2020 年国家级城市群的雾霾污染发展情况可以看到，中原城市群、京津冀城市群、长三角城市群和长江中游城市群 4 个城市群的 PM2.5 浓度普遍较高，兰西城市群、呼包鄂榆城市群、哈长城市群和北部湾城市群 4 个城市群的 PM2.5 浓度普遍较低，其余 3 个城市群的 PM2.5 浓度大致与所有城市群 PM2.5 平均浓度相同。

表 3-1　2000～2020 年国家级城市群 PM2.5 浓度分布情况　（单位：微克/米^3）

年份	哈长城市群	兰西城市群	成渝城市群	中原城市群	北部湾城市群	京津冀城市群	长三角城市群	粤港澳大湾区	关中平原城市群	呼包鄂榆城市群	长江中游城市群	所有城市群
2000	19.045	17.170	18.729	39.751	16.658	37.243	30.376	22.615	24.151	10.956	25.379	23.825
2001	20.502	22.388	23.224	42.670	22.222	46.476	38.136	28.446	29.151	15.049	31.084	29.032
2002	24.396	21.270	31.564	42.302	20.552	41.389	41.125	30.230	28.547	13.655	34.235	29.933
2003	31.779	22.458	35.527	53.098	23.682	51.955	46.794	29.613	31.794	15.544	36.009	34.387
2004	25.022	19.999	32.384	41.462	30.241	44.801	43.167	37.150	24.254	10.833	38.796	31.646
2005	30.381	26.669	40.305	53.509	32.698	49.538	50.461	36.665	32.330	13.357	46.300	37.474
2006	30.205	25.890	45.032	60.540	31.276	63.477	49.527	36.053	36.650	15.575	43.859	39.826
2007	30.790	26.144	35.709	65.790	34.936	60.502	54.581	40.233	35.670	18.264	48.196	40.983
2008	33.728	25.925	35.671	52.851	35.473	55.684	52.875	41.799	28.091	15.232	47.044	38.579
2009	35.641	21.516	33.731	52.707	34.156	58.099	50.714	40.390	29.727	15.555	44.723	37.905
2010	34.609	22.674	41.475	55.859	30.529	53.298	50.594	36.744	30.533	15.619	45.018	37.905
2011	30.876	19.910	35.528	52.425	31.895	54.186	48.328	33.860	29.971	13.247	41.116	35.577
2012	27.747	18.156	35.307	49.268	32.331	50.136	43.886	33.361	28.010	12.728	40.006	33.721
2013	36.021	24.982	37.295	61.510	32.360	61.754	51.364	33.312	35.951	15.864	42.093	39.319
2014	35.364	22.312	34.172	52.965	32.609	54.176	50.168	40.515	28.535	13.197	45.256	37.206
2015	53.794	15.962	27.581	54.645	28.389	56.314	54.158	30.644	28.280	15.659	42.525	37.086
2016	37.902	16.569	26.935	51.535	27.358	56.286	46.041	28.792	26.835	15.151	35.590	33.545
2017	30.655	28.681	38.412	57.549	27.261	48.377	45.336	31.006	34.616	18.171	41.387	36.496
2018	22.130	27.716	34.098	53.287	24.632	42.907	41.439	26.903	32.071	19.730	35.472	32.762
2019	30.229	24.322	33.148	54.124	26.417	49.190	44.272	28.900	31.174	17.684	37.483	34.268
2020	27.671	26.906	35.220	54.986	26.103	46.825	43.682	28.936	32.620	18.528	38.114	34.508

三、多中心空间发展与雾霾污染联系分析

1. 城市群空间结构与雾霾污染演变趋势分析

前面已对城市群霾污染整体情况进行了介绍，每个城市群多中心空间发展与雾霾污染是否存在关系是本节最为关注的问题，图 3-1 分别展示了每个城市群多中心空间发展与雾霾污染之间的关系。

（1）北部湾城市群的 PM2.5 浓度在 2000～2008 年显著上升，但在 2008 年的城市群中心度（q）下降后，其 PM2.5 浓度不再持续攀升甚至呈现下降态势。

（2）成渝城市群的 PM2.5 浓度在 2000～2006 年呈现出上升的状态，但其中心度在 2000～2007 年呈大幅度下降态势，自 2007 年开始城市群雾霾污染

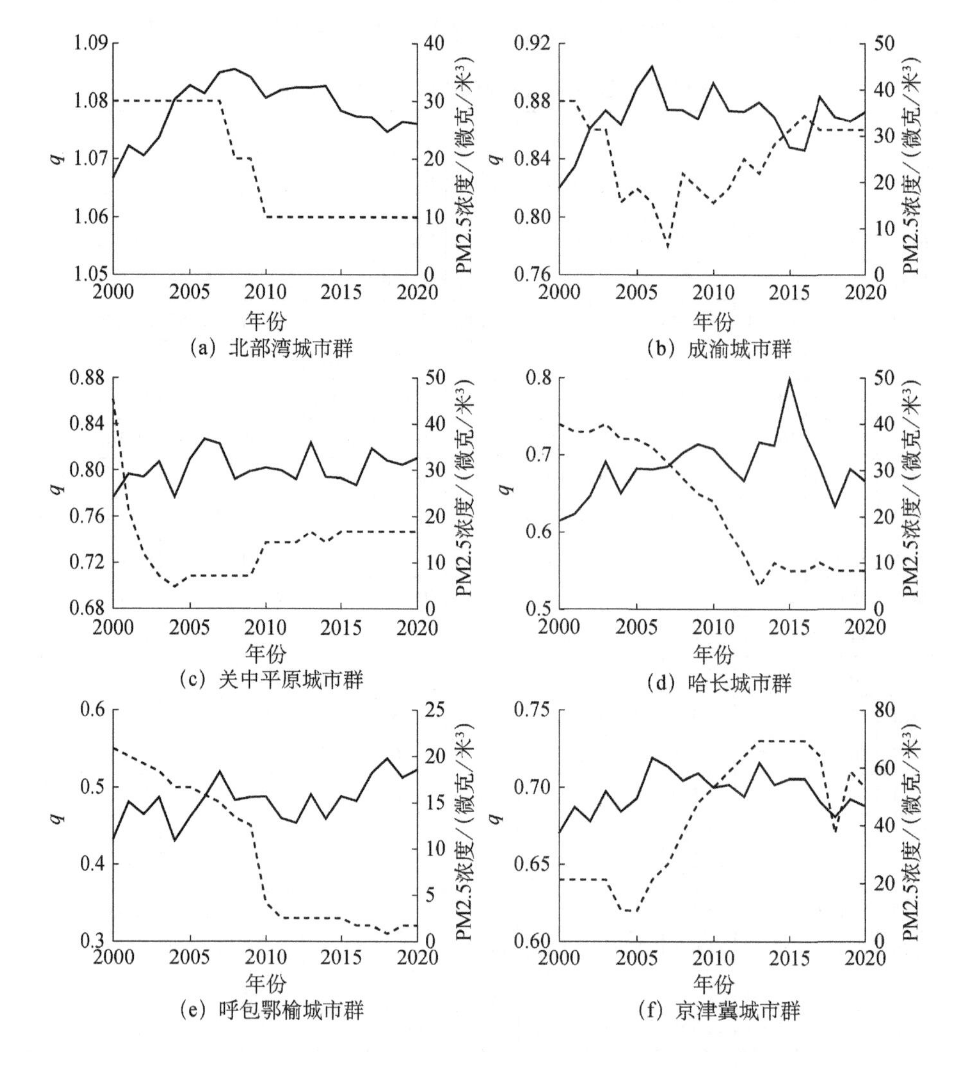

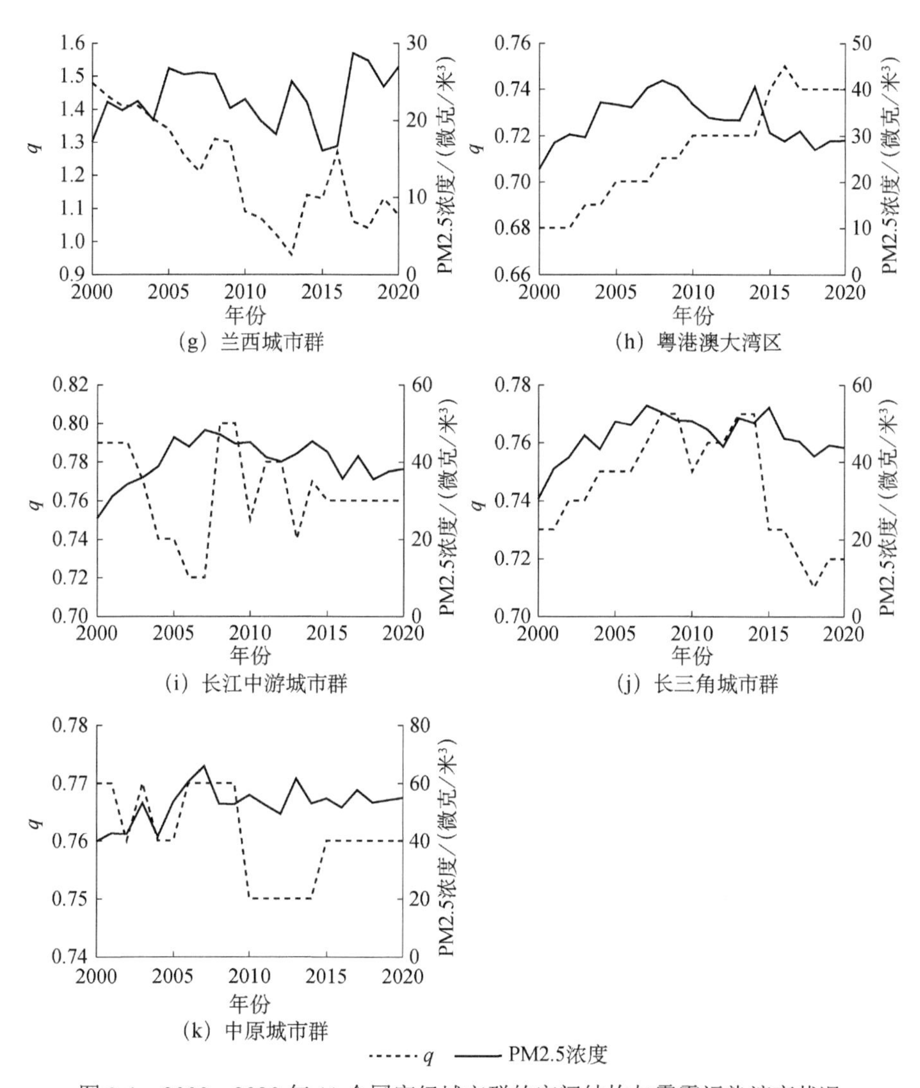

图 3-1　2000～2020 年 11 个国家级城市群的空间结构与雾霾污染演变状况

浓度不再攀升，而是在波动中下降，尽管 2007 年以后城市群中心度有所上升，但是仍旧小于 1，始终呈现出多中心空间结构，可见样本期内雾霾污染与中心度变化并不同步，更为准确地说，成渝城市群中心度的下降反而导致雾霾污染的增加。

（3）关中平原城市群的中心度呈碗状，在碗状底部（2004～2009 年）经历了雾霾增长到下降的过程。

（4）随着哈长城市群中心度的持续下跌，其在结束了 PM2.5 浓度小幅上涨的局面后在最近 10 年内呈现波动中下降的喜人态势。

（5）呼包鄂榆城市群的 PM2.5 浓度虽然随着中心度的下降呈现上涨趋势，但 PM2.5 浓度的上涨幅度极小，几乎可以忽略不计。

（6）京津冀城市群的中心度虽然波动较大，但始终小于 1，而其 PM2.5 浓度在多中心空间结构下保持平稳。

（7）兰西城市群的中心度在绝大多数年份都大于 1，即呈现出单中心的空间结构，其中心度与 PM2.5 浓度几乎呈相反的变动趋势。

（8）粤港澳大湾区的中心度 2000～2020 年呈现出在波动中上升态势，结合 PM2.5 浓度数据分析发现，中心度与 PM2.5 浓度在 2000～2014 年大致呈平行趋势，在 2015～2020 年尽管粤港澳大湾区的中心度保持在高位，但 PM2.5 浓度呈现明显下降趋势。

（9）尽管长江中游城市群的中心度波动较大，但始终呈现出多中心的城市群空间结构，长江中游城市群的雾霾污染在多中心空间结构下保持稳定。

（10）长三角城市群的中心度和雾霾污染在 2009 年之前基本同步上升，2010～2012 出现了短暂不同步后又出现两年的短暂同步上升期，进入 2015 年后随着长三角城市群中心度的下跌，该城市群的 PM2.5 浓度明显下降。

（11）就中原城市群而言，2010 年之前在城市群中心度波动较大时，城市群的雾霾污染在波动中有小幅上升，但在进入 2010 年之后，城市群的中心度出现断崖式下降，而城市群的雾霾污染也结束了增长的趋势，逐渐保持平稳。

整体而言，尽管不少城市群中心度的下降，即城市群多中心度的增强，可以降低城市群的雾霾污染，但是在部分城市仍然存在反向关系，而且这种关系在样本期内不同时段也有差异，因此下面需要对二者关系作进一步分析。

2. 不同地区城市群空间结构与雾霾污染演变趋势分析

为了验证东部、中部和西部不同区域城市群的空间结构与雾霾污染之间的关系，下面将城市群按地区进行了划分，如图 3-2 所示。

具体划分为东部城市群，包括京津冀城市群、哈长城市群、长三角城市群和粤港澳大湾区；中部城市群，包括长江中游城市群、中原城市群和呼包鄂榆城市群；西部城市群，包括成渝城市群、北部湾城市群、关中平原城市群和兰西城市群。结果发现，2000～2007 年随着东部城市群中心度的下降，即多中心度增加，雾霾污染几乎同步增加，2007 年以后东部城市群中心度与雾霾污染几乎同步变化。中部城市群则在 2000～2008 年、2011～2015 年这两个时间段内雾霾污染与中心度呈反向变化，即中心度的下降或中部城市群多中心度的增加，促进了中部城市群雾霾污染的增加；但在 2009～2010 年、2016～2020 年这两个时间段内，中部城市群的雾霾污染状况与中心度大致呈平行状态，也就是说，在这两个时间段内，中部城市群的雾霾污染会随着多中心度的增加而降低，或者随着多中心度的减少而增加。综合以上分析，本小节发现，中部城市群的雾霾污染状况与中心度之间的关系尚不够明朗。观察西部城市群的雾霾污染与中心度的折线图发现，表面上看，西部城市群的雾霾污染状况与其中心度在绝大多数年份表现出相反的变动趋势，即当西部城市群的中心度下降，也即西部城市群更趋于多中心时，西部城市群的雾霾污染加重，而当西部城市群的中心度上扬时，雾霾污染反而减轻，但事实真的如此吗？这一结果有待后文的检验。

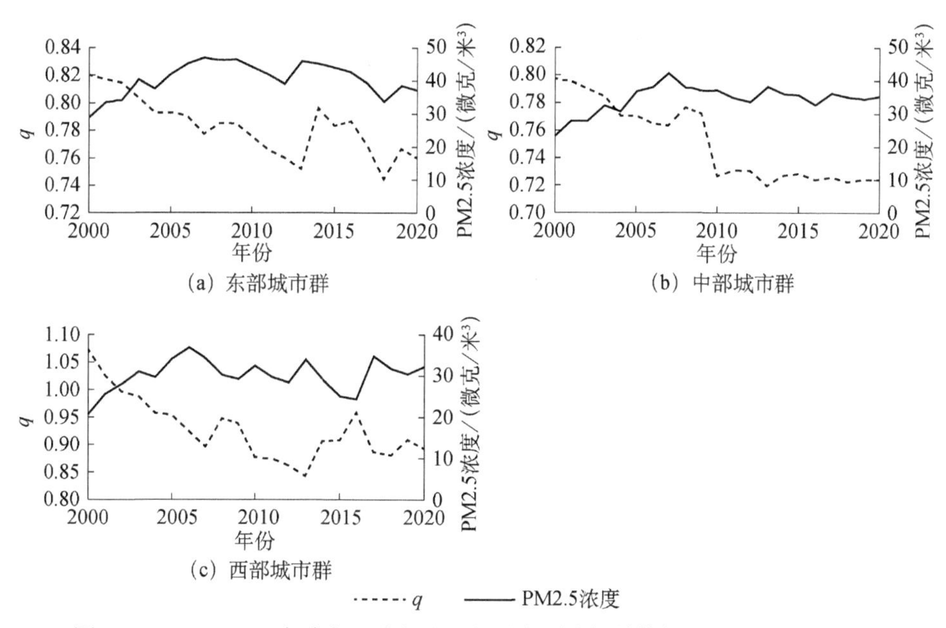

图 3-2　2000～2020 年东部、中部和西部城市群空间结构与雾霾污染演变状况

3. 不同维度城市群空间结构与雾霾污染演变趋势分析

下面使用气泡图展示了 2000 年、2006 年、2013 年和 2020 年 11 个城市群中心度与雾霾污染之间的动态关系，结果如图 3-3 所示。以 1 为分界点，当中心度 q 小于 1 时为多中心空间结构；当中心度大于 1 时为单中心的空间结构。观察图 3-3 中中心度大于 1 的部分，可以看到相对于 2000 年，单中心空间结构的城市群的气泡图在 2006 年整体左移，但在单中心空间结构下，国家级城市群的雾霾污染并没有减少，这似乎表明在单中心的空间结构下，城市群的雾霾污染增多。观察图 3-3 中中心度 q 小于 1 的部分，可以看到相对于 2000 年，2006 年、2013 年和 2020 年各城市群的 PM2.5 气泡图整体左移，表明城市群的中心

度在下降，即多中心度在增加。尽管2006年的雾霾污染要比2000年有所上升，但2013年和2020年国家级城市群的雾霾污染气泡明显变小并下沉，可见降低雾霾污染与城市群多中心度提升存在相互联系。

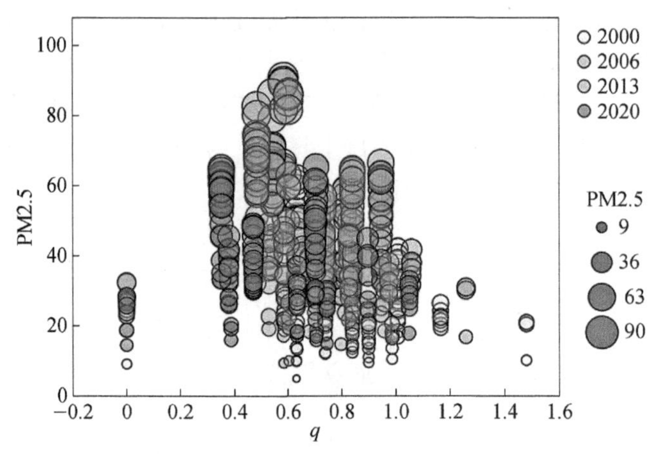

图3-3　2000～2020年城市群空间结构与雾霾污染演变状况

为了更加直观地展示国家级城市群多中心空间发展与雾霾污染之间的关系同时也为了方便表述，本小节参照刘修岩等（2017a）的做法对所计算出来的q取倒数，并使用Cua来表示对q取倒数后的结果。即当Cua大于1时，城市群呈现出多中心的空间结构，当Cua小于1时呈现出单中心的空间结构。基于上述步骤，这里绘制了城市群多中心空间发展与PM2.5之间的非线性拟合图（与大多数研究保持一致，对PM2.5进行了取对数的处理）。如图3-4所示，以1为

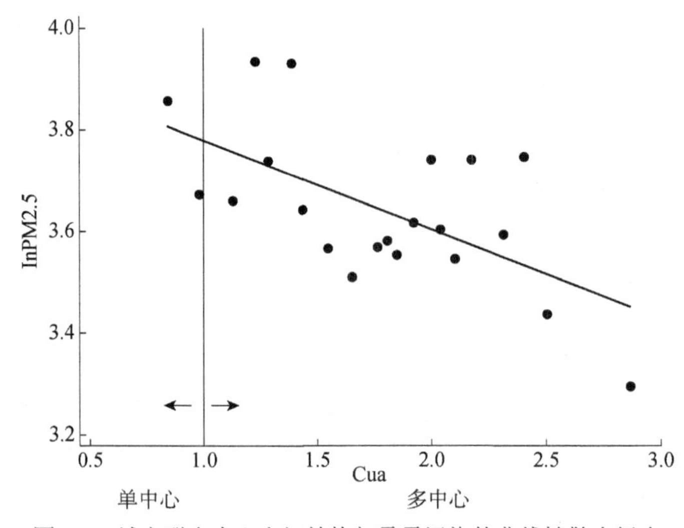

图3-4　城市群多中心空间结构与雾霾污染的非线性散点拟合

分界线，分界线 1 的左侧为单中心的空间结构，分界线 1.0 的右侧为多中心空间结构，且数值越大表明该城市群多中心度越强。结果表明城市群多中心空间发展可以有效降低雾霾污染，这与前文的分析结果保持一致。

第三节　影响效应分析

一、理论模型构建

Enrlich（1971）为了测度人类经济活动对环境的影响程度提出了 IPAT 模型，其具体计算公式如下：

$$I = P \times A \times T \tag{3-1}$$

式中，I 表示环境负荷（impact），P 表示人口规模（population），A 表示人均财富（affluence），T 表示技术（technology），这三种因素对环境作用的弹性相同是这一模型成立的前提，这显然与常理不符。囿于该模型在函数假定条件、直接检验环境影响因素等方面所表现出的局限性，Dietz 和 Rosa（1994）在 IPAT 原始模型基础上进行了改进，提出 STIRPAT（stochastic impacts by regression on population，affluence and technology）随机模型。该模型规避了因 IPAT 模型局限性影响测算结果准确性的问题，成为目前学术界研究影响环境质量和污染物排放因素的经验模型，其具体公式如下：

$$I = aP^{b}A^{c}T^{d}e \tag{3-2}$$

与式（3-1）相比，该式除了 4 个相同的因素外，还增加了常数项（a）、人口的弹性（b）、人均财富的弹性（c）、技术的弹性（d）以及随机误差项（e）5 个变量。研究者们在将这一模型进行具体应用时，为构建面板回归模型，往往会对该模型两边同时取对数，取对数后的结果如式（3-3）所示。

$$\ln I_{it} = \ln a + b\ln P_{it} + c\ln A_{it} + d\ln T_{it} + \ln e_{it} \tag{3-3}$$

由于环境库兹涅茨曲线（EKC）假说指出环境污染并非随着经济的发展而持续加重，二者之间存在着倒 U 形关系（Grossman and Krueger，1995），因此 York 等（2003）将人均财富的二次项加入了该模型。另外该模型非常灵活，大量文献在 STIRPAT 随机模型基础上，依据自身特点进行变量替换以适应研究内容，因此我们使用修正后的 STIRPAT 模型来检验城市群空间结构与雾霾污染之间的关系，如式（3-4）所示。

$$\ln\text{PM2.5} = \alpha_0 + \alpha_1 \ln\text{Pop}_{it} + \alpha_2 \ln\text{Pregdp}_{it} + \alpha_3 (\ln\text{Pregdp}_{it})^2 + \alpha_4 \ln\text{Tech}_{it} + \alpha_5 \text{Cua} + \alpha_6 X_{it} + \varepsilon_{it} \tag{3-4}$$

式中，i代表 11 个城市群中所包含的城市，t为年份；PM2.5 代表了该模型中的环境影响 I，Pop 代表人口 P，学术界普遍认为人均 GDP 是财富的重要体现，因此本章使用 Pregdp 代表人均财富 A（陈操操等，2014），Tech 代表技术水平 T。参考刘修岩等（2017a）的做法，这里以 Cua 表示城市群中心度（centrality of urban agglomeration），同时也是本章的核心解释变量。这里还使用单位面积人口数表示人口密度 Pop（邵帅等，2016），选取 2000 年不变价格的人均地区生产总值代表 Pregdp 的一次项，同时根据上文的分析，在模型中加入了 Pregdp 的二次项用来检验 EKC 假说。对于技术水平（Tech）的衡量，我们使用城市科研综合技术服务业从业人员占城市总从业人员的比重来进行测度。

除上述变量外，本章还使用了 3 个可能对雾霾污染产生影响的控制变量（X），这 3 个控制变量分别为对外开放（Open）、环境规制（Envir）和城市化水平（Urban）。使用外商直接投资占地区生产总值的比重来表征对外开放（Open），使用生活垃圾无害化处理率来衡量环境规制（Envir），使用非农人口比例来表示城市化水平。数据来源于历年《中国环境年鉴》《中国城市统计年鉴》《中国人口和就业统计年鉴》等。

二、计量结果分析

1. 基础回归

在对国家级城市群多中心空间发展与 PM2.5 浓度进行回归之前，先进行 Hausman 检验，发现其结果在 1%的水平上显著，因此使用固定效应模型对二者关系进行回归分析。表 3-2 的第（1）列为在不考虑控制变量时多中心指数 Cua 和 PM2.5 基于 OLS 的回归结果，第（2）列为在考虑了控制变量时多中心指数 Cua 与 PM2.5 基于 OLS 的回归结果，结果显示国家级城市群多中心空间发展确实降低了 PM2.5 浓度。

表 3-2　基于 OLS 测度的城市群多中心空间发展对雾霾污染的影响

变量	（1）	（2）
多中心指数 Cua	−0.117*** （−3.04）	−0.113*** （−9.95）
人口密度		0.004 （0.87）

续表

变量	（1）	（2）
人均 GDP		0.098*** （13.25）
人均 GDP²		−0.008*** （−6.95）
技术水平		−0.016*** （−4.51）
对外开放		−0.012*** （−5.80）
环境规制		−0.023*** （−11.67）
城市化水平		0.002** （2.54）
常数项	3.562*** （9.67）	3.196*** （8.54）
时间效应	是	是
地区效应	是	是
R^2	0.320	0.393
样本量	3360	3360

注：系数下方括号中的数值为 *t* 值。
***、**分别表示在 1%、5%的水平上显著。

为了尽可能减少内生性对上述回归结果的影响，本节参照王思语和郑乐凯（2019）的做法，将城市群中心度（多中心指数 Cua）滞后一阶作为工具变量重新进行 OLS 回归。表 3-3 的回归结果依旧支持上文的研究结论，此外，回归结果还显示本节将多中心指数滞后一阶作为工具变量不存在识别不足的问题，该工具变量非弱工具变量且该工具变量外生。同时我们发现，在控制了时间效应和地区效应的情况下，控制变量回归结果和表 3-2 的基础回归结果基本一致。

表 3-3　基于工具变量的 OLS 估计

变量	lnPM2.5
多中心指数 Cua	−0.242* （−1.88）
控制变量	是
时间效应	是

续表

变量	lnPM2.5
地区效应	是
克莱伯根-帕普瑞克-林伯格-麦克菲伦统计量	323.933
拉格朗日乘子统计量	[0.000]
沃尔德 F 统计量	84
施托克-优子弱识别检验（10%水平上的临界）	7.56
萨金特-汉斯尔检验	1.403 [0.496]

注：括号中数值为 t 值，中括号中数值为 p 值。
*表示在 10%的水平上显著。

2. 内生性检验

以上研究发现，无论是基于 OLS 回归，还是针对内生性问题进行检验的回归，结果均说明国家级城市群多中心空间发展确实可以降低城市群的 PM2.5 浓度。本节根据 Han 等（2020）的做法，在回归中继续加入反距离空间权重矩阵 W 后使用广义空间两阶段最小二乘法（GS2SLS）进行回归，这是因为 GS2SLS 不仅可以很好地解决研究中可能存在的内生性问题，而且还可以测度城市群的城市雾霾污染是否会对邻近城市产生外溢，重新估计后的回归结果见表 3-4。

表 3-4　基于 GS2SLS 测度的城市群多中心空间发展对雾霾污染的影响

变量	（1）	（2）
W×lnPM2.5	0.070* （1.71）	0.136*** （5.52）
多中心指数 Cua	−0.393*** （−15.54）	−0.301*** （−12.37）
人口密度		0.157*** （18.61）
人均 GDP		0.077*** （4.73）
人均 GDP^2		−0.005** （−2.06）
技术水平		−0.069*** （−9.52）
对外开放		−0.044*** （−8.98）

续表

变量	（1）	（2）
环境规制		−0.013*** （−2.59）
城市化水平		0.106*** （4.19）
常数项	3.387*** （81.15）	2.082*** （29.73）
调整的 R^2	0.983	0.987
Wald test	252.672 [0.000]	1572.172 [0.000]

注：系数下方括号中的数值为 t 值，中括号中数值为 p 值。

***、**、*分别表示在 1%、5%和 10%的水平上显著。

表 3-4 的第（1）列为仅考虑多中心指数与雾霾污染的回归结果，第（2）列在考虑二者的同时还考虑了其他控制变量。可以看到，PM2.5 的空间滞后项系数均为正且显著，说明雾霾污染会在城市群内部的城市间溢出，这一结果可能是由产业转移等经济因素或者大气环流等自然因素造成的。此外，多中心指数 Cua 的系数在 1%的水平上显著为负，表明城市群多中心空间发展可以有效缓解城市群内的雾霾污染。从数值大小来看，中心指数每提高 1%，雾霾污染将降低 0.301%～0.393%。中心城市的数量会随着城市群中心度的提高而增多，增加的中心城市会使各种要素集聚在这些城市，进而通过学习、共享和匹配等机制产生正向溢出效应。在城市群的中心度发展到某一程度后，其促进技术进步、提高要素使用率和节约成本的作用会显现。就多中心空间结构的城市群而言，这类城市群具有多个中心城市，尽管这多个中心城市获得了要素在此集聚的优势，但是与之相伴而来的是排污量的增加和污染源的增加。从区域的角度来看，多中心空间结构的城市群往往分布在我国东部地区，尽管我国东部地区经济发达，城市化水平较高，但同时也是污染较为严重的地区；单中心空间结构的城市群往往分布在我国中西部地区，而中西部地区也是雾霾污染较轻的地方。

控制变量中人均 GDP 系数在 1%的水平上显著为正，而人均 GDP^2 系数在 5%的水平上显著为负。这一结果表明随着人均地区生产总值的增加，雾霾污染会呈现出先增后减的发展趋势，这一结果满足 EKC 假说。从符号上看，人口密度的系数显著为正说明人口密度的增加加重了城市群的雾霾污染，具体表现为人口密度的增加意味着城市群总人口的增加，而总人口的增加就意味着会加大对住房的需求，进而推动房地产建设规模的扩大，随之而来的便是大量灰尘等污染物的出现。此外，人口的增加也会增加交通压力，无论是私家车还是公共交通的压力都会增加，因此无论是单纯的交通压力的增加导致的汽车尾气排放还是交通拥堵导致的汽车尾气的排放都会加剧雾霾污染（童玉芬和王莹莹，2014）。技术水平、对外开放和环境规制的系数为负说明科技进步、外商投资增加以及环境规制的建立都会降低城市群的雾霾污染，但是，雾霾污染会随着城市化水平的提高而有所增加。

3. 调节效应

一些学者认为对城市群空间结构与人口密度之间的关系研究具有非常重要的现实意义，值得进行细致的探讨（Han et al.，2020）。因此，我们在模型中加入了空间结构指数与人口密度的交互项，交互项将检测人口密度是否调节了空间结构与PM2.5浓度之间的关系，回归结果如表3-5所示。我们发现，国家级城市群雾霾污染确实存在溢出效应且城市群多中心空间发展确实有利于降低城市群的雾霾污染，这与我们前文的研究结论一致。交互项多中心指数Cua×人口密度的系数为正，表明人口密度具有重要的调节作用。城市群的人口密度可能会削弱国家级城市群多中心空间发展对雾霾污染浓度的降低作用。换句话说，国家级城市群多中心空间发展的降霾作用会随着城市群人口密度的增加而有所削弱，甚至在城市群人口密度达到一定水平时产生消极影响。我们进一步计算了人口密度的临界值，超过这个临界值，多中心空间发展的降霾作用将不再存在。参照Han等（2020）的算法，让多中心度的边际效应公式中的−0.908+0.116×人口密度（lnpop）等于0，经过计算，lnpop为7.828，观察对数转换后的结果，我们可以认为，当城市群的人口密度超过2510人/千米^{2}时，城市群多中心空间发展降低PM2.5浓度的效应将消失，甚至随着人口密度的增加PM2.5浓度增加。

表3-5 人口密度调节效应的检验

变量	lnPM2.5
W×lnPM2.5	0.135*** （5.73）

续表

变量	lnPM2.5
多中心指数 Cua	−0.908*** （−22.38）
人口密度	0.026** （2.44）
多中心指数 Cua×人口密度	0.116*** （18.25）
控制变量	是
常数项	2.044*** （30.15）
调整的 R^2	0.987
Wald test	1 499.454 [0.000]

注：控制变量指基础回归中除本表所示变量外的所有变量。括弧中数值为 t 值，中括号中数值为 p 值。

***、**分别表示在 1%、5%的显著性水平上显著。

三、稳健性检验

1. 非线性效应检验

本节仿照王峤等（2021）等做法，在式（3-4）中加入了多中心指数 Cua 的二次项，以便观察国家级城市群多中心空间发展与雾霾污染之间是否存在着更为稳定且有效的关系，回归结果如表 3-6 所示。多中心指数 Cua 的一次项和二次项系数都为负，说明国家级城市群多中心空间发展对雾霾污染的影响是线性的，验证了前文结果的稳健性，同时假说 H11 得到了部分验证。

表 3-6　多中心空间发展对雾霾污染的非线性效应检验

变量	（1）	（2）
W×lnPM2.5	0.239*** （8.05）	0.131*** （5.38）
多中心指数 Cua	−0.835*** （−12.72）	−0.694*** （−11.32）
多中心指数 Cua^2	−0.477*** （−7.47）	−0411*** （−6.98）
控制变量	否	是

续表

变量	（1）	（2）
常数项	3.171*** （29.79）	1.858*** （26.64）
调整的 R^2	0.984	0.987
Wald test	381.974 [0.000]	1126.719 [0.000]

注：括号中数值为 t 值，中括号中数值为 p 值
***表示在 1%的水平上显著。

2. 替换多中心指数

尽管据表 3-4，本节发现国家级城市群多中心空间发展可以有效地降低城市群的雾霾污染，但研究依旧存在不足之处，即在对国家级城市群的中心度进行测度时，如果完全依赖 Zipf 法则测度多中心指数 Cua，可能会使本节的研究结果产生偏误。为了验证前文研究结果的可靠性，本节首先使用夜间灯光数据测度了以首位城市规模占比衡量城市群中心度的 Mono 指数，然后使用 Mono 指数以及调整的赫芬达尔指数重新进行回归分析，回归结果见表 3-7，该结果再次支持了前文的研究结果，即城市群内城市的雾霾污染会对周边或邻近城市产生溢出现象且城市群多中心度的提高会显著降低城市群的雾霾污染。

表 3-7　Mono 指数与赫芬达尔指数衡量的城市群多中心空间发展对雾霾污染的影响

变量	（1）	（2）
W×lnPM2.5	0.137*** （5.89）	0.111*** （4.74）
多中心指数 Mono	−0.211*** （−23.66）	
多中心指数 H		−0.247*** （−22.81）
控制变量	是	是
常数项	1.906*** （28.64）	1.731*** （25.90）
调整的 R^2	0.988	0.988
Wald test	1 574.033 [0.000]	284.163 [0.000]

注：括号中数值为 t 值，中括号中数值为 p 值。
***表示在 1%的水平上显著。

3. 替换空间权重矩阵

本节参照邵帅等（2019a）的做法，使用新的矩阵——地理与经济距离嵌套权重矩阵对前文所使用的反距离空间权重矩阵进行了替换。理由是这一矩阵的使用可以既考虑到地理因素的影响，又考虑到经济存在着空间相关性这一现实，增加了研究的严谨性与科学性。表 3-8 的回归结果显示，城市群多中心空间发展的确显著降低了城市群的 PM2.5 浓度，且城市群内城市的雾霾污染会对邻近或周围城市产生溢出现象，再次验证了本节研究结果的稳健性。

表 3-8　基于地理与经济距离嵌套权重矩阵测度的城市群多中心空间发展对雾霾污染的影响

变量	（1）	（2）
W×lnPM2.5	0.188*** （4.80）	0.179*** （3.64）
多中心指数 Cua	−0.387*** （−15.69）	−0.303*** （−12.44）
控制变量	否	是
常数项	3.452*** （62.34）	1.953*** （28.83）
调整的 R^2	0.983	0.986
Wald test	248.291 [0.000]	1035.234 [0.000]

注：括号中数值为 t 值，中括号中数值为 p 值。
***表示在 1%的水平上显著。

第四节　影响机制分析

一、区域差异

从不同区域的城市化进程来看，东部城市群的城市化进程明显要快于中西部城市群，因此本节对不同区域城市群多中心空间发展与雾霾污染的关系进行检验。从表 3-9 的回归结果中可以看到，东部和中部城市群的

PM2.5 空间滞后项系数显著为正，而西部城市群 PM2.5 空间滞后项系数显著为负，说明东部城市群和中部城市群存在将其自身的雾霾污染转移到邻近或周边城市群的现象，而西部城市群并没有将自身的雾霾污染转移到周边或邻近城市群。本节认为特殊的地形和气象条件致使东部和中部城市群的雾霾污染出现了外溢；同时，污染产业的转移、区域间经济联系紧密度和不同地区环保政策的差异都是导致这一结果出现的原因。西部城市群的雾霾污染主要受自身资源的丰裕度的影响，能源较为丰富的地区往往也是重污染企业的集聚地，因此这些地区雾霾污染较为严重，因此西部城市群的空气质量在空间分布上存在较大差异。除了上述原因外，西部城市群的山地面积要大于东部和中部城市群，因此山地地形阻止了部分雾霾污染的外溢。除了地形外，西部城市群区域一体化水平也较低，这也使得西部城市群不存在雾霾污染的外溢。

表 3-9 显示，东部、中部和西部城市群多中心空间发展对雾霾污染的区域异质性回归结果与国家级城市群对雾霾污染影响的整体分析结果一样，即城市群多中心空间发展可以有效降低城市群的雾霾污染，多中心的降霾效应东部最佳，中部次之，最后是西部地区。具体来讲，东部、中部和西部城市群多中心空间发展对雾霾污染的回归结果系数均在 1%的水平上显著，中心度每增加 1%，雾霾污染将分别降低 0.408%、0.391%和 0.121%。本节认为造成东部、中部和西部城市群多中心空间发展的降霾作用自东向西依次递减的原因主要有两个。首先，虽然东部城市群的雾霾污染要高于中部和西部城市群，但东部城市群居民对于政府降低城市群雾霾污染的要求也更高。东部城市群在城市化过程中，城市化推进的正外部性逐渐增强，负外部性逐渐弱化，最终结果便是城市化推进的正外部性逐渐大于其负外部性。此外，在我国经济发展区域不均衡的背景下，中部和西部地区承接了大部分的由东部地区转移出来的高污染产业（汤维祺等，2016），这也是中西部地区雾霾污染出现的原因之一。其次，不仅经济发展区域不均衡，东西部地区的人口密度也不均衡。相对于中西部地区，东部地区以较少的土地承载了较多的人口，这促使东部城市走紧凑型的城市发展道路，导致了集聚水平的提高，集聚的经济效应更有助于减少大气污染的排放和实现节能减排目标（Glaeser and Kahn，2010）。

表 3-9　分区域样本回归

变量	东部城市群	中部城市群	西部城市群
W×lnPM2.5	0.748*** (23.72)	0.542*** (16.28)	−0.732*** (−7.29)
多中心指数 Cua	−0.408*** (−15.58)	−0.391*** (−12.47)	−0.121*** (−3.73)
控制变量	是	是	是
常数项	2.358*** (33.45)	1.988*** (20.97)	2.144*** (12.82)
调整的 R^2	0.995	0.994	0.995
Wald test	1385.057 [0.000]	1126.985 [0.000]	265.614 [0.000]

注：括号中数值为 t 值，中括号中数值为 p 值。
***表示在 1%的水平上显著。

二、中介效应检验

在前文的分析中，我们发现多中心空间发展对雾霾污染的作用机制可能包括四种，分别是产业结构、绿色技术、区域一体化和要素流动，因此本节认为使用中介效应模型对这四种可能存在的机制进行检验是十分必要的。首先，对于要素流动，本节拟使用省份货运量（lnGoods）和客运量（lnPassengers）来表示，数据来源于《中国统计年鉴》。其次，用市场分割（lnMS）反向代理区域一体化（用社会消费品零售总额除以 GDP 衡量城市市场分割）。最后，本节选择了用第二产业增加值占 GDP 比重来度量产业结构（lnIdb），绿色技术进步效应（lnEff）由能源强度（lnEi）进行反向代理，能源强度的折算方法来源于 Li 等（2010）的工作。本章构建的中介效应模型如下：

$$\text{lnPM}_{it} = \theta_0 + \theta_1 \text{Cua}_{it} + \theta_2 Y_{it} + \xi_{it} \tag{3-5}$$

$$D_{it} = \beta_0 + \beta_1 \text{Cua}_{it} + \beta_2 Y_{it} + \mu_{it} \tag{3-6}$$

$$\text{lnPM}_{it} = \gamma_0 + \gamma_1 \text{Cua}_{it} + \gamma_2 D_{it} + \gamma_3 Y_{it} + \tau_{it} \tag{3-7}$$

式中，Y 表示 1 个向量集，由控制变量组成。D 代表 4 个中介变量，具体为要素流动、区域一体化、绿色技术及产业结构。根据 Baron 和 Kenny（1986）对中介模型的介绍，如果 θ_1、β_1、γ_1 和 γ_2 这 4 个系数均显著，且在数值大小上 γ_1 比 θ_1 小，那么中介效应便存在。

式（3-5）的回归结果已在前文中进行了阐述，式（3-6）和式（3-7）

的回归结果在表 3-10 中呈现。回归结果显示了城市群多中心空间发展会通过增加城市货运量、提高能源效率以及降低第二产业等渠道间接降低城市群雾霾污染。具体来说，本节先使用多中心指数对客运量和货运量分别进行回归，结果显示城市群的货运量会随着城市群中心度的增加而显著增加，但城市中心度的增加却没有促进客运量增加，即未促进人口的流动，本节认为其原因是人口的迁徙受到我国特有的户籍制度的影响。加入中介效应，我们发现该机制是存在的，因为在表 3-10 第（4）列中我们发现货物前面的系数显著。综上，我们发现城市群多中心空间发展可以通过提高货运量来降低城市群雾霾污染，假说 H24 得到验证。表 3-10 的第（3）列显示，多中心空间发展可以降低城市群的市场分割，换句话说，多中心空间发展增加了城市群的区域一体化程度，假说 H25 得到验证。表 3-10 的第（7）列的系数显著为负，说明城市群多中心发展能够降低第二产业在 GDP 中的占比，结合表 3-10 的第（9）列，表明城市群多中心发展可以通过降低第二产业占比来降低城市群雾霾污染，假说 H22 得到验证。表 3-10 的第（8）列的系数显著为负，表明城市群多中心度的提高降低了能源强度，换句话说，城市群多中心度的增加提高了能源效率，结合表 3-10 的第（10）列，表明城市群多中心发展可以通过提高能源利用效率来降低城市群雾霾污染，假说 H23 得到验证。

表 3-10　城市群多中心空间发展对雾霾污染的机制检验

变量	（1）货运量	（2）客运量	（3）市场分割	（4）lnPM2.5	（5）lnPM2.5	（6）lnPM2.5
多中心指数 Cua	0.495*** （12.65）	0.729 （1.18）	−0.416*** （−13.57）	−0.206*** （−8.65）	−0.267*** （−10.59）	−0.276*** （−11.03）
货运量				−0.185*** （−18.13）		
客运量					−0.044 （−0.72）	
市场分割						0.057 （1.44）
控制变量	是	是	是	是	是	是
常数	6.754*** （59.36）	−6.473*** （−49.75）	−0.179** （−2.10）	0.585*** （6.03）	1.564*** （16.75）	1.864*** （26.58）
调整的 R^2	0.993	0.988	0.216	0.988	0.987	0.986

续表

变量	（7）产业结构	（8）能源强度	（9）lnPM2.5	（10）lnPM2.5
多中心指数 Cua	−0.006*** （−12.28）	−0.252*** （−9.22）	−0.292*** （−12.28）	−0.301*** （−12.40）
产业结构			0.189*** （12.72）	
能源强度				0.041*** （2.73）
控制变量	是	是	是	是
常数项	0.271*** （3.56）	0.443*** （6.20）	1.905*** （27.71）	1.833*** （25.92）
调整的 R^2	0.605	0.341	0.987	0.986

注：系数下方括号中的数值为 t 值。
***表示在 1%的水平上显著。

第五节　本 章 小 结

国家级城市群多中心空间发展的确有利于降低城市群 PM2.5 浓度。具体来说，除了兰西和北部湾这两个城市群为单中心空间结构外，其余城市群都呈现出多中心空间结构。GS2SLS 的回归结果说明，国家级城市群中心度每增加 1%，城市群的雾霾污染 PM2.5 浓度将降低 0.301%～0.393%。此外，我国城市群的雾霾污染还会对邻近城市群产生严重外溢。在城市群空间结构与人口密度之间的关系研究中我们发现，当城市群的人口密度超过 2510 人/千米^{2}时，城市群多中心空间发展的降霾效应将不复存在，此时城市群多中心空间发展反而会增加雾霾污染浓度。

第四章

多中心空间发展对污染企业存续的影响

第一节　相关研究和文献

长期以来我国地方经济增长受到市场分割的约束，在此背景下多中心空间发展有助于通过促进城市之间的产业分工实现更大地域范围内的经济活动和资源整合，进一步提升要素利用效率，也逐渐成为我国经济转型的重要突破口和支撑点。城市群多中心空间发展使城市间规模等级发生变化，进而影响经济活动空间分布，这会改变要素禀赋条件及地理区位对企业的限制，推动企业重新选址、迁移流动与集聚而形成新的经济地理格局（Sun et al., 2020）。同时一些学者也探讨了空间集聚对企业选址及存续的影响（周浩等，2015；范剑勇等，2021），随着交通成本的降低，制造业向次中心城市承接、服务业向中心城市聚集的多中心集聚，可以实现要素配置效率的提高（Duranton and Puga，2005）。随着城市化进程加快，集聚不经济产生了环境污染，污染负外部性会对中心城市企业集聚产生抑制作用，进而需要通过把污染企业迁移出去以缓解环境污染，随之而来的环境规制将强化中心城市污染企业的退出效应（Rauscher，2009）。

另外，多中心水平并不总是越高越好。城市群多中心性对中间位序城市的绿色发展效率产生负面效应，但是对首位城市和位序靠后的城市产生正面效应，且该效应随城市经济位序后延而递减（张可云和张江，2022）。多中心集聚反映了一定地理区域内不同规模的产业在城市之间的平均分布，空间结构过于分散和同质化表现为产业从核心城市主动或被动向边缘城市转移，这反过来又削弱了集聚效应，降低了绿色经济效率（Chen et al.，2021）。当前在我国，除中心城市外大多数城市仍然面临着经济增长与环境保护之间的选择困境。在中心城市的集聚经济尚未充分发展的情况下，多中心空间发展的过早形成可能会降低城市群整体的集聚效应，分散的空间布局会进一步增加环境管理成本，降低环境管理效率。

城市多中心空间结构对污染企业存续的影响机制目前主要集中在产业结构优化、要素流动和市场一体化。首先，在产业结构优化方面，随着多中心空间结构的不断完善和成熟，大量污染较重的制造业企业倾向于分布在中心或次级中心城市周边的中小城市，而污染较轻的服务业则逐步向中心城市集聚，这极大促进了区域内企业全要素生产率的提升（孙斌栋等，2017；Liu et al.，2017；宣烨和余泳泽，2017），但也造成了中心和外围城市环境污染变化的差异（卢洪友和张奔，2020）。随着省域多中心水平的逐步提高，大城市的雾霾污染能够借助产业转移得到缓解，中小城市的产业结构以及绿色经济在与大城市的一体化发展过程中得到优化，空气质量得到改善（陈旭等，2021）。其次，在要素流动方面，多中心空间发展模式将促进城市网络的有序分工和紧密联系，城市间要素自由流动带来的资源配置优化大大提升了区域内企业生产所面临的外部环境（Johansson and Quigley，2004）。城市群多中心性正是通过影响城市群内部生产要素的流动来影响城市群成员城市的科技创新水平、知识溢出、产业结构以及人力资本情况，进而通过这几种途径影响城市群成员城市的绿色发展效率（张可云和张江，2022）。最后，市场一体化方面，在多中心城市网络中，有序、规范的城市规模体系有利于区域内不同层级的城市进行产业协作和资源共享，不同层级的城市之间的良性互动有助于市场整合和协同效应的发挥（郭琳等，2021）。城市群市场一体化显著促进了城市间污染排放强度的收敛并有利于减排，且近年来这种减排效应愈明显（张可，2018；Li et al.，2023a），而长三角市场一体化和政府合作一体化能够促进污染产业地理集中度的不断下降（韩旭和豆建民，2022）。

第二节 污染企业存续特征分析

一、样本选取和数据来源

本章的企业原始数据来源于中国工业企业污染排放数据库和中国工业企业数据库的匹配数据①，区域层面宏观数据来源于 DMSP/OLS 全球夜间灯光数据库、《中国城市统计年鉴》、《中国环境统计年鉴》、《中国区域经济统计年鉴》和《铁路客货运输专刊》。由于地级及以上城市“市辖区”的行政区划变动过于频繁且不包含下辖县等周边地区，本章选择《中国城市统计年鉴》，对“地区”统计口径的城市数据进行加总，对于少数缺失数据依据线性插值法进行补齐。

中国工业企业污染排放数据库由国家统计局根据排污量占各地区排污总量 85%以上的重点工业污染企业上报原始数据汇总形成，包含数十种重要污染物的微观排放信息。中国工业企业数据库包含了所有国有企业和主营业务收入大于 500 万元（即规模以上）的非国有企业。本章使用了 EPS DATA 所提供的“中国微观经济数据查询系统”，可以实现中国工业企业污染排放数据库和中国工业企业数据库联动匹配，按照法人代码、企业名称等维度进行横向匹配和纵向合并，获得包含经营和污染物排放信息的污染企业初步样本。考虑采掘企业和能源开发企业的选址决策可能主要受资源禀赋等多重因素制约，因此删除上述企业，仅考查制造业污染企业，同时参考谭语嫣等（2017）的做法，删除存在严重的错误和缺失的 2010 年数据。中国工业企业污染排放数据库从 2011 年开始，将规模以上工业企业起点标准从年主营业务收入 500 万元提高到 2000 万元，由此可能导致部分 2011 年后依然存续的污染企业因门槛标准变化被误判为“死亡”。为确保“规模以上”标准统一，

① 这两个数据库是目前我国体量最大、指标最全面的企业级数据库，相对于宏观数据或行业数据，微观的企业数据或个体数据的优势是非常明显的，但遗憾的这两个数据库仅更新到了 2013 年。由于中国工业企业数据库具有独特优势，近几年来每年都有大量的海内外经济学者使用该数据库撰写论文。另外，中国工业企业作为国民经济的核心力量，尽管该数据库更新较慢，但对我国经济高质量发展阶段挖掘工业企业发展中存在的潜在问题、解释各种问题都有价值，可为企业决策层、政策制定者提供有益的参考。

本章使用的企业数据来自中国工业企业污染排放数据库 1998～2013 年所有年主营业务收入 2000 万元及以上的企业数据[①]。由于中国工业企业数据库中存在数据缺失、异常值等数据问题，所以在使用数据构建模型之前，参考已有文献对样本数据进行了以下处理：①删除销售额、固定资产净值、总资产、总负债、工业总产值等关键指标缺失或为 0 的观测值；②由于职员人数在 8 人以内的小企业往往缺乏有效的会计系统，因此删除职员人数小于 8 的数据；③删除流动资产大于总资产、流动负债大于总负债等与会计原则相悖的数据。

本章主要使用生存分析模型，在对生存数据进行分析前需要处理其左删失和右删失问题。本章使用的数据介于 1998～2013 年，对于成立于 1998 年以前的企业，由于其在 1998 年之前的成长状况无法得知，造成了数据的左删失。如果忽略该类样本特征，直接将 1998 年定义为样本首次出现的时间，将低估企业真实的存续期，因此需要对该类问题进行处理。本章对于左删失问题的处理与现有文献一致，即选择 1998 年后开业企业为研究样本，并将其开业下一年作为第一个完整生存年度。例如，1998 年开业企业在 1999 年经匹配后仍在数据库中出现则认定为存续 1 年；反之，则认定其退出市场，依此类推。另外，受统计口径影响，某些企业不能持续地出现在研究期间，这种情况可能会影响到生存分析模型的准确性，因此本章将此类企业数据删除。本章样本右删失的问题是指无法得知样本企业 2013 年之后的生存状态，即无法直接定义企业最终退出市场的时刻，这将影响回归结果的准确性。生存分析模型起源于生物学领域，现在已被国内外经济学者们广泛应用于企业生存方面的研究，其本身就是概率模型，能够有效估计样本期后个体存续状态变化，而且具体时间点的选择并不像一般面板模型那样会显著影响估计结果。因此，对于右删失问题的处理，一般采用生存分析模型即可有效解决。

经过上述处理，本章最终获得 31 987 家可观测污染企业样本。图 4-1 反映了样本企业卡普兰-梅尔（Kaplan-Meier）估计量，经计算，样本企业平均生存年限约为 2.57 年，80%以上企业将在成立后 4 年内退出。

---

① 2010 年工业企业数据由于缺少增加值等关键变量信息而较少被使用，我们将其匹配，主要用于识别企业进入和退出状态，并未纳入经验分析。

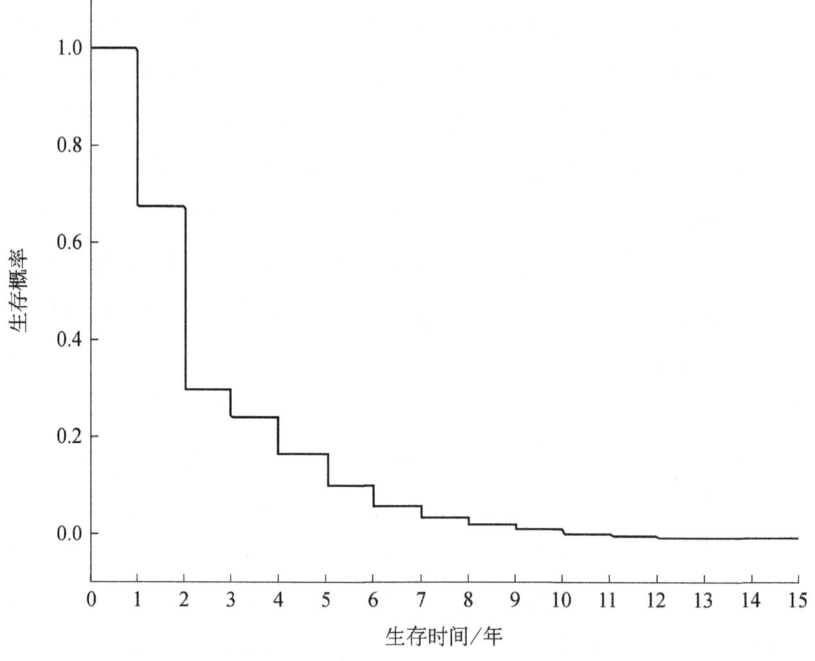

图 4-1 样本企业 Kaplan-Meier 估计分布

二、存续特征分析

选址与存续是微观企业极为重要的两个经济活动。鉴于我国城市群扩张速度较快，而中心城市的辐射范围有限，中心城市环境规制会加速域内污染企业退出，退出程度随污染企业到中心城市空间距离的增加呈现出线性或非线性特征。这是因为中心城市环境规制强度提升会对域内任意位置上污染企业的存续状态产生负面作用，但中心城市市场潜能又会部分抵消相关负面影响。因此本章还测算了样本企业选址位置到中心城市的空间距离来作进一步观察。借鉴 Li 等（2023b）的做法，这里构建了样本企业选址位置到中心城市空间距离的代理变量。样本企业选址位置到中心城市空间距离的计算方法如下：首先，根据数据库提供的设厂地址信息，通过人工检索获得样本企业具体位置，用经纬度 $Z_k(z_{1k},z_{2k})$标记，其中 z_{1k} 表示样本企业所处经度，z_{2k} 表示其所处纬度。其次，参照国家发展和改革委员会官网以及地方政府发布的城市群发展规划文件来确定城市群中心城市，将北京市、上海市、广州市、重庆市、西安市、武汉市、郑州市、哈尔滨市、兰州市、呼和浩特市和南宁市定义为 11 个国家级城市群的中心城市。再次，通过人工检索得到中心城市对应的经纬度信息 $Z_j(z_{1j},z_{2j})$，其中 z_{1j} 表示中心城市所处经度，z_{2j} 表示其所处纬度。考虑本章将城市群作为一个独立地理空间，空间尺度相对有限，所处纬度不同引致的同一经度上球面距离差异不容忽视，因此利用经纬度信息以及 Stata 软件的 geodist 命令计算出两地之间的球面距离，将其作为样本企业选址位置到中心城市空间距离的代理变量。

如图 4-2 所示，89.93%的样本企业在距离中心城市 320 千米的空间范围内密集分布。这一距离与高铁时速基本相当，因而与一小时都市圈或城市群的空间范围基本一致，综合反映了中心与外围城市之间的紧密联系，是现有数据条件下研究区域空间结构的最佳尺度。由此可见，大部分污染企业并未选择在中心城市设厂，反而更青睐在周边城市设厂。这可能因为城市群多中心发展促进了要素流动，使得人力、资金和设备等要素更自由地流动到周边城市，如果周边城市在某些功能方面能够满足污染企业的生产需要，污染企业就有可能选址在周边城市进而降低企业退出难度，但城市群多中心发展与污染企业存续之间的具体关系以及是否可能存在临界值，还需要进一步讨论。

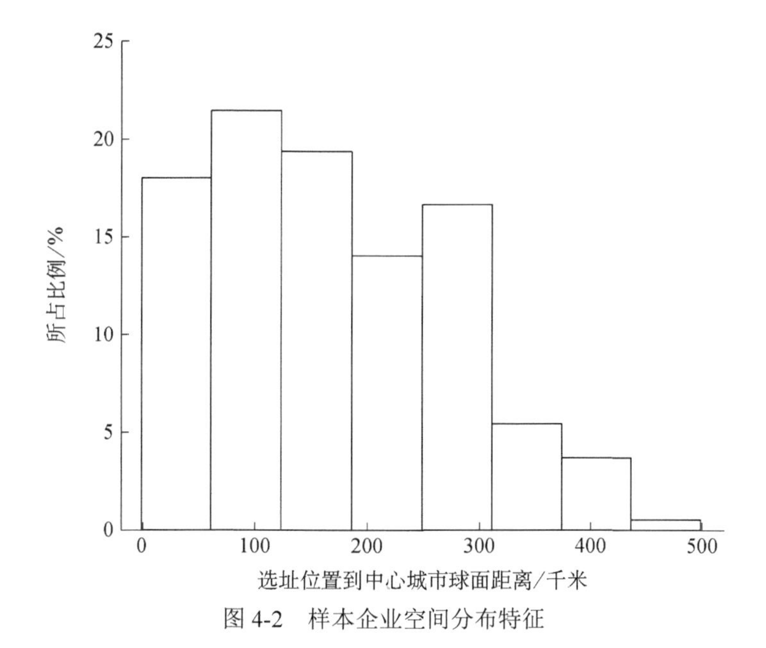

图 4-2　样本企业空间分布特征

第三节 影响效应分析

一、模型设定

经过数十年的探索，生存分析方法已经发展成为热门的统计分支，国内外学者纷纷利用生存模型从不同角度对危及企业生存的因素展开研究。在分析企业存续的方法中，风险函数常被用来描述企业存续风险。由于 Cox 比例风险模型可有效规避风险函数形式设定错误可能给估计结果造成的干扰，其在生存分析中广受欢迎，较多学者都运用了 Cox 比例风险模型分析集聚效应对企业存续风险的影响（张国峰等，2016；张先锋等，2020）。如果设定 $\tau_0(t)$ 为依赖时间 t 且与个体特征无关的基准风险，$e^{x\upsilon}$ 为与解释变量 x 相关的个体风险，那么包括 Cox 比例风险模型在内的比例风险模型的基本假定是 $\tau(t;x)=\tau_{0(t)e}^{x\upsilon}$。如果这个假定不成立，Cox 比例风险模型就不能使用。因此，需要对核心解释变量的舍恩菲尔德残差（Schoenfeld residuals error）进行比例风险检验。本章初步检验发现，样本企业所在城市群的多中心指数及其二次项的舍恩菲尔德残差概率值并不符合比例风险假定。最终，本章选择将加速失效时间（accelerated failure time，AFT）模型作为基准模型，并将 Cox 比例风险模型作为稳健性检验模型。加速失效时间（AFT）模型的优点在于容易理解企业存活的影响因素，各个变量的估计系数代表各因素对企业存活情况的影响。系数大于 0 说明该因素会延缓企业的退出，即降低企业退出的风险；系数小于 0 说明该因素会加速企业的退出，即增加企业退出的风险。借鉴徐志伟等（2020）、陈旭和邱斌（2021）的做法，这里的基准模型初步设定如下：

$$Y=\ln T=\upsilon x+\omega \tag{4-1}$$

其中，T 表示存续时间；x 为由影响企业存续的解释变量组成的向量；υ 为回归系数向量；ω 是独立同分布随机变量。设 $S(t|x,\upsilon)$为 e^{ω} 的生存函数，e^{ω} 为与独立同分布随机变量 ω 相关的个体风险，则有如下表达式：

$$S(t|x,\upsilon)=P[T>t]=P[Y>\ln t]=P[\omega>\ln t-\upsilon x]=P[te-\upsilon x] \tag{4-2}$$

其中，当 $\upsilon x>0$ 时，污染企业的存续状态获得改善；当 $\upsilon x=0$ 时，污染企业的存续状态正常；而当 $\upsilon x<0$ 时，污染企业存续状态恶化。

本章设计如下计量模型考查多中心空间结构与污染企业存续状态变化间

的关系：

$$\ln T_{t-1}=\alpha_0+\alpha_1 \ln\text{poly}_{t-1}+\alpha_2 \ln\text{poly}_{t-1}^2+\alpha \text{CV}_{t-1}+\varepsilon+\mu_{\text{region,industry}} \quad (4\text{-}3)$$

其中，T 表示污染企业存续时间；poly 表示样本企业所在城市群的多中心指数，为了观察多中心空间结构对污染企业存续的影响是否存在非线性特征，模型中还加入了多中心指数的平方项，多中心指数及其平方项均取自然对数形式；CV 表示本章选取的若干可能与污染企业存续相关的控制变量；ε 为随机扰动项；$\mu_{\text{region,industry}}$ 表示控制了地区和行业固定效应。考虑到解释变量对污染企业存续的影响往往存在时间上的滞后，同时为了避免解释变量与被解释变量之间可能存在的反向因果关系，本章将解释变量的滞后 1 期代入回归方程。

结合现有文献，本章分别从企业个体属性和区域属性两方面设定了若干控制变量，其中包括企业所有制结构（曹裕等，2012）、企业出口行为（于娇等，2015）、企业生产效率（陈晓红等，2009）、企业工资负担（魏天保和马磊，2019）、企业产能过剩（刘斌和张列柯，2018）、企业污染排放（徐志伟和李蕊含，2019）、企业融资约束（陈勇兵和蒋灵多，2012），以及区域市场一体化和第二产业增加值占 GDP 比重（陈旭，2020；翁鸿妹等，2022）。具体来看，企业所有制性质（ownership），用国有企业为 1，非国有企业为 0 来表达；出口企业性质（export），用当年出口交货值大于 0 为出口企业，取值为 1，其他企业取值为 0 来表达；至于企业生产效率（tfp），因为 2007 年后工业企业数据库中工业增加值、中间产品投入等核心指标缺失，所以半参数方法的估计不能满足本章研究样本期要求，于是本章借鉴徐志伟等（2020）的做法，将样本企业工业总产值设定为“好产出”，将污染物排放量作为“坏产出”，分别将全年平均从业人员数、固定资产合计数作为劳动力和资本投入，用 SBM 方向性距离函数衡量；企业工资负担（burden），用企业工资和福利费支出占主营业务收入比重衡量；企业产能过剩（overcapacity）多数是由资本密集度过高引起的，因此用企业劳均固定资产合计数衡量；企业污染物排放量（poll），碍于样本期内废水和废气数据缺失较多，本章用无量纲处理后的二氧化硫、工业烟粉尘和氮氧化物排放量的算术平均值进行衡量。杠杆率（leverage）调整会影响企业的融资约束，因此用企业资产负债率衡量企业融资约束。在区域属性方面，integ 表示企业所属城市群的市场一体化水平，首先参照师博和沈坤荣（2008）的方法，用企业所属城市群的社会消费品零售总额与 GDP 的比值间接衡量市场分割程度，然后参照盛斌和毛其淋（2011）的方法对其倒数开平方根之后便得到各城市群的市场一体化指数；structure 表示企业所属城市群的产业结构，鉴于本章研究对象是制造业污染企业，其生存状况与第二产业变化联系密切，本章借鉴张军等（2016）的做法，用各城市群的第二产业增加值占 GDP 比重来体现，区域层面的控制变量均取自然对数形式。表 4-1 描述了核心解释变量和相关控制变量的统计特征。

表 4-1 描述性统计

变量	单位	均值	标准差	最小值	最大值
T	年	2.569	1.968	1	15
ln(poly)	—	1.044	0.675	−0.074	3.775
$(\text{lnpoly})^2$	—	1.547	1.894	1.69E-06	14.253
ownership	—	0.012	0.108	0	1
export	—	0.283	0.451	0	1
overcapacity	千元/人	356.668	2 787.784	0.002	192 782.2
leverage	%	0.578	0.315	2.82E-06	30.129
burden	%	0.0167	0.041	0	1.327
poll	千克	80 962.45	493 795	0	2.87E+07
tfp	—	0.011	0.046	0	1
ln(integ)	—	0.556	0.093	0.404	1.069
ln(structure)	%	−0.747	0.156	−1.446	−0.361

二、计量结果分析

1. 全样本回归分析

1）基准回归

为控制不同城市群间社会经济存在的固有差异，本章同时控制了行业和地区固定效应。常见加速失效时间模型的误差项分布形态为指数分布（exponential distribution）、韦布尔分布（Weibull distribution）和对数正态分布（lognormal distribution）等，在选择合适的分布形态时，通常需要参考不同分布形态在 AFT 模型中得到的对数似然值（log likelihood 值）和赤池信息准则（AIC）。一般情况下，对数似然值越大，并且 AIC 值越小，该分布形态对生存数据的拟合程度就越好。根据这一原则，本章发现对数正态分布形态的拟合程度最好。因此如无特殊提及，后文分析均选择对数正态分布作为回归过程的基准累计概率分布。

为了验证过度多中心化可能出现的消极影响，本章针对可能存在的非线性关系进行进一步探索。通过在基准回归中加入多中心空间结构二次项进行回归，来判定多中心发展模式是否存在更为稳定且有效的模式。表 4-2 第（1）至（3）列分别为 exponential 分布、Weibull 分布、lognormal 分布的回归结果。结果显示，无论采用哪种分布，多中心指数的一次项估计系数均显著为正，相应的平方项的估计系数则显著为负。这意味着多中心空间结构对污染企业存续状态的影响表现出明显的先促进后抑制的倒 U 形特征，即多中心空间结构发展到后期可能会出现负外部性，假说 H12 得到了验证。同时，我们计算得到多中心指数的拐点为 0.8464[①]。这意味着城市群空间结构适度多中心化（>0.8464）有助于缓解污染企业存续压力，但过高的多中心水平（<0.8464）则并不利于企业生存，其中京津冀城市群、珠江三角洲城市群、长江三角洲城市群和哈长城市群已经超过拐点。这意味着一方面多中心空间结构的网络外部性正在发挥作用，集聚经济跨越城市边界实现了规模的进一步扩大，这促进了区域内中心城市之外的其他城市的发展，相比于中心城市，这些城市在满足污染企业生产需要的同时生产成本较低；另一方面也体现出目前我国城市体系尚未成熟，过高的多中心空间结构水平反而容易削弱集聚经济对企业生产效率的推动作用，进而不利于污染企业存续。因此，这些城市群应更注重区域发展均衡性导向，同时也应警惕城市群的过度多中心化。

部分控制变量的回归结果与一般直觉相符，其中生产效率提升有助于降低污染企业退出风险，而过高的资产负债率在一定程度上增加了企业退出风险，这证实了保持微观金融健康有利于提高企业的市场生存能力、实现企业的可持续健康发展（苏振东等，2016）。与一般直觉相悖的是，回归结果显示企业工资水平上升可有效缓解污染企业的存续压力，该结论和赵瑞丽等（2016）一致，即工资上涨能够倒逼企业提高生产效率、改进生产技术，从而提高其生存能力。此外，过高的资本密集度也会增加企业退出风险，这可能与诸如钢铁等高资本密集型企业受金融支持和沉没成本影响较大、“船大难掉头”等因素有关（马红旗等，2018）。污染物排放量对企业存续状态的影响显著为正，鉴于本章的研究对象为排污总量占各地区排

① 这里需要说明的是，这个 0.8464 的数字并不能理解为原始的我国城市群多中心空间结构指数，其中最主要的原因是在实际测算过程中，为缓解极端值的影响，保持指数的平稳性，本章对多中心空间结构指数及其平方项进行了取对数处理，因此原始的我国城市群多中心空间结构指数应高于此数值。

污总量85%以上的重点工业污染企业，属于高污染企业，高污染企业反而能够获得相对更长的生存时间，这可能与一般认知相悖。徐志伟和李蕊含（2019）将这一“污而不倒”的现象的深层原因归结为以补贴为代表的政府干预。所有制性质的估计结果不显著，说明国有和非国有性质污染企业的存续时间并无明显差异。此外，出口导向型企业的生存适应度偏高，于娇等（2015）将该结论解释为出口行为借助海外金融市场和国家相关的激励政策缓解了企业的融资约束从而提升了企业的生存概率。市场一体化水平的提高能够显著缓解污染企业的存续压力，这或许与污染产业迁移至低发展水平地区有关。赵领娣和徐乐（2019）在关于长三角区域一体化对水污染影响的研究中发现一体化导致了整体负面的环境影响。产业结构在lognormal分布中并不显著。

表4-2　基准回归结果

变量	（1）exponential分布	（2）Weibull分布	（3）lognormal分布
$poly_{t-1}$	0.293^{***} （2.631）	0.528^{***} （7.033）	0.316^{***} （5.394）
$poly^2_{t-1}$	-0.200^{***} （−3.791）	-0.240^{***} （−7.384）	-0.187^{***} （−7.480）
tfp_{t-1}	2.458^{***} （3.952）	1.365^{***} （3.404）	0.378^{**} （2.281）
$ownership_{t-1}$	−0.040 （−1.008）	−0.013 （−0.361）	−0.044 （−1.222）
$export_{t-1}$	0.080^{***} （7.059）	0.141^{***} （12.80）	0.110^{***} （10.51）
$overcapacity_{t-1}$	$-5.07\times10^{-6***}$ （−5.592）	$-3.11\times10^{-6***}$ （−3.540）	$-3.67\times10^{-6***}$ （−4.198）
$burden_{t-1}$	4.671^{***} （15.69）	2.495^{***} （12.34）	1.688^{***} （9.846）
$leverage_{t-1}$	-0.026^{***} （−2.688）	-0.024^{***} （−2.631）	-0.024^{**} （−2.517）
poll	$8.67\times10^{-8***}$ （4.255）	$1.16\times10^{-7***}$ （5.339）	$5.66\times10^{-8***}$ （3.233）
$integ_{t-1}$	7.581^{***} （30.27）	3.896^{***} （22.51）	2.745^{***} （18.39）
$structure_{t-1}$	0.697^{***} （5.002）	0.460^{***} （4.414）	0.009 （0.099）
常数项	-2.272^{***} （−14.31）	-0.678^{***} （−5.980）	-0.392^{***} （−3.868）

续表

变量	（1）exponential 分布	（2）Weibull 分布	（3）lognormal 分布
行业固定	是	是	是
地区固定	是	是	是
对数似然值	−18 472.818	−15 474.881	−13 348.112
样本量	31 987	31 987	31 987

注：括号内为 t 值。

***、**分别表示在 1%、5%的水平上显著。

2）遗漏变量处理

为排除回归过程中因遗漏某些重要的个体异质性变量而导致估计结果不一致的情况，本章通过两步估计法和引入不可观测异质性来解决遗漏变量问题。首先，遵循通常的两步估计法再次检验主要结论，第一步先用核心解释变量的滞后 1 期作为工具变量对内生变量进行回归得到预测值，第二步使用该预测值对企业存续时间进行回归。由于基准回归已将解释变量的滞后 1 期代入回归方程进行估计，因而这里选择使用核心解释变量的滞后 2 期估计当期变量。表 4-3 第（1）列估计结果显示，多中心指数的一次项估计系数显著为正，相应的平方项的估计系数显著为负。其次，直接将不可观测异质性引入生存分析模型的回归过程，假设不可观测异质性服从伽马分布（Gamma distribution）。回归结果显示个体异质性方差的概率值为 0，则拒绝无异质性原假设。但如表 4-3 第（2）列所示，可能被遗漏的个体异质性并未显著改变原有估计的主要结论。

表 4-3　遗漏变量处理结果

变量	（1）Ⅳ-2SLS	（2）引入不可观测异质性
$poly_{t-1}$	1.786*** （0.331）	0.286*** （0.052）
$poly_{t-1}^2$	−3.664*** （0.491）	−0.180*** （0.022）
常数项	5.805*** （0.777）	−0.353 （0.549）
控制变量	是	是
行业固定	是	是
地区固定	是	是
对数似然值	−13 341.333	−13 310.316
样本量	31 987	31 987

注：所有回归若未特别说明则均为控制行业和地区效应。限于篇幅未报告控制变量具体回归结果。下表同。

***表示在 1%的水平上显著。

3）稳健性检验

表 4-2 的基准回归为我们了解多中心空间结构对污染企业存续的影响提供了初步证明，但还须进行稳健性检验。首先，我们借鉴 Al-Marhubi（2000）的做法，计算了标准化的赫芬达尔指数（H）用以测度城市群空间结构，具体的计算公式如下：

$$H=\frac{\sqrt{\sum_{i=1}^{n}\left(\frac{p_{it}}{P_t}\right)^2}-\sqrt{\frac{1}{n}}}{1-\sqrt{\frac{1}{n}}} \tag{4-4}$$

其中，p_{it} 代表城市 i 在 t 年的夜间灯光亮度总值，P_t 代表城市 i 所属城市群 t 年的夜间灯光亮度总值，n 代表城市群所辖城市数量。本章利用 1 减去 H 得到变换的赫芬达尔指数，变换的赫芬达尔指数取值在 0 到 1 之间，越接近于 1 则说明要素在空间的组织方式越接近多中心的空间结构，反之则为单中心结构，这里以变换的赫芬达尔指数作为多中心空间结构指数的替代指标再次进行回归估计。

其次，虽然基准模型没有通过个体风险比例不随时间变化而改变的舍恩菲尔德残差检验，但考虑 Cox 比例风险模型不对基准风险的分布形态做任何限制性假定，因此这里仍选用 Cox 比例风险模型再次估计样本。

最后，我们还借鉴了于娇等（2015）的做法，采用 Cloglog 离散时间生存模型进行稳健性检验。相对于 Cox 比例风险模型而言，离散时间生存模型具有更有效地处理节点问题、易于控制不可观测的异质性以及无须满足“比例风险”的假设条件等优势。Cloglog 离散时间生存模型的分析角度和 Cox 比例风险模型一致，都是解释变量对风险函数的作用。因此，估计结果若显著大于（小于）0，表明该因素会提高（降低）企业的失败概率，不利于（有利于）企业的可持续发展。

全样本的稳健性检验结果如表 4-4 所示。第（1）列可以看到以变换的赫芬达尔指数代替多中心指数的估计结果，该指数的一次项及平方项的估计系数分别为正数和负数，且均在 5%的水平上显著，再次验证了多中心空间结构对区域内污染企业存续状态的影响呈现显著的倒 U 形特征这一结论。表 4-4 第（2）和（3）列分别展示了 Cox 比例风险模型和 Cloglog 离散时间生存模型的估计结果，结果均显示多中心空间结构与污染企业退出风险呈正 U 形关系。因此，重新回归所得到的结果与前文 AFT 模型的回归结果基本一致，表明前文分析的结果是稳健的。

表 4-4 稳健性检验结果

变量	(1)变换的赫芬达尔指数	(2)Cox 比例风险模型	(3)Cloglog 模型
$poly_{t-1}$	36.37** (15.38)	−0.247** (0.111)	−0.475*** (0.154)
$poly_{t-1}^2$	−20.22** (8.319)	0.198*** (0.0512)	0.262*** (0.0740)
常数项	−15.98** (6.932)		4.017*** (1.001)
控制变量	是	是	是
行业固定	是	是	是
地区固定	是	是	是
对数似然值	−13 374.284	−16 7195.26	−25 173.339
样本量	31 987	31 987	31 987

***、**分别表示在 1%、5%的水平上显著。

2. 分样本回归分析

1)分企业污染程度检验

不同污染程度的企业可能在产品种类和环境规制手段等方面存在差异，受多中心空间结构影响的污染企业存续状态可能也会因为企业所属行业不同而有所差异。通常而言，污染程度不同的行业给环境造成的影响也不同，重污染行业产生的污染排放量较大，也更容易受到环境规制的监管，而轻污染行业产生的污染排放量比较小，环境规制对其的影响相对也较小。因此，为了研究多中心空间结构对不同污染程度细分行业企业存续的影响是否存在差异性，这里借鉴薄文广等（2019）的做法，把所有样本分为重污染企业、轻污染企业[①]，并采用加速失效时间模型对细分样本进行分样本检验，结果如表 4-5 所示。可以看到无论是重污染企业还是轻污染企业，多中心空间发展对污染企业存续的影响呈现出先促进后抑制的倒 U 形特征，在跨越拐点前轻污染企业随着多中心空间发展存续概率高于重污染企业，跨越拐点后则重污染企业存续概率高于轻污染企业。另外我们分别计算了轻污染企业和重污染企

① 重污染行业包括：造纸及纸制品业（22）、非金属矿物制品业（31）、黑色金属冶炼及压延加工业（32）、有色金属冶炼及压延加工业（33）、化学原料及化学制品制造业（26）、石油加工及炼焦业（25）、纺织业（17），其余行业为轻污染行业。

业的拐点，发现轻污染企业的拐点（0.978）明显大于重污染企业（0.545），这说明随着城市群多中心空间发展，轻污染企业生存状况下降的拐点来得更晚，其能够获得更多的生存空间。

表 4-5 多中心结构影响企业存续的分企业污染程度检验

变量	轻污染企业	重污染企业
$poly_{t-1}$	0.382*** （0.086）	0.250*** （0.083）
$poly_{t-1}^2$	−0.195*** （0.035）	−0.230*** （0.037）
常数项	−0.867* （0.527）	−0.895*** （0.157）
控制变量	是	是
行业固定	是	是
地区固定	是	是
对数似然值	−6 444.287	−6 494.481
样本量	18 160	16 160

***、*分别表示在 1%、10%的水平上显著。

2）分行业要素密集度检验

多中心空间结构对污染企业存续的影响是否会由于行业要素密集度的差异而有所不同是值得探究的一个问题。为此，这里参考戴翔和金碚（2013）的分类方法，将样本按照行业要素密集度划分为资源密集型行业、资本密集型行业和技术密集型行业这三种类型进行分样本检验[①]，结果如表 4-6 所示。可以发现，多中心指数的估计系数的正负号与显著性在不同样本中保持不变。另外，本节同样计算了各样本的拐点，技术密集型的拐点（0.581）明显小于资源密集型（1.057）和资本密集型（0.623），这意味着技术密集型行业会因为多中心发展而更早地面临死亡。原因可能在于技术密集型行业对新技术的需求较高，其研发活动通常保持较高的密度，需要城市较高水平的集聚予以

① 资源密集型行业包括煤炭开采和洗选业、黑色金属矿采选业、石油和天然气开采业、非金属矿采选业、有色金属矿采选业 5 个行业，资本密集型行业包括石油加工、非金属矿物制品业、炼焦及核燃料加工业、有色金属冶炼及压延加工业、黑色金属冶炼及压延加工业、通用设备制造业、金属制品业、仪器仪表及文化办公用机械制造业和专用设备制造业等 9 个行业，技术密集型包括化学原料及化学制品制造业、医药制造业、交通运输设备制造业、化学纤维制造业、通信设备计算机及其他电子设备制造业、电气机械及器材制造业、工艺品及其他制造业等 7 个行业。

支持，故城市多中心化对这类行业创新绩效的负向影响会较大（王峤等，2021）。

表 4-6　多中心结构影响企业存续的分行业要素密集度检验

变量	技术密集型	资源密集型	资本密集型
$poly_{t-1}$	0.296** （0.131）	0.484*** （0.101）	0.186* （0.096）
$poly^2_{t-1}$	−0.255*** （0.056）	−0.229*** （0.044）	−0.149*** （0.040）
常数项	−2.212*** （0.303）	−1.063** （0.520）	0.094 （0.176）
控制变量	是	是	是
行业固定	是	是	是
地区固定	是	是	是
对数似然值	−3 892.771	−4 506.110	−4 081.610
样本量	9 611	10 877	11 076

***、**、*分别表示在 1%、5%、10%的水平上显著。

第四节　影响机制分析

一、中介效应检验

在证明了多中心空间结构对污染企业存续的倒 U 形影响之后，结合前文的理论机制分析，本节将运用中介效应模型来揭示此现象背后的作用机制。参考王垚等（2017）的做法，我们使用城市群第三产业增加值占 GDP 比重（ms）来体现企业所在城市群的产业结构优化。flow 表示企业所在城市群的要素流动水平，这里借鉴刘修岩等（2017a）的做法，用各城市群的客运量来体现。

结合陈旭（2020）的方法和思路，这里先将产业结构优化、要素流动和市场一体化作为被解释变量，考察多中心结构对这 3 个中介变量的影响是否同样呈倒 U 形特征。本节根据核心指标数据按照城市群分组，计算组内标准误与组间标准误，结果发现城市群多中心的组内标准误仅有 0.122，相较组间标准误较小，且其组间标准误为0.665，与总体标准误0.675较为接近。由此可知，城市群多中心以单个城市群角度看其随时间变化产生的变异较小，总体的数据变异主要来自城市群间多中心程度的差异，如果在回归中控制城市群固定效应，城市群多中心本身的效应则有可能也被一并消除，最终导致其效应难以估计。因此，这里参考王峤等（2021）的处理方法，在回归中并不控制地区固定效应，即在回归时扩大城市群的分组划分范围，以便于识别城市群多中心对潜在的中介变量产生的影响。表4-7第（1）至（3）列展示了3个中介变量作为核心解释变量的估计结果，结果显示多中心空间结构对市场一体化水平的影响存在U形特征，而多中心空间结构对要素流动水平和产业结构优化产生的影响均表现出显著的先升后降的倒U形特征，这表明市场一体化水平可能并不是潜在的中介变量，因此未将市场一体化水平纳入后续进一步的中介效应模型分析。

本章使用中介效应模型来进一步分析污染企业存续的倒U形效应产生的内在机理和传导路径。借鉴杜运周等（2012）、温忠麟和叶宝娟（2014）、张祥建等（2015）对非线性中介效应的检验方法，建立如下模型：

$$\ln T_t=\alpha_0+\alpha_1 \ln \text{poly}_{t-1}+\alpha_2 \ln \text{poly}_{t-1}^2+\alpha_3 \text{CV}_{t-1}+\varepsilon+\mu_{\text{region,industry}} \tag{4-5}$$

$$\ln T_t=\gamma_0+\gamma_1 \ln \text{poly}_{t-1}+\gamma_2 \ln \text{poly}_{t-1}^2+\gamma_3 \text{CV}_{t-1}+D+\varepsilon+\mu_{\text{region,industry}} \tag{4-6}$$

其中，CV为控制变量组成的向量集；D为可能的中介变量，包括产业结构优化（ms）和要素流动水平（flow），poly和T分别为多中心空间结构指数和污染企业生存时间；ε为随机扰动项；$\mu_{\text{region,industry}}$表示控制了地区和行业固定效应。式（4-5）是用来检验多中心空间结构对污染企业存续的二次曲线关系，关键是看α_2的显著性。式（4-6）是用来检验中介变量在污染企业存续的倒U形效应中的中介传导作用，主要是检验γ_2和γ_3的显著性。通过与式（4-5）的结果对比，可以检验中介变量在其间的中介作用。

由表4-7第（4）和（6）列可知，对于要素流动水平和产业结构优化这两个潜在中介变量，式（4-6）中的回归系数γ_3均显著，而式（4-6）中的回归系数γ_2绝对值与式（4-5）中的回归系数α_2相比均有所下降，符合中介变量的判断标准。因此，可以得出多中心空间结构与污染企业存续的倒U形关系经由要素流动水平和产业结构优化的中介作用影响的结论，假说H22和H24得到验证。

表 4-7 中介模型检验结果

变量	（1）flow	（2）ms	（3）integ	（4）ln$T$	（5）ln$T$	（6）ln$T$
$poly_{t-1}$	0.803*** （55.38）	−0.0991*** （−22.21）	0.141*** （74.67）	0.289*** （5.078）	−0.0577 （−1.003）	0.317*** （5.422）
$poly^2_{t-1}$	−0.404*** （−72.96）	0.177*** （104.0）	−0.0655*** （−90.83）	−0.157*** （−7.219）	0.0365 （1.476）	−0.188*** （−7.988）
$flow_{t-1}$				−0.359*** （−21.52）		
ms_{t-1}					−0.284*** （−5.554）	
$integ_{t-1}$						2.747*** （18.83）
reg_{t-1}						
常数项	12.58*** （69.27）	0.762*** （13.64）	0.376*** （15.91）	4.342*** （27.19）	1.155*** （29.08）	−0.398*** （−5.296）
控制变量	是	是	是	是	是	是
行业固定	是	是	是	是	是	是
地区固定	是	是	是	是	是	是
对数似然值				−13 310.414	−13 544.195	−13 348.118
R^2	0.863	0.962	0.875			
样本量	31 987	31 987	31 987	31 987	31 987	31 987

***表示在 1%的水平上显著。

二、调节效应检验

上一节分析发现城市群多中心空间结构对污染企业存续的影响呈现显著的先扬后抑的倒 U 形态势，但上文中介效应模型的机制分析已经发现，多中心的地区污染企业选址及存续会受交通基础设施及地理距离条件的制约。很难想象在一个区域内部，在基础设施水平非常低的情形下，多中心发展可以对污染企业存续发挥显著的先扬后抑的作用。此外，除基础设施水平外，区域内城市之间的距离也是制约多中心对污染企业存续影响的重要因素。对于一个多中心的区域而言，如果周边中小城市离中心城市都非常远，那么多中心对企业存续的影响可能也很难有效地发挥。因此，本小节将分别从城市群交通基础设施水平以及群内城市之间的平均距离这两个角度，对多中心影响污染企业存续的效应做进一步讨论。

有文献表明交通基础设施升级对污染型企业的影响是综合性的，其对污染型企业表现出“挤出效应”和“吸纳效应”，总体上前者大于后者从而抑制了污染企业的新增（蔡宏波等，2021）。因此从实证的角度去考察交通基础设施的调节效应，以判断基础设施与多中心交互的情形下，它们对污染企业生产经营能否存续的影响。一般而言，有效衔接大中小城市和小城镇的多层次快速交通网络以及完善的通信基础设施能够发挥城市群多中心空间结构的正外部性，因此，即使企业选址在距离中心城市较远的周边城市，也有机会获得足够的生存空间。为此，这里在基准回归模型中加入多中心指数与基础设施的交互项 $\text{poly}_{t-1} \times \text{infra}_{t-1}$，以此考察基础设施在多中心空间结构影响污染企业存续过程中发挥的调节作用。借鉴谢呈阳和王明辉（2020）的做法，这里用各城市公路里程之和除以城市面积作为交通基础设施水平的代理变量，同时采用黄群慧等（2019）的做法将城市群互联网发展水平作为通信基础设施水平的代理变量，采用互联网普及率、相关从业人员情况、相关产出情况和移动电话普及率 4 个指标进行测度。4 个指标对应的实际内容是：百人中互联网宽带接入用户数、计算机服务和软件业从业人员占城镇单位从业人员比重、人均电信业务总量和百人中移动电话用户数，然后通过主成分分析的方法，将以上 4 个指标的数据标准化后降维处理，得到城市群互联网发展水平综合指数。

从表 4-8 中的第（1）列和第（2）列可见，多中心指数与交通基础设施和通信基础设施的交互项估计系数显著为正，这表明基础设施在多中心空间结构影响污染企业存续的过程中发挥了明显的正向调节效应[①]。换言之，在基础设施较完善的情况下，多中心空间发展模式能够更加有效地缓解污染企业存续压力。这也与现实经验一致，可以想象在交通基础设施较为落后的地区，即使城市规模体系呈现多中心空间格局，也会因为城市之间高昂的交流成本而很难实现生产要素的优化配置，多中心空间发展模式对缓解污染企业存续压力的积极作用难免受到削弱。

① 这里还借鉴了其他研究的做法，用各城市群人均邮电业务量作为通信基础设施水平的代理变量，结果显示同样具有明显的正向调节效应。

表 4-8　基础设施的调节效应检验

变量	交通基础设施		通信基础设施	
	（1）	（2）	（3）	（4）
$poly_{t-1}$	1.357*** （12.17）	1.892*** （12.71）	1.602*** （19.76）	1.910*** （21.69）
$poly^2_{t-1}$	−0.154*** （−5.628）	−0.121*** （−4.377）	−0.299*** （−12.09）	−0.376*** （−14.19）
$poly_{t-1} \times infra_{t-1}$	0.305*** （7.714）	0.431*** （9.625）	0.281*** （17.55）	0.227*** （13.31）
$poly_{t-1} \times infra^2_{t-1}$		0.111*** （5.283）		0.147*** （8.920）
$infra_{t-1}$	0.074 （1.166）	0.160** （2.468）	0.061*** （2.778）	0.065*** （2.994）
常数项	−2.501*** （−9.076）	−3.555*** （−10.68）	−2.405*** （−12.11）	−3.194*** （−14.49）
控制变量	是	是	是	是
行业固定	是	是	是	是
地区固定	是	是	是	是
对数似然值	−13 114.411	−13 095.109	−13 097.058	−13 053.148
样本量	31 987	31 987	31 987	31 987

***、**分别表示在 1%、5%的水平上显著。

当周边城市离中心城市距离较远时，网络外部性会变得较为微弱。那么，这是否意味着只要城市之间的距离非常近，就可以使得多中心缓解污染企业的存续压力？事实上，这取决于“集聚阴影”以及“网络外部性”这两种效应，其中“集聚阴影”是由于中心城市对经济要素的吸引力比较强，在中心城市周边会形成一个不利于小城市发展的经济阴影区。这两种效应都存在一定的地理边界，因此距离是影响以上两大效应的关键因素，而多中心对污染企业存续的影响则完全取决于这两个效应的净效应。为此，这里基于每个城市的经纬度分别计算每个城市群内各城市之间的平均距离以及每个城市到规模最大城市之间的平均距离，在基准回归模型中加入多中心指数与地理距离的交互项 $poly_{t-1} \times dist_{t-1}$，以此考察城市之间的地理距离在多中心空间结构影响污染企业存续过程中发挥的调节作用。其回归结果见表 4-9。从第（1）列和第（3）列可以看出，多中心指数与城市之间地理距离交互项的估计系数均在 1%的水平上显著为正，这意味着多中心空间结构对污染企业存续的影响的确受到了城市之间地理距离的影响，且距离越大，多中心空间结构对污染企业生存压力的缓解作用越显著。为进一步考察空间距离的影响，这里控制了城市之间地理距离的二次项，验证城市之间地理距离非线性的调节作用之后，并未发现明显变化。

表 4-9 地理距离的调节效应检验

变量	内部城市之间的平均距离		每个城市到规模最大城市的平均距离	
	（1）	（2）	（3）	（4）
$poly_{t-1}$	1.234*** （0.137）	1.070*** （0.144）	1.089*** （0.180）	1.001*** （0.191）
$poly_{t-1}^2$	−0.061** （0.031）	−0.193*** （0.046）	−0.057 （0.036）	−0.033 （0.043）
$poly_{t-1} \times dist_{t-1}$	0.791*** （0.108）	−0.509 （0.374）	0.667*** （0.143）	0.967*** （0.313）
$poly_{t-1} \times dist_{t-1}^2$		0.976*** （0.264）		−0.304 （0.268）
$dist_{t-1}$	1.975*** （0.280）	3.165*** （0.435）	1.788*** （0.284）	1.488*** （0.386）
常数项	−4.999*** （0.591）	−4.755*** （0.581）	−4.301*** （0.771）	−3.969*** （0.811）
控制变量	是	是	是	是
行业固定	是	是	是	是
地区固定	是	是	是	是
对数似然值	−13 301.776	−13 294.949	−13 319.685	−13 319.035
样本量	31 987	31 987	31 987	31 987

***、**分别表示在 1%、5%的水平上显著。

第五节 本 章 小 结

本章试图从多中心发展这一区域城镇化发展模式的视角，探讨其对污染企业存续的效应强度及作用机制，具体研究发现城市群多中心空间发展模式对污染企业存续状态的影响呈现显著的倒 U 形特征，在区分企业污染程度和行业要素密集度之后的检验结果依然稳健。多数城市群的污染企业存续时间仍处于随着多中心空间结构发展水平提升而增长的阶段，但近年来跨过拐点的城市群数量也有所增加，如京津冀城市群、珠三角城市群和长三角城市群。多中心空间结构能够通过要素流动和产业结构优化这两大途径缓解污染企业存续压力，基础设施水平及城市之间地理距离在多中心空间结构影响污染企业存续的过程中发挥了显著的调节作用。本章结论从污染企业存续视角为我国区域内城市规模分布发展模式提供了一定的经验证据和政策启示。

第五章

多中心空间发展对城市能源强度的影响
——以撤县设区为例

第一节　相关研究和文献

撤县设区带来城市多中心空间发展，使得撤县设区成为实现城市空间拓展的一种制度性选择，调整的目的在于有效地利用规模经济以及提高公共服务供给的范围和质量（Tang and Hewings，2017）。撤县设区在本质上体现为国家权力在特定地域空间，以组织结构调整的方式来重新进行要素配置，大范围的撤县设区也塑造了我国城市相当长时期的空间与治理特征（Leland and Thurmaier，2005；吕凯波和刘小兵，2014）。同时，从国家“十一五”规划开始，我国将能源强度的约束性指标进行逐步分解，下达到各省的节能指标进一步分解到城市，各城市再分解到各城区和隶属的县域，这样各城区和隶属的县域成为落实节能降耗任务的重要单位，撤县设区后被撤并县一旦成为市辖区就要参照市辖区任务接受节能降耗指标分配。各市辖区政府在节能降耗方面的具体职责包括：强化节能目标责任、优化能源结构、抓好重点用能单位节能管理、实施节能重点项目、依法开展节能监测、倡导绿色生活理念和生活方式等。由于各地区发展阶段和实际情况存在巨大差异，因此节能目标的分配既要考虑经济发展实际，也要考虑各区节能降耗的潜力。

目前国内多数以撤县设区为代表的城市多中心空间发展对城市经济增长

或相关的产业结构、公共物品供给、空间结构产生影响，大部分学者认为撤县设区改革对城市公共品的供给具有积极作用（唐为和王媛，2015；詹新宇和曾傅雯，2021；李博和施瀚，2024；王兰兰和赵建梅，2024；刘修岩等，2024；卢盛峰等，2024）。近年来，部分学者开始将视线聚焦于地区能源消费和环境污染。出于扩大城市发展空间的考虑，市级政府往往会将老城区的产业向新城区转移，一方面是考虑到地价因素，使用最经济的方式来增加城市建设用地面积，另一方面是站在全市统一规划角度进行空间功能重组，优化城市整体布局。已有文献指出，要素过度集聚造成污染物集中，会加剧雾霾污染状况（邵帅等，2019b）。撤县设区改革恰好在一定程度上能够疏解中心城区的职能，使得城市内部经济活动趋向分散，这很好地避免了空气中颗粒物的集聚，会减少雾霾天气的形成。撤县设区改革在城市内部塑造多中心空间格局，引导人口和产业向新城区转移和集聚，可以减少中心城区拥挤效应所带来的负外部性，从而提高整个城市的经济效率（陈妤凡和王开泳，2019）。也有观点认为，撤县设区可以通过适度财政集权、人口集聚和区域一体化对降低城市能源强度产生正向影响（Li et al.，2022a）。

我国行政区和经济区表现出高度的一致性和明显的冲突性，行政力量和经济力量都对资源配置有着非常重要的作用。撤县设区缓解了“行政区”与“经济区”发展不一致的矛盾，对能源强度也可能产生重要影响。一般认为，撤县设区可能通过以下三个渠道来推动降低能源强度。第一个渠道，撤县设区通过改变地方政府竞争和地方官员激励来影响能源强度。Li 等（2021a）认为撤县设区是整体分权框架下的小范围再集权过程，它减少了直接参与竞争的地方政府数量，通过削弱县级政府自主权和能力，降低了政府间的竞争强度。Bo 和 Cheng（2021）认为将县级政府的决策权移交给地级市政府使得其具有更大决策权，同时形成更为明显的核心—外围结构，这些结果主要是由基于生产力优势的资源重新分配造成的。张莉等（2018）认为撤县设区一般会通过地方政府竞争和地方官员激励约束双重渠道来影响地方政府的支出结构。从地方政府竞争来看，张彩云等（2018）认为合理的政绩考核指标和分权体系可以使节能治理向“良性竞争”的方向发展。具体而言，节能绩效指标直接增强了地方政府间“竞相向上”的策略互动；经济绩效指标则减弱了“竞相向上”的策略互动。Song 等（2018）发现财政分权可以刺激绿色全要素生产率（GTFP）的增长，地方财政分权程度并非越高越好，适度的财政分权可以改善 GTFP。从地方官员激励来看，各地逐渐将“绿色环保”标准纳入官员政绩考核体系，环境规制行为对提升区域能源效率的作用也由“制约”转变为“促进”（罗能生和王玉泽，2017；Li et al.，2024）。市委书记和市长任期与道路、桥梁、轨道交通及园林绿化等可视型公共品支出和规模之间呈现出显著的倒 U 形关系，市委书记和市长上任初期不断增加投入，至第三年达到最高值，然后逐年下降，但在供水、燃气、集中供热等非可视型公共品则不存在类似的关系（吴敏和周黎安，2018）。

第二个渠道，撤县设区伴随着人口和要素的集聚对能源强度产生影响。Tang 和 Hewings（2017）发现撤县设区可以带来地级市显著的人口集聚和经济增长。Feng 和 Wang（2021）发现在我国东部撤县设区通过资源重组整合、辐射带动和社会经济集聚作用，可以带动 11.04%的城市扩张，而在我国中部和西部分别达到了 16.17%和 10.2%。Morikawa（2012）认为在人口稠密的城市，服务业机构的能源消费效率更高。在控制了行业间的差异后，当城市人口密度增加 1 倍时，能源效率提高了约 12%，放松对阻碍城市集聚的过度限制，以及对城市中心基础设施的投资将有助于环境友好的经济增长。Otsuka 和 Goto（2018）认为人口密度的确会对能源强度改善产生影响，但影响因地区而异。在大城市，人口集聚提高了能源强度；而在农村，人口分散提高了能源强度。姚昕等（2017）发现城市规模与电力强度之间存在倒 U 形的非线性关系，即随着城市规模的扩大，电力强度出现先上升后下降的现象，空间集聚对电力强度确实具有一定程度的负向影响。林伯强和谭睿鹏（2019）认为经济集聚程度合理时，对绿色经济效率的影响是正向的（主要表现出集聚效应）；当经济集聚程度大于临界值时，影响是负向的（主要表现出拥堵效应）。

第三个渠道，撤县设区通过区域一体化来减少行政壁垒和促进区域市场整合，进而对能源强度产生影响。嵌于经济竞争当中的政治晋升博弈导致地方政府以行政区为边界，实施地方保护主义和分割地方市场（周黎安和陶婧，2011）。高琳（2011）认为撤县设区改革打破了市区与邻近县的刚性行政壁垒，有助于区域市场整合和一体化，从而潜在地提高资源配置效率。魏楚和郑新业（2017）发现 2006～2015 年我国大多数省份的火电行业的市场分割在一个狭窄的范围内波动，并在 2008～2010 年达到峰值。市场分割对环境效率的负面影响既明显又强烈，2009 年环境效率导致的火力发电损失高达 15%。Li 和 Lin（2017）认为区域一体化对能源和二氧化碳排放绩效具有显著而强劲的正向影响。张德钢和陆远权（2017）发现在考虑市场分割的情形下，能源效率从 1986 年的 0.413 提升到了 2014 年 0.739，年均增速为 2.8%。如果能够消除市场分割的不利影响，能源效率平均每年将会获得1.5%的额外提升。值得注意的是，罗小龙等（2010）认为撤县设区后县政府由独立向依附城市政府转变，考核压力减小，但撤县设区也相应削弱了县政府权限，使得对县政府承担节能减排任务的激励作用明显降低。撤县设区后的不完全的再领域化造成了大都市区难以整合，管治能力有限。大都市区管治需要彻底理顺市与新区的管理机制，在制度上完成从县到区的根本转型，将新区真正纳入大都市区统一的管治体系。

撤县设区是一项复杂且长期的工作，这要求政府科学决策，对各种潜在影响全面评估，那么新撤销的县成为市辖区后是否能快速被纳入城市整体节能规划之中，从而在统一组织协调下实现最终的节能目标？政府主导的撤县设区带来的城市多中心空间发展是否能够降低能源强度？对上述疑惑的解答有助于评估政府主导的撤县设区的绿色城市化路径的政策效果。

第二节　影响效应分析

一、基准回归模型

2000～2021年我国共发生163例撤县设区，共有127个地级市和182个县（县级市）参与了撤县设区。其中，2000年以前撤县设区数量较少，2000年以后经历了两次浪潮。第一次浪潮是2000～2004年，共有39个地级市、45个县（县级市）参与合并。第二波萌芽于2011年并在2012～2017年彻底爆发，2011～2017年共有78个城市发生了94次撤县设区。经过这一轮撤并，我国城市的绝对数量有所减少，但现有地级市实现了的人口规模和土地规模迅速扩大，人口向大城市聚集特征更为明显。我国撤县设区的演进特征使得在对其节能效应的考察中可能具有准自然实验优势，故本章拟采用双重差分法（DID）检验撤县设区是否提高了城市能源强度。要注意的是与“一刀切”的政策统一冲击时点不同，本章所研究的各城市发生撤县设区的时间不一致，因此有别于传统的DID模型，本章借鉴Beck等（2010）的做法，采用多期DID模型，其基本设定如下：

$$\ln \mathrm{EI}_{it} = \beta_0 + \beta_1 \mathrm{CCM}_{\mathrm{it}} + \beta_2 X_{it} + \gamma_t + \nu_i + \varepsilon_{it} \tag{5-1}$$

式中，i 和 t 分别表示城市和时间，$\ln \mathrm{EI}_{it}$ 表示城市能源强度（取对数），

CCM_{it}=$treated_i \times post_{it}$，代表了撤县设区效应。具体而言，$treated_i$是一个虚拟变量，城市在2000～2021年发生撤县设区取1（处理组），未发生则取0（控制组）。$post_{it}$ 是一个政策实施的虚拟变量，当城市实施撤县设区时，$post_{it}$ 取值为1，其余为0。X_{it} 为其他相关控制变量，γ_t 代表时间固定效应，ν_i 代表城市固定效应，ε_{it} 表示扰动项。显然，β_1 是需要重点关注的系数，如果 β_1 显著小于0，就表示撤县设区降低了城市能源强度，否则表示提高了城市能源强度。

二、动态效应模型

为检验撤县设区政策是否具有长期的动态效应，本章将式（5-1）变形如下：

$$\ln EI_{it} = \rho_0 + \sum_{j=o}^{6} \theta_j CCM_{it}^{j} + \rho_1 X_{it} + \gamma_t + \nu_i + \varepsilon_{it} \qquad (5\text{-}2)$$

其中，变量 CCM_{it}^{j} 为城市发生撤县设区改革后第 j 年的年度虚拟变量（j=0, 1, 2, …, 6），j=0 表示撤县设区当年，j=1 表示撤县设区后1年，以此类推。在式（5-2）中，动态效应主要体现在系数 θ_0 ～ θ_6 上，如果 θ_0 显著为负，说明撤县设区在实施当年有效降低了城市的能源强度，且这种降低作用具有"立竿见影"的效果，如果 θ_0 不具有显著性，而 θ_1～θ_6 都显著为负，则说明撤县设区对城市能源强度的影响具有明显的滞后性。

三、变量描述和数据来源

1. 核心因变量——城市能源强度

城市能源强度通过测算城市能源消费量除以实际城市的地区生产总值获得。计算城市能源强度指标过程中，由于缺乏城市能源消费量统计数据，借鉴 Li 等（2010）的折算方法，将城市的地区生产总值都调整为以2000年为基期的实际的地区生产总值。

2. 主要控制变量

基于分析能源强度影响因素的主要代表性文献，我们选取以下变量：①资源禀赋（Endow）。在城市矿产等自然资源丰裕度较高的地区，本地工业获取能源的机会成本相对较低，从而容易造成资源配置扭曲使能源效率受损，这里采用城市采掘业从业人员占总从业人员比重来代表该变量（Yu and He，2012）。②产业结构（Ida）。在较长时间内我国城市经济发展还离不开工业拉动，因此产业结构升级，即降低第二产业占比会对降低能源强度具有拉动作用，我们使用城市限额以上工业总产值占 GDP 比值来代表产业结构（Wang and Wei.,

2014)。③对外开放(Open)。对外开放使要素的国际流动性有所增强，并通过技术溢出降低了能源强度，这里使用城市外商实际投资额与GDP的比值来表示(Elliott et al., 2013)。④政府支配力(Gov)。改革开放以来政府支配力对降低能源强度仍存在较强的影响力，我们使用城市财政支出占GDP的比重表示政府支配力(Wei et al., 2009)。⑤能源价格(Price)。能源价格的上升通过能源和其他投入要素之间的替代作用，能有效地降低能源强度，本节将省级燃料、动力购进价格指数分配到省内各个城市(Yuan et al., 2010)。⑥科技进步(Tech)。科技进步可以使得在相同产出下节约能源投入或者相同投入下扩大产出，从而达到提高能源使用效率的目的，本节使用城市科研综合技术服务业从业人员在城市总从业人员中所占比重来代替(Kang et al., 2018)。这里撤县设区数据主要来源是行政区划网(http://www.xzqh.org/html/index. html)以及《中华人民共和国行政区划简册》(2000～2021)，部分缺失数据通过省级年鉴补充。

与大多数研究的做法保持一致，本章主要关注2000年以后撤县设区中的县域，暂不考虑县级市(Tang and Hewings, 2017)。为了避免可能存在的异方差，资源禀赋、政府支配力和科技进步水平变量均取对数。城市燃料、动力价格指数来自于2001～2022年省级统计年鉴，因变量和其他控制变量的主要数据来自《中国城市统计年鉴》(2001～2018)。鉴于直辖市、副省级城市和省会城市是中央政府区域发展战略的着力点，并被赋予带动整个区域发展的特殊定位(Chen and Huang, 2016；江艇等，2018)，为了保持结果的准确性，这些城市被排除在样本之外。以下几点需要特别说明的是，第一，为了避免使得结论受到特殊制度变化的影响，最终以样本期内225个地级市为样本(其中有97个城市发生了撤县设区)，其中大部分调整是在政令下发后当年就发生了调整，部分是政令下发后次年才进行的调整，本章以实际调整发生年份进行记录。表5-1是主要变量的描述统计，比较发生撤县设区的城市与未发生的城市在这些变量上的差异。

表5-1　描述性统计

自变量	实验组(撤并城市)			控制组(非撤并城市)		
	观测值	均值	标准差	观测值	均值	标准差
lnE	1905	0.162	0.505	1076	0.395	0.609
Ida	1905	1.540	1.007	1076	1.377	0.792
lnEndow	1905	−4.557	2.078	1076	−3.905	2.107

续表

自变量	实验组（撤并城市）			控制组（非撤并城市）		
	观测值	均值	标准差	观测值	均值	标准差
lnGov	1905	−1.987	0.670	1076	−1.796	0.607
Price	1905	104.784	8.633	1076	104.945	8.841
Open	1905	0.037	0.060	1076	0.029	0.038
lnTech	1905	−4.181	0.835	1076	−4.304	0.841

四、实证结果

本章利用多期 DID 的方法检验撤县设区制度实施的政策效应，具体结果见表 5-2。可以看到第（1）列和第（2）列是撤县设区对城市能源强度影响的直接效应，其中第（1）列代表没有加入控制变量的估计结果。可以看出，考虑了其他影响因素干扰后最终关注的政策虚拟变量 CCM_{it} 的回归系数依然为负，而且在 1%的水平上显著，初步证明了撤县设区对降低城市能源强度具有显著的促进作用，而且实行撤县设区的城市能源强度比未进行撤县设区的城市能源强度降低 17%，假说 H13 得到了验证。从控制变量我们可以看到，各种变量对能源强度影响方向和目前代表性文献结论基本一致。从第二产业在 GDP 中的占比来看，目前我国大多数城市以工业为主，产业结构对降低能源强度仍然为负向作用。地方政府对经济活动干预程度越高，则能源强度越高，它恰恰意味着地区资源配置效率的损失。对外开放可以通过产业关联效应和技术外溢效应对降低能源强度产生正向影响。由于新技术、新设备、新工艺的出现，在相同产出下可以节约能源投入。但是要注意的是技术进步并不是完全“绿色偏向”的，随着城市朝着提高生产效率和扩大生产规模的方向进行，从而可能会使能耗增加（杨振兵等，2016）。

基准回归给出了撤县设区效应总的估计值，但无法据此获悉撤县设区增长效应随时间推移的演变情况。为了回答上述问题，这里选取撤并当年及撤并后的 6 期，不仅有助于较为全面地捕捉撤县设区改革的边际影响，而且反映了在地方政府面临经济和政治双重激励下，撤县设区城市化过程与地方官员的政治晋升和仕途生涯的关系，这是因为通常一届政府任职为 5 年，这里选取 6 期可以涵盖撤县设区发生时官员所有的政治周期情况。表 5-3 中第（1）列和第（2）列考察了撤县设区对城市能源强度影响的动态效应，其中第（1）列代表没有加入相关控制变量的估计结果，第（2）列是考虑了相关影响因素后的估计结果。可以发现相比未发生撤并的城市，撤县设区当年及政策实施后的前两年，该政策对能源强度的节能效应并不明显，表明撤并政策从实施到产生作用具有一定的时滞，这可能是由于撤并后地级市统筹节能减排任务及项目的筹备规划均需要一段时间。但从政策实施后的第三年及后续三年至少在 5%水平上显著为负，表明政策效应是逐渐显现的。前两年微不足道的效果表明，撤县设区政策对降低能源强度的积极影响必须给定足够时间才能起作用。

表 5-2　撤县设区实施结果检验

变量	（1）	（2）
CCM	−0.250*** （0.013）	−0.170*** （0.014）
lnendow		0.050*** （0.002）
lngov		0.039*** （0.010）
ln Tech		−0.067*** （0.006）
Price		0.001 （0.001）
Open		−2.027*** （0.146）
Ida		0.033*** （0.006）
常数项	−0.018*** （0.019）	−0.115 （0.123）
城市固定效应	Yes	Yes
年份固定效应	Yes	Yes
观测值	4050	2981
调整的 R^2	0.511	0.549

注：括号里为聚类稳健标准误。

***表示在 1%的水平上显著。

表 5-3 撤县设区的动态效应

变量	(1)	(2)
政策实施当年	−0.061 (0.045)	−0.067 (0.048)
政策实施后一年	−0.065 (0.047)	−0.063 (0.040)
政策实施后两年	−0.061 (0.043)	−0.062 (0.051)
政策实施后三年	−0.194*** (0.047)	−0.183*** (0.046)
政策实施后四年	−0.204*** (0.056)	−0.125** (0.059)
政策实施后五年	−0.208*** (0.064)	−0.137*** (0.062)
政策实施后六年	−0.205*** (0.067)	−0.147** (0.067)
控制变量	否	是
常数项	−0.060*** (0.020)	−0.080 (0.119)
城市固定效应	是	是
年份固定效应	是	是
观测值	4050	2981
调整的 R^2	0.511	0.549

注：括号里为聚类稳健标准误。
***、**分别表示在 1%、5%的水平上显著。

五、稳健性检验

为了保证结论的稳健性，本节主要进行了以下几个方面的检验。

首先，平行趋势检验。建立双重差分模型的重要前提是处理组和控制组在“撤县设区”实施前具有平行趋势，不满足这个条件会导致有偏估计（Besley and Case，2000）。本节绘制了实验组与对照组的对比图以说明撤县设区前后的变化，具体可见图 5-1。由于样本城市发生撤县设区调整的时间并不一致，很难将不同年份撤县设区调整前后的变化描述在一张图中，而在本节的样本中，到 2013 年为止发生过撤县设区调整的城市达到 48 个，占本章实验组样本的 49.5%。参考吴建祖和龚敏（2018）的做法，选择实验组中发生撤县设区较为集中那一年作为政策执行时间，因此将 2013 年作为政策执行时间来进行分析。在 2013 年以前实验组和控制组的能源强度基本呈平行趋势，并没有随时间发生系统性差异，故满足使用 DID 的前提条件。

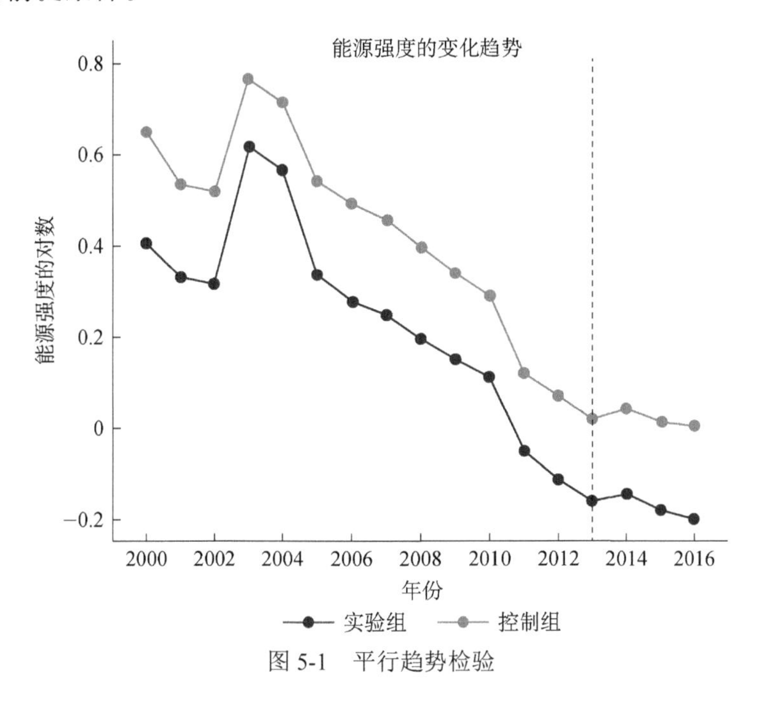

图 5-1　平行趋势检验

其次，全部样本回归。在基本回归中，鉴于高行政级别城市（包括直辖市、副省级城市和省会城市）的特殊性，我们将其进行了剔除。我们现在将这些剔除的城市加入，利用所有样本数据检验撤县设区对城市能源强度的影响。表 5-4 中第（1）列和第（2）列分别是没有加入控制变量和加入控制变量的回归结果。可以看到撤县设区调整仍显著地降低城市能源强度，但是影响程度小于表 5-2 中的（解释变量系数为−0.170），说明加入高行政级别城市样本后“撤县设区”对城市能源强度的降低作用反而较弱，这和詹新宇和曾傅雯（2021）认为高行政级别城市的“撤县设区”对其辖区经济发展质量的提升作用反而较弱结果基本一致。

表 5-4 全样本回归结果

	（1）	（2）
CCM	−0.287*** （0.010）	−0.165*** （0.011）
控制变量	否	是
常数项	0.585*** （0.017）	0.659*** （0.107）
城市固定效应	是	是
年份固定效应	是	是
观测值	4680	3501
调整的 R^2	0.525	0.556

注：括号里为聚类稳健标准误。
***表示在 1%的水平上显著。

再次，反事实检验。这里参照范子英和田彬彬（2013）的做法，通过改变政策执行时间进行反事实检验。事实上，除了撤县设区调整影响城市能源强度外，其他政策或不可观测因素也可能使城市能源强度发生变化，而这种差异与城市撤县设区可能并无关联，从而影响前面结论。从表 5-5 中可以看出，为了排除这类因素的干扰，假设城市撤县设区的时间分别提前 1 年（pre1）、提前 2 年（pre2）和提前 3 年（pre3），从第（1）列，第（2）列和第（3）列可以看到，CCM_{it}的系数均不显著，这说明城市能源强度的变化并不是由撤县设区政策以外的其他政策冲击或随机性因素影响导致的，而就是由撤县设区所引起的。

表 5-5 反事实检验

	（1）	（2）	（3）
pre1	0.033 （0.042）		
pre2		0.012 （0.047）	
pre3			0.021 （0.049）
控制变量	是	是	是
常数项	0.579*** （0.142）	0.578*** （0.138）	0.575*** （0.134）

续表

	（1）	（2）	（3）
城市固定效应	是	是	是
年份固定效应	是	是	是
观测值	2981	2981	2981
调整的 R^2	0.521	0.552	0.524

注：括号里为聚类稳健标准误。

***表示在 1%的水平上显著。

然后，安慰剂检验。本节从 225 个城市中由计算机随机选择 97 个城市作为“伪处理组”，假设这 97 个城市实施了撤县设区调整，而其他城市为控制组。然后生成“伪政策虚拟变量”进行回归。由于实验组和对照组是随机分配的，我们可以预期到伪政策虚拟变量对城市能源强度的政策效应为零，否则说明我们在前文中得到的政策效果是不可靠的。同时，如果撤县设区政策真的对降低能源强度有显著和积极的影响，我们可以预期真正的估计系数（−0.170）在安慰剂效应的左边。重复进行 500 次回归，结果如图 5-2 所示。从图中可以看出，估计系数大都集中在 0 附近，大多数估计值的 p 值都大于 0.1（表示在 10%的水平上不显著），这表明我们的估计结果不太可能是偶然得到的，因而不太可能受到了其他政策或者随机性因素的影响，再次证明了基准回归结果的稳健性。

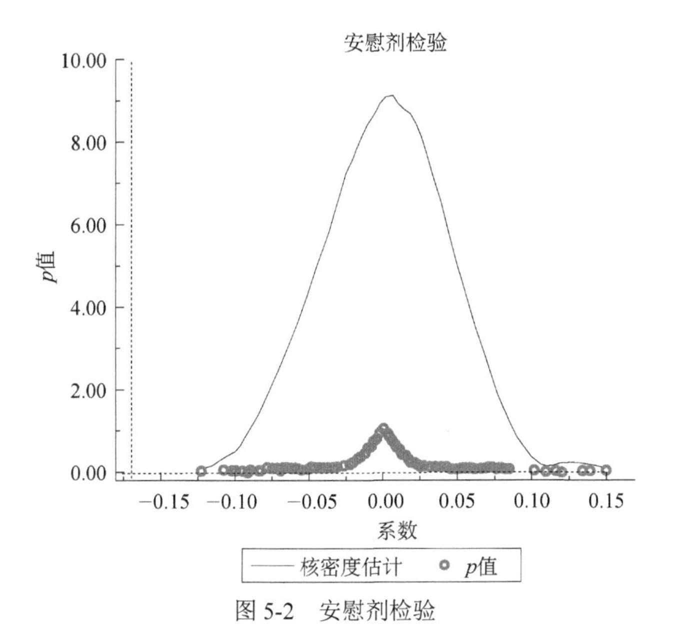

图 5-2　安慰剂检验

最后，PSM-DID 检验。DID 方法可以很好地识别出撤县设区政策的净效应，并解决内生性问题，但不能克服样本选择偏差的问题，而倾向得分匹配（propensity score matching，PSM）可以在非随机试验条件下很好解决这一难题，因此这里将 DID 方法与该匹配策略相结合。匹配策略的基本思想是找到与实验组相似的对照组。具体来说，本节采用了邻近匹配策略和核匹配策略，在控制变量的基础上对实验组和控制组进行了匹配。本节首先构建匹配平衡测试来测试匹配结果的可靠性。匹配平衡测试的结果表明，匹配过程后，这两组的控制变量没有统计学上的显著差异。表 5-6 报告了 PSM-DID 的估计结果。结果显示在两种不同的匹配方法下，撤县设区政策对能源强度的影响在统计上显著为负，再一次证明本章主要观点，即撤县设区的确会促进城市能源强度降低。

表 5-6 PSM-DID 估计结果

	邻近匹配	核匹配
CCM	−0.139*** （0.015）	−0.169*** （0.014）
控制变量	是	是
常数项	−0.120 （0.154）	−0.122 （0.116）
城市固定效应	是	是
年份固定效应	是	是
观测值	1 412	2 977
调整的 R^2	0.592	0.546

注：括号里为聚类稳健标准误。
***表示在 1%的水平上显著。

第三节 影响机制分析

为什么撤县设区在降低能源强度方面会表现出比较明显的效果？撤县设区的能源强度降低效应是如何实现的？这是本节所关心的问题。由前文可知，撤县设区可能通过地方分权效应、集聚效应和区域一体化效应三种途径影响能源强度。本节借助中介效应模型对上述传导途径进行识别和检验。其中，对于财政分权（FD），本节用地方一般人均预算内财政支出与全国一般人均预算内财政支出之比衡量（吴勋和王杰，2018）。对于集聚效应（POP），考虑到人口在城市空间范围内的快速集聚是城市化的显著特征，本节用人口密度作为其代理变量（Otsuka and Goto，2018）。至于区域一体化水平（MS），本节用市场分割（社会消费品零售总额/GDP）作为其反向代理变量（师博和沈坤荣，2008）。全国一般人均预算内财政支出数据分别来源于《中国财政统计年鉴》（2001～2018），其他数据都来源于《中国城市统计年鉴》（2001～2018）。这里采用 Baron 和 Kenny（1986）提出的中介效应检验方法，进一步分析撤县设区影响能源强度的可能路径，构建递归模型如下：

$$\ln\mathrm{EI}_{it} = \delta_0 + \delta_1\mathrm{CCM}_{it} + \delta_2 X_{it} + \gamma_t + \vartheta_i + \zeta_{it} \tag{5-3}$$

$$M_{it} = \alpha_0 + \alpha_1\mathrm{CCM}_{it} + \alpha_2 X_{it} + \gamma_t + \vartheta_i + \mu_{it} \tag{5-4}$$

$$\ln\mathrm{EI}_{it} = \eta_0 + \eta_1\mathrm{CCM}_{it} + \eta_2 M_{it} + \eta_3 X_{it} + \gamma_t + \vartheta_i + \tau_{it} \tag{5-5}$$

其中，X 为控制变量组成的向量集，M 为可能的中介变量，包括财政集权、经济集聚和区域一体化，EI 和 CCM 分别为被解释变量城市能源强度和撤县设区。其中，EI 是结果变量，CCM 是处理变量，M 是中介变量。式（5-3）表示 CCM 与 EI 有因果关系；式（5-4）表示 CCM 与 M 有因果关系；式（5-5）一方面表示 M 与 EI 有因果关系，从而建立起了 CCM → M → EI 的因果链条，另一方面表示在 M 之外，CCM 还可能独立影响 EI。因此可称 δ_1 为 CCM 对 EI 的总效应，η_1 为 CCM 对 EI 的间接效应，$\eta_2\alpha_1$ 为 CCM 对 EI 的（经由 M 中介）间接效应，显然三者存在如下关系：$\delta_1 = \eta_1 + \eta_2\alpha_1$。结合依次检验和自举检验（Bootstrap 检验），基准回归模型已经报告了递归模型的第一步估计结果（解释变量系数为−0.170），表 5-7 则报告递归模型的第二步和第三步估计结果，证实了第二部分机制分析的初步判断，即撤县设区会显著降低城市财政分权、市场分割同时也会提高人口密度，从而使得撤县设区通过城市财政集权、集聚效应及区域一体化水平等渠道降低城市能源强度。

表 5-7 影响机制检验

	（1）lnFD	（2）lnPOP	（3）MS	（4）lnEI	（5）lnEI	（6）lnEI
CCM	−0.047*** （−2.94）	0.012*** （0.015）	−0.073*** （0.014）	−0.168*** （0.014）	−0.167*** （0.014）	−0.180*** （0.015）
lnFD				−0.040*** （0.010）		

续表

	（1）lnFD	（2）lnPOP	（3）MS	（4）lnEI	（5）lnEI	（6）lnEI
lnPOP					0.011** （0.005）	
MS						−0.138*** （0.008）
控制变量	是	是	是	是	是	是
常数项	0.505*** （0.161）	6.000*** （0.168）	2.284*** （0.149）	0.503*** （0.121）	0.415*** （0.132）	0.899*** （0.126）
城市固定效应	是	是	是	是	是	是
年份固定效应	是	是	是	是	是	是
观测值	2975	2952	2980	2975	2952	2980
调整的 R^2	0.570	0.231	0.345	0.548	0.556	0.550

注：括号里为聚类稳健标准误。

和*分别表示在 5%和 1%的水平上显著。

首先，分析撤县设区的财政集权效应。表 5-7 第（1）列 CCM 的系数显著为负，表明撤县设区能够显著降低财政分权，结合第（4）列，我们发现撤县设区通过降低财政分权降低了能源强度。这里与张克中等（2011）的结论一致，即财政分权可能是节能监管标准下降和能耗不断增加的重要制度原因，因此我们认为改善我国城市高能源强度现状的重点不是抛弃分权体制，而在于加强其合理性。撤县设区带来的财政集权一方面降低了地方政府竞争，另一方面可能有损于对被撤并县地方官员的激励，从而降低政府间竞争所带来的效率提升。市辖区政府围绕降低本辖区能源强度目标展开相互竞争，在一定程度上对地区的节能降耗起到了良好的促进作用，但过度甚至是恶性竞争也会导致资源的无效配置和社会冲突的激化。通过改善现行的政绩考核体制，引入多目标的激励机制必然能让地方政府在发展经济的同时更愿意去关注节能降耗效果，应在保持地方政府适度积极性的基础上建立公共服务导向型的地方政府，以促进地区间经济社会协调发展。

首先，分析撤县设区的集聚效应。表 5-7 第（2）列 CCM 的系数显著为正，表明撤县设区显著提升了城市人口密度，第（5）列的结果表明撤县设区通过提升人口密度降低能源强度。撤县设区是将县调整为市辖区而扩大了城市规模，它不是地区间的简单结合，而是增加了城市的有效规模，通过合并提高了被撤并县公共服务投入水平，尽管对其他市辖区公共服务投入产生了一定的稀释效应，但长期来看促进了整个城市的要素集聚（余华义等，2021），而节能减排外部性被认为是集聚的一个“黑箱”，它能使环境负外部性实现“自净”（Yuan et al.，2020a），因此集聚带来的正外部性如运输成本和信息沟通成本的降低及企业间的技术溢出效应，可以通过引导资源在地区内部从低技术产业流向高技术产业，促进高技术产业发展和低技术产业淘汰，实现资源配置优化和利用效率提高，从而通过矫正企业要素扭曲及促进原有产业转型升级的方式带动能源强度的下降，假说 H21 得到验证。

其次，分析撤县设区的区域一体化效应。表 5-7 第（3）列的估计结果显示，撤县设区显著降低了地级市的市场分割，表明撤县设区提高了当地的区域一体化水平，第（6）列的结果表明，撤县设区可以通过提高区域一体化从而降低城市能源强度。撤县设区后合并的县和城市成为一个整体，城市负责新并入区的城市规划、交通系统开发、建设项目审批及土地供应等工作（Chung and Lam，2004），而这为减少行政壁垒、改善原有市区和被撤并县的交通空间联系奠定了制度基础。撤县设区不仅可以使得市场融合、行政壁垒和资源分配等问题可以得到改善，还可以消除“行政区经济”所带来的严重的地方政府竞争和市场分割，在城市政府统一的城市规划，包括产业布局政策、交通与通信网络等基础设施建设下进行，在扩大地级市中心城区辐射范围的同时减少了行政区间的政府摩擦，从而提高原市辖区与被撤并县之间的资源配置效率从而促进城市整体能源强度降低，假说 H25 得到验证。

第四节　本章小结

撤县设区是我国推行城市多中心空间发展的重要政策工具之一，此类政策实验为检验政府主导的城市多中心空间发展是否促进能源强度下降提供了很好的研究对象。由于节能约束指标的分解，市辖区每年都要求进行专项检查并向城市政府报告节能降耗情况，但是城市多中心空间发展这种情况是否会对城市能源强度产生影响却很少得到讨论，而这又是我国新型城镇化战略中重要的理论和现实问题。本章发现撤县设区对降低城市能源强度具有正向影响，该效应是在实施撤县设区后第三年开始产生显著效果的，该结果通过一系列稳健性检验，同时结合中介效应从地区分权、集聚效应及区域一体化等方面对此进行了合理解释。撤县设区是县域经济向城区经济转变的空间重组，空间重组可以通过自上而下的政府权力顺利实现从而强化地级市政府的统筹和协调能力，除统筹新加入的县改区协调降低能源强度能力外，还具有通过适度财权集权、聚集效应及推进区域一体化等能力，而这些都是实现积极的撤县设区效应的重要渠道。

第六章

多中心空间发展对污染产业布局的影响
——以撤县设区为例

第一节　相关研究和文献

撤县设区推动了城市多中心空间发展，城市基本经历了由单核心圈层集聚式到分散式跳跃式发展，最后向多组团辐射式拓展的形态演变历程，彻底颠覆了原有的城市空间形态（肖萍等，2017）。众多污染产业在当前经济发展阶段仍不可或缺，但污染产业过度集中的城市一定会产生严重的环境问题，对本地区及周围地区带来不良的影响。撤县设区带来的行政边界扩张可能会造成污染加剧（Kukkonen et al.，2022）。行政区划调整带来的城市扩张会对污染减排产生负面影响，尤其在扩大城市管辖范围的过程中由于对新城区的集中开发，可能会释放出大量的粉尘和废气（Shi et al.，2021；Lu et al.，2021）。撤县设区显著扩大了城市土地空间同时集聚了人口，土地开发加剧了城市环境污染，人口的集聚具有积极的降低环境污染的外部性（Jin and Chen，2022）。同时，另一些研究者则得到了更多积极的环境效应结论。比如，Li 等（2021b）发现撤县设区有利于降低我国城市能源强度水平。Feng 等（2022）发现我国行政区划调整缓解了空气污染，而且中心城区和邻近城区之间的合作有助于共同减排和污染控制。

目前相关文献关于撤县设区所推动的城市多中心发展对污染产业布局的

影响机制主要集中在地方政府竞争、环境规制两个方面。

（1）地方政府竞争。Breton（1998）首次提出了政府竞争的概念，将政府竞争定义为政府之间通过税收政策、补贴政策、环境政策、教育及医疗福利政策等方法吸引人才及资本等经济要素以推动当地经济发展，提高当地政府竞争优势。地方竞争可能存在“力争上游”和“邻避效应”，即在地方政府最大化当地居民社会福利的条件下，地方竞争反而有利于地方政府加强对环境的监管和治理（Levinson，2003；Fredriksson and Millimet，2002）。地方政府提供了辖区内大部分公共品，其存在明显的生产性支出偏好，如重视基础设施建设支出，而轻视教育、社会保障等民生性支出（尹恒和朱虹，2011；张莉等，2018）。一般认为，在纵向的财政分权和晋升激励下，地方政府之间展开了激烈的增长竞争，地方政府会将大量财政支出集中在基础设施建设上（唐天伟等，2023；周慧珺等，2024）。

（2）环境规制。环境规制是政府为保护环境，以法律、行政和经济手段来控制和管理环境污染，从而优化资源利用的行为，环境规制政策是政府为实现经济增长和生态保护相对平衡而使用的政策工具（张帆等，2022；岳立等，2024）。囿于生产要素资源的有限性和生产过程中污染排放的负外部性，地方政府通过制定相关环境保护政策对辖区内污染企业的排污行为进行约束，提高区域内绿色经济效率。根据“波特假说”，短期内政府的环境规制政策会直接增加污染企业生产成本、影响企业利润，对整个区域绿色经济发展产生不利影响。但长期来看，随着政府对环境保护的重视程度不断提高，环境规制力度会不断加大。企业必须顺应形势主动选择进行产品或生产流程创新来提高生产要素利用率，减少生产过程中的污染排放，改善绿色经济效率，最终提高资源配置效率，促使产业结构合理化与高级化。那么究竟这一过程是否有利于发生撤县设区的城市优化污染产业布局仍未得到检验，其内在的作用机制是本章关注的重点。

第二节　污染产业布局特征分析

本章通过行政区划网（http://www.xzqh.org/html/index.html）手动搜集2000～2021年中国城市发生撤县设区的相关数据。此外，本章所用全国城市和县域经济社会发展数据分别来自 2001～2022 年《中国统计年鉴》《中国城市统计年鉴》《中国区域经济统计年鉴》《中国环境统计年鉴》等。污染产业数据来源于国泰安（CSMAR）数据库 2000～2021 年中国上市公司数据，污染产业是根据《上市公司环境信息披露指南》和《上市公司行业分类指引（2012 年修订）》界定的 16 个细分类产业。对上市公司数据进行以下处理：①剔除被特殊处理（ST、*ST、PT）的样本；②剔除数据严重缺失的样本；③剔除上市公司中金融类、保险类企业数据；④对所有连续变量进行 1%分位数的缩尾处理。最后将中国上市公司数据中污染企业数据分别加总到行业级与城市级，用于测算污染产业的地理集中度。

一、时间演变特征

这里将污染产业区位熵作为被解释变量刻画污染产业的空间布局。区位熵越大，说明污染产业在该地区的产业集聚水平越高，区位熵变化代表污染产业发生转移。2000～2021 年，我国县域污染产业布局（图 6-1）呈现集中—分散—集中的发展态势。除个别年份，区位熵均在 1 以上，说明污染产业集中程度较高。在时间序列的关键节点，即 2000 年、2003 年和 2015 年，可以观察到显著的地理集中度上升，2003～2013 年，地理集中度明显下降。

图 6-1　2000～2021 年我国县域污染产业布局演变

二、空间演变特征

如图 6-2 所示，从 2000~2021 年整体来看，东部、中部和西部地区污染产业集聚都呈现集中—分散—集中的态势。具体来看，东部地区污染产业地理集中度最低，且区位熵基本在 1 以下，说明东部地区污染产业处于分散状态。中部地区在2000～2006年区位熵在1以上，2007～2013年区位熵在1以下，2014～2021年区位熵又回到1以上，说明中部地区污染产业集聚呈集中—分散—集中的态势。西部地区区位熵值一直处于1以上，说明西部地区污染产业集聚一直处于较高水平。

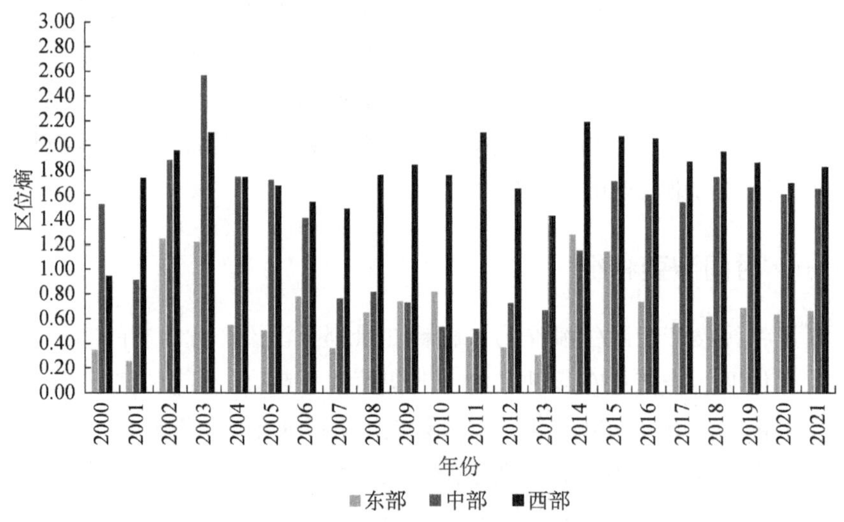

图6-2　我国县域污染产业空间特征

将不同县域污染产业产值进行加总，然后计算不同类型污染产业区位熵变化值可以初步观察我国县域污染产业的空间分布情况。参考田超（2025）的做法，这里将区位熵取值区间分为三个层次：严重污染，区位熵大于1.35；一般污染，区位熵介于1和1.35之间；轻度污染，区位熵小于1。分别观察不同年份污染产业在不同县域的区位熵，从而考察污染产业空间分布变化，见表6-1和表6-2。

总体上看，我国县域污染产业的分布呈现从集聚到逐步分散的态势。为了获得污染产业在省份层面的变化态势，我们将各省县域污染产业区位熵做平均值处理，发现1998年和2015年各省县域污染产业区位熵高值主要出现在海南省、青海省、内蒙古自治区、山西省、广西壮族自治区等。低值区域分布相对广泛，我国整个西部地区除省会城市所占比重较高外，大多数省份层面的县域污染产业区位熵值在1.5以下。综上，污染产业总体布局呈现东高西低、北高南低的格局，中西部地区成为污染产业的主要转移地区。

表 6-1　1998 年各省县域污染产业区位熵

污染程度	省份	区位熵
轻度污染	甘肃省	0.949
	江苏省	0.950
一般污染	宁夏回族自治区	1.010
	辽宁省	1.018
	云南省	1.023
	四川省	1.025
	浙江省	1.044
	湖北省	1.0529
	湖南省	1.067
	广东省	1.072
	吉林省	1.075
	贵州省	1.078
	河南省	1.099
	山东省	1.111
	陕西省	1.126
	河北省	1.149
	黑龙江省	1.149
	安徽省	1.156
	福建省	1.163
	广西壮族自治区	1.174
	山西省	1.196
	江西省	1.234
	内蒙古自治区	1.284
	海南省	1.309
严重污染	青海省	1.375

注：本表只考察 25 个省份，其余 6 个省份和港澳台地区县域污染企业数据太少或缺失，因此未进行分析。

表 6-2　2015 年各省县域污染产业区位熵

污染程度	省份	区位熵
轻度污染	江苏省	0.959
一般污染	山东省	1.041

续表

污染程度	省份	区位熵
一般污染	湖北省	1.081
	辽宁省	1.081
	广东省	1.089
	福建省	1.098
	云南省	1.170
	陕西省	1.174
	安徽省	1.179
	湖南省	1.203
	河北省	1.204
	浙江省	1.210
	四川省	1.214
	贵州省	1.218
	河南省	1.270
	江西省	1.302
严重污染	吉林省	1.351
	内蒙古自治区	1.465
	宁夏回族自治区	1.466
	山西省	1.551
	广西壮族自治区	1.611
	青海省	1.630
	黑龙江省	1.738
	甘肃省	1.761
	海南省	2.342

注：本表只考察 25 个省份，其余 6 个省份和港澳台地区县域污染企业数据太少或缺失，因此未进行分析。

根据陈思怡（2021）的做法，本章还筛选出样本期间（2000～2021 年）我国发生撤县设区调整次数最多的 3 个年份，分组进行被撤并县污染产业地理集中度数据变化对比和分析。观察样本期情况，发现 2000 年、2002 年和 2014 年这 3 个年份我国发生撤县设区调整的县较多，分别有 36 个、22 个和 23 个，因此这里分别选取这 3 年内发生撤县设区调整的县，分组进行数据对比和分析。

根据已有数据，绘制撤县设区情况与被撤并县污染产业地理集中度之间的关系图，如图 6-3 所示。

从柱状图中可以看出，整体上，经历撤县设区的县域在调整后，污染产业地理集中度相对于调整前有所降低。具体来说，2000 年、2002 年和 2014 年经历撤县设区调整的县域，均出现了调整后县域污染产业地理集中度低于调整前县域污染产业地理集中度的情况。2000 年、2002 年和 2014 年县域污染产业地理集中度的下降幅度分别达到了 40.62%、44.6%和 33.71%。当然，其中会存在县域合并后环境规制或其他因素带来的影响，但也能初步说明撤县设区的调整在一定程度上抑制了被撤并县污染产业地理集聚，但具体的影响效应如何，还需要后续通过模型进行进一步的检验。

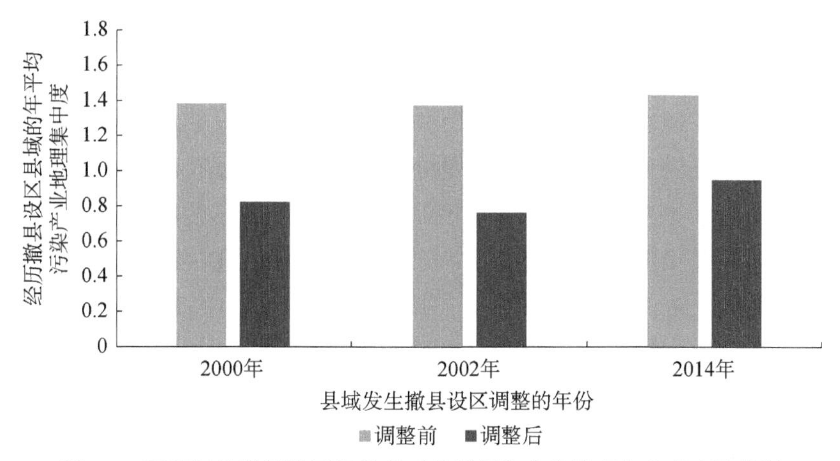

图 6-3　不同年份撤县设区调整前后县域污染产业地理集中度变化情况

第三节　影响效应分析

一、模型构建与变量描述

1. 模型构建

我国撤县设区的演进特征具有准自然实验的特点，因此本章拟用 DID 来构建模型。需要注意的是，与“一刀切”的政策统一冲击时点不同的是，本章所研究的各县域发生撤县设区的时间不一致，因此有别于传统的 DID 模型，借鉴 Beck 等（2010）的做法采用多期 DID 模型，基本模型设定如下：

$$\mathrm{AGG}_{it} = \beta_0 + \beta_1 \mathrm{CCM}_{it} + \beta_2 X_{it} + \theta_{it} + \mu_{it} + \varepsilon_{it} \tag{6-1}$$

式中，i 和 t 分别表示被撤并县和年份，AGG_{it} 表示 i 县（区）第 t 年的污染产业工业集聚水平。CCM_{it}=treated×post 代表了撤县设区的政策效应。其中，treated 是一个虚拟变量，2000～2021 年发生撤县设区的县取 1，未发生则取 0；post 是一个政策实施的虚拟变量，当被撤并县实施撤县设区时，post 取值为 1，其余为 0。交互项 CCM_{it} 的系数 β_1 刻画了撤县设区对被撤并县污染产业布局的影响。X_{it} 为影响污染产业集中的其他因素，θ_{it} 和 μ_{it} 分别表示行业和年份固定效应，分别用以吸收行业和时间层面不可观测的典型特征对相同组别范围中污染产业的同质性冲击。ε_{it} 表示随机扰动项。

2. 变量描述

本章选择被撤并县污染产业区位熵作为被解释变量，撤县设区为核心解释变量。同时，通过梳理现有文献，本节控制了 6 个可能对被撤并县污染产业布局产生影响的变量。需要说明的是，由于县级数据获取困难，并且在同一个地级市内水平相差不大，因此控制变量采用地级市的数据。这 6 个控制变量分别为外商投资、行业流动性、产业关联、经济发展水平、绿色创新水平、交通基础设施。

（1）外商投资，外商投资会对东道国环境质量产生影响，一般用该变量来控制地区外商投资对污染产业转移的影响（孔凡斌等，2017；刘颖育和邢玉升，2021；周景怡和张军，2022），这里使用外商直接投资与实收资本比重来表示。

（2）行业流动性，用行业中企业平均固定资产规模来表示。行业流动性是污染行业固有特征，与行业企业固定资产规模等属性有关，反映行业在地区间灵活转移的能力，一般而言，企业固定资产规模越大则其灵活转移能力越弱。这一特征的差异直接表现为转移成本的差别，如果一个行业可以以更低的成本、在更短的时间实现地区间的转移，则具有较强的流动性；反之其流动性较弱。一般而言，流动性越弱的行业实现产业转移的成本越高，越不倾向于选择产业转移（王伊攀和何圆，2021；韩旭和豆建民，2022）。

（3）产业关联，新经济地理理论认为，企业布局在低成本的要素市场和较大规模的产品市场时会降低成本，有投入产出联系的上下游产业更有可能在空间上集聚，产业协同分工可以通过提高劳动生产率和企业生产率及形成企业竞争机制等来降低能源强度从而减少污染排放（熊雪如和覃成林，2013；李晓翠，2015；毛熙彦等，2021），这里基于城际生产性服务业与生产制造业的上下游关联情况来测度城际产业前后向关联水平。

（4）经济发展水平，使用人均地区生产总值的对数来表示。人均 GDP 在一定程度上代表了当地经济发展阶段，为了验证经济发展阶段与污染密集型产业的集聚分布是否存在相关关系，这里选取人均 GDP 作为衡量经济发展阶段的指标（左扬尚瑜等，2020；黄磊和吴传清，2022；卢丽文和李小帆，2023）。

（5）绿色创新水平，使用绿色发明授权量对数来表示。创新水平高的产业会自动淘汰污染严重且效益低的落后产业，促进污染产业从传统落后产业转向效益更高的新型流动产业（陈瑶和吴婧，2021；黄磊和吴传清，2022）。

（6）交通基础设施，使用人均道路面积来表示。完善基础设施会降低污染产业在不同区域自由流动的交通成本，从而重塑产业布局（夏永红，2022；张田田，2023）。

在进行正式的回归之前，对变量分别进行描述性统计分析，具体数据分析的结果如表 6-3 所示。

表 6-3　描述性统计

变量	定义	平均值	标准差	最小值	最大值
AGG	污染产业地理集中度	1.129	0.875	0.012	3.9780
CCM	撤县设区	0.001	0.037	0	1
fdi	外商投资	8.697	0.762	7.255	10.972
link	产业关联	0.087	0.084	0.004	0.465
mob	行业流动性	9.319	0.930	7.913	12.461
pgdp	经济发展水平	1.223	0.495	0.313	6.985
gin	绿色创新水平	4.143	1.031	0.584	7.329
infr	交通基础设施	6.827	1.084	1.099	10.754

二、回归结果

1. 基准回归

本节利用多期 DID 的方法检验撤县设区政策对被撤并县污染产业布局影响的平均效应，具体结果见表 6-4。由于估计系数与标准误往往会受所选取的控制变量、固定效应的影响，为提高回归果的可靠性，本节分别考察控制变量的引入、不同固定效应的加入是否会对研究结果产生影响。第（1）列是在不加入控制变量和固定效应情况下的结果，第（2）列和第（3）列是分别加入控制变量和固定效应情况下的结果。结果显示，撤县设区指标系数始终为负，表明撤县设区政策对被撤并县污染产业的集聚影响显著为负，说明撤县设区会在一定程度上降低被撤并县污染产业的地理集中度，进而推动县域污染产业空间布局发生变化，假说 H14 得到验证。撤县设区能够增加所属城市的市辖区的行政面积，打破市区与县域的刚性行政壁垒，影响生产要素在空间上的迁移与集聚。县改区后，市中心区域按照资源禀赋条件与主体功能定位，加速被撤并县产业创新升级，促进被撤并县中缺乏竞争力的污染产业向周边地区迁移，从而降低被撤并县污染产业集中度，也客观提升了该区域生态环境质量。

表 6-4　基准回归

变量	（1）	（2）	（3）
CCM	−0.112** （−2.36）	−0.096** （−2.01）	−0.106** （−2.12）
fdi		−0.404*** （−27.46）	−0.076*** （−2.94）
link		−0.463*** （−10.63）	0.161*** （2.60）
mob		0.387*** （32.60）	0.160*** （6.79）
pgdp		0.300*** （13.76）	0.328*** （15.11）
gin		0.034*** （4.71）	0.031*** （4.36）
infr		−0.033*** （−14.86）	−0.027*** （−12.33）
常数项	1.129*** （645.37）	1.310*** （24.96）	0.469*** （3.36）
样本量	3179	3179	3179
行业固定	否	否	是
年份固定	否	否	是
R^2	0.023	0.014	0.028

注：括号里为 *t* 值。

***、**分别表示在 1%、5%的水平上显著。

2. 稳健性检验

虽然多期 DID 的结果显示撤县设区会在一定程度上降低被撤并县污染产业的地理集中度，但我们的 DID 策略还需要进一步验证。

1）平行趋势检验。检验建立双重差分模型的一个重要前提是在“撤县设区”实施之前处理组和控制组要具有平行发展趋势，如果不满足这个条件，将会导致有偏估计。基于此，参照陈熠辉等（2022）的做法进行 DID 的平行趋势检验，考察撤县设区对被撤并县污染产业在政策实施前后的动态效应。具体而言，在回归的时候我们将政策实施前一年作为基准组（current），考察政策效果的前 6 年（6 年之前的年份归并到第 6 年）到前 2 年，以及后 6 年（6 年之后的年份归并到第 6 年）的变化趋势。图 6-4 检验结果显示，撤县设区发生之后，随着时间的推移，回归系数为负且绝对值逐渐增大，撤县设区对被撤并县污染产业集聚的负向促进作用也越来越显著。因此实验组和对照组的平行趋势假设得到了证实。

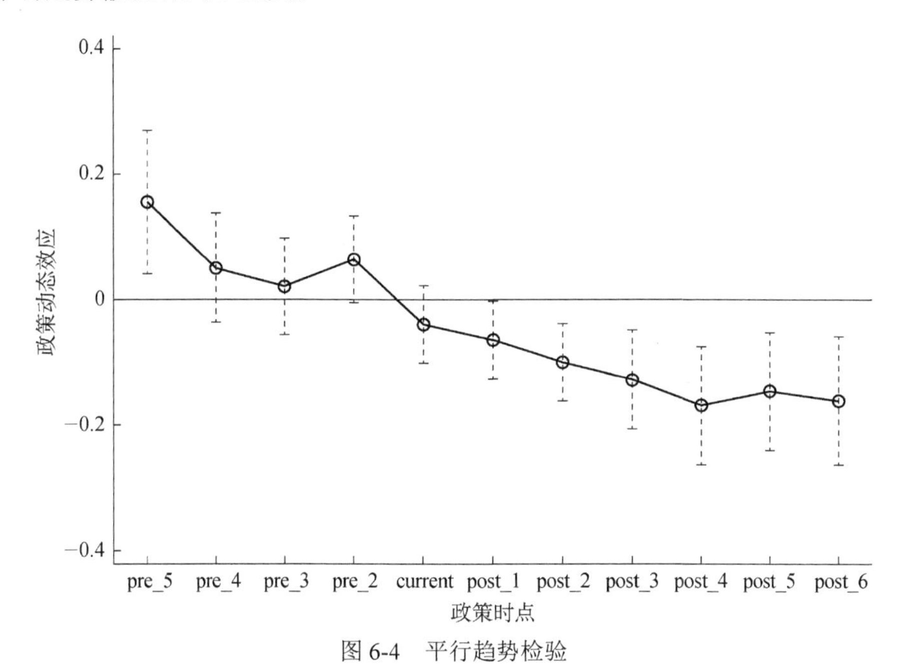

图 6-4　平行趋势检验

2）倾向得分匹配检验

在使用双重差分方法时，需要满足使用前提：实验组和对照组需要具有平行发展趋势，即数据平衡（王庶和岳希明，2017）。即如果没有政策的冲击，实验组的发展趋势平行于对照组，这种发展趋势并不会随着时间发生变化。

但是由于会存在一些观测不到的因素，其会对实验组和对照组的平行趋势造成干扰，如果不加以处理可能会造成测算结果偏差。倾向得分匹配检验可以减轻这一问题的影响，它通过找到初始条件合适的对照组并加入相关的控制变量来减少其他相关变量对回归结果造成的影响，可以在最大限度上满足双重差分模型的平衡假设前提（邢华和李向阳，2024）。这里使用倾向得分匹配-双重差分法（PSM-DID）的方法，可以有效避免结果偏差，具体来说我们采用三种匹配策略，即K邻近匹配、核匹配以及半径匹配进行回归。从表6-5可以看到，撤县设区的影响在统计上是显著为负的，通过了稳健性检验。

表6-5　稳健性检验

变量	倾向得分匹配			排除其他政策干扰	
	（1）半径匹配	（2）核匹配	（3）邻近匹配	（4）省直管县政策	（5）开发区政策
CCM	−0.880** （−2.35）	−0.966*** （−3.25）	−2.350*** （−12.17）	−0.100** （−2.11）	−0.106** （−2.24）
省直管县政策				是	是
开发区政策				是	是
控制变量	是	是	是	是	是
常数项	4.491** （2.04）	4.020** （2.33）	−116.365*** （−10.18）	0.469*** （3.36）	1.007*** （20.99）
样本量	1452	1464	1411	3179	3179
行业固定	是	是	是	是	是
年份固定	是	是	是	是	是
R^2	0.228	0.252	0.688	0.221	0.225

注：括号里为t值。

***、**分别表示在1%、5%的水平上显著。

3）安慰剂检验

为进一步排除政策之外其他因素对被撤并县污染产业布局的影响，这里借鉴任胜钢等（2019）的做法，使用反事实的安慰剂检验方法对此干扰进行排除，以此来检验基准回归的稳健性。具体而言，这里分别对基础回归模型进行了1000次随机抽样并进行回归，回归结果分布如图6-5所示。结果显示，随机抽样回归系数均接近于0，相比之下，基础回归模型估计的“真实”参数值位于显著区间后段，说明基准回归中撤县设区显著抑制被撤并县污染产业集聚的结论较为稳健。

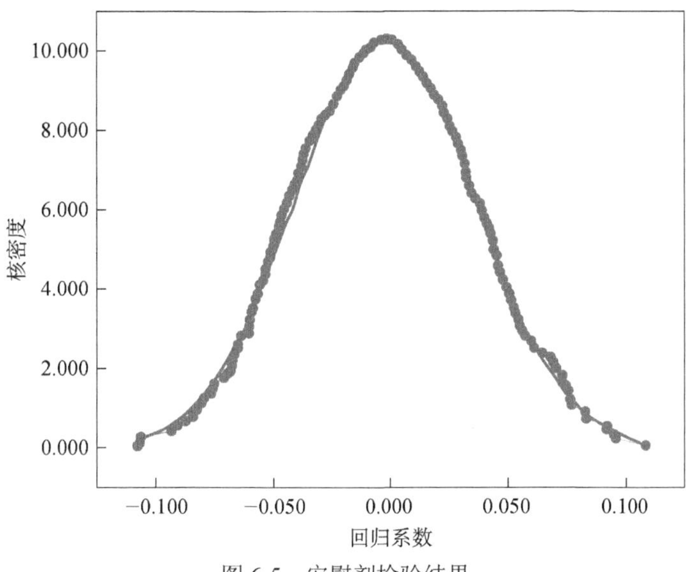

图 6-5　安慰剂检验结果

4）排除竞争性解释

基准回归的时间段位于 2000～2021 年，同期的其他政策或事件可能会对基准回归结论的稳健性造成影响。为了排除这些政策或事件的影响，这里从以下两个方面进行检验。

（1）排除省直管县政策的干扰。自 2002 年起，以湖北、广东等为代表的我国不少省份在地方财政工作中开始探索“省直管县”财政体制的适用性。“省直管县”改革后，省以下地方政府之间的财政关系由之前的“省一市一县”三级，变为“省一市（县）”两级，财政层级变得扁平化。在“省直管县”体制下，省级政府对县级政府的转移性支付直接到位，地级市政府没有对县级财政再分配的权力，这对财政分配依存度高的地级市，特别是对弱市强县的打击是非常大的，地级市和县级地方政府的行为也很可能会因此发生改变（才国伟等，2011）。与撤县设区不同，省直管县具有明显的分权性质，这一改革减少了地级市直接管理的县域数量，可能会导致城市政府的监督和管理成本降低。另外，已有研究表明，省直管县通过财政竞争机制约束了县级政府行政管理支出的增加（宋恒等，2024）。为了排除“省直管县”财政体制改革对基准模型估计结果准确性的影响，我们在基准模型的基础上，加入了“省直管县政策”的虚拟变量进行控制，如果该县（市）在当年实施了“省直管县”改革，则该变量赋值为 1，否则赋值为 0。表 6-5 第（4）列可以看出，即便是考虑了“省直管县”财政体制改革的影响，本章的核心结论依旧存在。

（2）排除开发区政策的干扰。自 1984 年创办开发区以来，我国开发区数量呈现出快速增长的趋势。尤其是 1992 年前后，开发区数量更是呈现出井喷的态势。开发区与城市其他区域在行政管理模式等方面存在差异。有学者认为，开发区打破了按行业、按条线垂直管理 和“上下对口”的机构设置模式，取而代之的是以职能整合为导向，以“宽职能、少机构”为原则，把职能相同或相近的部门进行优化组合，归口一个部门管理，实行一个部门“多块牌子一套人马”，减少了机构数量，理顺了职能关系，避免了权责交叉。同时，开发区在行政方式方面引入了市场竞争机制，大大节约了行政成本，提高了行政效率（王俊锋和黄小勇，2021）。这里统计了每个城市不同类型的开发区数量，包括国家级开发区和省级开发区，将其作为控制变量放入回归模型之中。其中，开发区数量来源于《 2018 年中国开发区审核目录》的整理。从表 6-5 中的第（5）列可以看出，考虑开发区政策后，撤县设区对于污染产业集聚的影响依然是负向的。

3. 异质性检验

1）被撤并县的经济实力

撤县设区后被撤并县政府会失去大部分的行政和财政自主权，为顺利推进撤县设区进程，中心城区在和被撤并县的沟通过程中会做出一定程度妥协，在县改区后一段时期内保证被撤并县仍保留原有的部分甚至全部管理权限（陈诗一和金浩，2019）。其中经济实力强的被撤并县政府在和中心城区政府沟通中具有更多话语权，在撤县设区中更有可能保持自身的独立性（罗小龙等，2010；卢盛峰等，2017）。为了检验经济实力强县和弱县的异质性影响，先进行经济实力划分再分别分析。这里参考卢盛峰等（2017）的做法，将县级市定义为经济强县，非县级市定义为经济弱县。表 6-6 第（1）列和第（2）列分别展示经济强县和经济弱县的撤县设区对被撤并县污染产业布局的政策影响，发现前者核心解释变量系数并不显著，而后者则具有显著的负向影响。这一结果表明，被撤并经济强县依然具有较强的独立性，环境管辖权也未全部上交，其污染产业布局未发生显著变化。被撤并经济弱县在撤并之后环境管辖权上交，其污染产业受到更为严格的监管。

2）撤县设区改革动因

根据政策改革的动因分类，撤县设区可以划分为主动推动型撤县设区和被动实施型撤县设区。主动推动型撤县设区是指地级（直辖市）将原来隶属于该地级市（直辖市）的县调整为该地级市（直辖市）的市辖区；而被动实施型撤县设区是指在撤销地区设立地级市的过程中进行的撤县设区。从动机来看，主动推动型撤县设区是地级市出于自身城市发展和整体规划的迫切需要而进行的行政区划调整；而被动实施型撤县设区是地区出于行政区划设置规范的考虑。有相当一部分撤县设区是在撤地（包括地区与盟）设市（地级市）的过程中进行的，由于“地区”这种行政区划是在20世纪出现的，如今将它调整为地级市更多的是反映了行政区划设置的国际规范。尽管这也存在促进将来城市化发展的动机，但它并不是由于该“地区”实质性的城市化进程所推动的，因而撤地设市过程中的撤县设区具有明显的被动调整特征。

表6-6第（3）列的结果显示，主动推动型撤县设区对被撤并县污染产业布局影响显著为负，表明主动推动型撤县设区降低了被撤并县污染产业集中度。第（4）列的结果显示，被动推动型撤县设区对被撤并县污染产业布局影响不显著。主动推动型撤县设区是根据城市发展规划而进行的，其具有财政收入的上交和集中以及由偏向基础设施建设转向注重公共服务供给的属性，是实质性的市级与县级之间的权责关系的变更。然而被动实施型撤县设区并不是由于城市的发展空间受到限制而企图通过撤县设区的方式来快速实现城市化发展，暂且不说相应城市管理体制的配套改革，这种并不是由实质性城市化进程所推动的撤县设区可能与当前城市化的发展路径并不一致，因此对被撤并县污染产业布局影响不显著。可以看到，撤县设区政策对被撤并县污染产业布局的影响主要源于主动推动型撤县设区。

表6-6 异质性分析

变量	被撤并县的经济实力		撤县设区改革动因	
	（1）经济强县	（2）经济弱县	（3）主动	（4）被动
CCM	−0.080 （−1.51）	−0.198* （−1.71）	−0.541** （−1.97）	−0.853 （−1.61）
控制变量	是	是	是	是
常数项	5.655*** （62.19）	5.714*** （135.45）	4.251*** （28.76）	3.592*** （11.60）
样本量	779	2395	1462	1712
行业固定	是	是	是	是

续表

变量	被撤并县的经济实力		撤县设区改革动因	
	（1）经济强县	（2）经济弱县	（3）主动	（4）被动
年份固定	是	是	是	是
R^2	0.029	0.031	0.012	0.047

注：括号里为 *t* 值。

***、**和*分别表示在 1%、5%和 10%的水平上显著。

3）隶属城市规模

一般而言，大城市的撤并政策对辖区内县域污染产业布局从集聚到分散的作用更为显著。本章依照《国务院关于调整城市规模划分标准的通知》（国发〔2014〕51 号），以 2014 年城区常住人口为统计口径，将城区常住人口 100 万以上的城市划分为大型城市，其他为中小城市。表 6-7 第（1）列和第（2）列报告了分组回归结果，撤县设区对大城市县域内污染产业布局从集聚转向分散具有显著影响，对中小城市县域的回归结果不显著。这表明撤县设区对被撤并县污染产业布局的政策影响效应在规模城市上存在差异。

表 6-7　异质性分析

变量	隶属城市规模		区域异质性	
	（1）大城市	（2）中小城市	（3）东部	（4）中西部
CCM	−0.056** （−2.26）	−0.077 （−1.57）	−0.013* （−1.74）	−0.028** （−2.15）
控制变量	是	是	是	是
常数项	1.580*** （25.15）	1.835*** （9.59）	1.105*** （358.78）	1.199*** （205.23）
样本量	2478	719	1212	1985
行业固定	是	是	是	是
年份固定	是	是	是	是
R^2	0.140	0.033	0.022	0.086

注：括号里为 *t* 值。

***、**和*分别表示在 1%、5%和 10%的水平上显著。

4）区域异质性

由于区域间的经济发展水平、城镇化水平参差不齐，撤县设区对被撤并县污染产业地理集中度的影响存在差异。我国东部沿海地区经济发展较快、人口分布集中，要素市场化配置程度较高，而中西部地区经济发展相对较慢、产业结构较为单一，故将城市按地域划分为东部和中西部进行区域异质性检验，结果如表 6-7 第（3）列和第（4）列所示。相较于东部地区，中西部地区由于经济发展水平较低，实施撤县设区对于被撤并县内的污染产业地理集中度的抑制作用更加明显。这可能因为东部地区经济发展水平较高，市场竞争激烈，同时对于环境治理更加重视，相应的环保标准一直很严格，撤并与否对污染产业管理力度并无太大影响。相反，中西部地区的区县政府更加重视经济增长，在县转变为市辖区这一过程中环保标准提高、市场竞争加剧，对于被撤并县内的污染产业地理集中度的抑制作用更为明显。

第四节　影响机制分析

从上一节实证分析可知，撤县设区会降低城市污染产业地理集中度且结果是稳健的。那么，撤县设区又是通过什么路径来影响城市污染产业布局？这些问题是本章所要解决的，本章将使用中介效应模型对可能存在的机制进行检验。

一、中介效应检验

在中国现有的行政架构中，县级（包括县级市）政府相较于市辖区政府享有较大的自主权，展现出强烈的自我驱动和资源调配意愿以推动政府间的竞争。若将行政区划调整为区，则限制地方政府的部分自主决策权，由此削弱了地方间的税收竞争程度和行政升迁竞赛压力。那么相应地，可以预见这种行政区划调整将影响各地方政府之间的竞争，进而影响撤县设区城市污染产业空间布局。本节借鉴张莉等（2018）的做法，引入“本省县（县级市）级政府数量”作为地方政府竞争的代理变量，替换双重差分变量进行双向固定的面板回归，探讨地方政府竞争对撤县设区影响城市污染产业布局的机制。县级政府数量来自于《中国城市统计年鉴》。此外，鉴于指标的可得性及指标设计的合理性，本章参考王文寅和刘佳（2021）的做法，并在此基础上加以改进，采用城市工业污染治理投资额与城市生产总值的比值来衡量环境规制力度，该比值越大，说明环境规制力度大更能降低污染产业地理集中度，环境规制力度数据来源于《中国环境统计年鉴》。进一步利用中介效应分析了撤县设区影响城市污染产业集中度的可能路径，构建递归模型如下：

$$\mathrm{AGG}_{it} = \delta_0 + \delta_1 \mathrm{CCM}_{it} + \delta_2 X_{it} + \gamma_t + \vartheta_i + \zeta_{it} \tag{6-2}$$

$$M_{it} = \alpha_0 + \alpha_1 \mathrm{CCM}_{it} + \alpha_2 X_{it} + \gamma_t + \vartheta_i + \mu_{it} \tag{6-3}$$

$$\mathrm{AGG}_{it} = \eta_0 + \eta_1 \mathrm{CCM}_{it} + \eta_2 M_{it} + \eta_3 X_{it} + \gamma_t + \vartheta_i + \tau_{it} \tag{6-4}$$

其中，X 为控制变量组成的向量集，M 为可能的中介变量，包括地方政府竞争和环境规制力度，AGG 和 CCM 分别为城市污染产业地理集中度和撤县设区。其中，AGG 是结果变量，CCM 是处理变量，M 是中介变量。式（6-2）表示 CCM 对 AGG 有因果影响；式（6-3）表示 CCM 对 M 有因果影响；式（6-4）一方面表示 M 对 AGG 有因果影响，从而建立起了 CCM→M→AGG 的因果链条，另一方面表示在 M 之外，CCM 还可能独立影响 AGG。因此可称 δ_1 为 CCM 对 AGG 的总效应，η_1 为 CCM 对 AGG 的间接效应，$\eta_2\alpha_1$ 为 CCM 对 AGG 的（经由 M 中介）间接效应，显然三者存在如下关系：$\delta_1 = \eta_1 + \eta_2\alpha_1$。结合依次检验和自举检验（Bootstrap 检验），基准回归模型已经报告了递归模型的第一步估计结果（解释变量系数为−0.106），表 6-8 则报告递归模型的第二步和第三步估计结果，证实了第二部分机制分析的初步判断，即撤县设区会显著加剧地方政府竞争以及提高环境规制力度，从而使得撤县设区通过地方政府竞争和环境规制等渠道影响城市污染产业地理集中度。

表 6-8　中介效应

变量	（1）地方政府竞争	（2）AGG	（3）环境规制力度	（4）AGG
CCM	0.367* （1.89）	−0.565** （−2.22）	0.096*** （2.63）	−0.587** （−2.31）
地方政府竞争		0.077*** （3.38）		
环境规制力度				0.434** （2.45）
控制变量	是	是	是	是
常数项	5.515*** （31.40）	4.402*** （17.02）	4.470*** （18.62）	4.128*** （54.11）
样本量	3197	3197	3197	3197

续表

变量	（1）地方政府竞争	（2）AGG	（3）环境规制力度	（4）AGG
行业固定	是	是	是	是
年份固定	是	是	是	是
R^2	0.290	0.095	0.353	0.078

注：括号里为 t 值。第（2）列 AGG 表示撤县设区通过地方政府竞争影响污染产业地理集中度，具体路径包括：土地要素扩张→城市建设用地面积→AGG，土地要素扩张→人均土地出让金→AGG；第（4）列 AGG 表示撤县设区通过环境规制强度影响污染产业地理集中度，具体路径包括：财政集中效应→财政支出占比→AGG，财政集中效应→财政收入占比→AGG。

***、**和*分别表示在 1%、5%和 10%的水平上显著。

1. 地方政府竞争

由表 6-8 第（1）列和第（2）列可知撤县设区首先可以通过影响地方政府的竞争标准而改变城市政府的治理力度和治理标准，再者撤县设区通过加剧城区之间的竞争，使得新成立的城区更加注重区域内的环境治理。撤县设区后，设区城市在规划和建设上按照城市的标准来执行，财政上不会受到原县域模式的限制。随着撤县设区的实施，地方政府直接参与的市场竞争格局发生变化，这可能导致地方政府间竞争的激烈程度减弱，从而可能间接地影响他们在生产性基础设施投资方面的决策倾向，转而倾向于提升民生相关的支出。同时，撤县设区后，原城区在财政收益中的分配份额减少，这在客观上减轻了原县域财政收入增长过分依赖于大规模基础设施投资的情况，而因此其招商吸引企业求发展的动力也会减弱。随之，县级行政官员在“为增长而竞争”的策略中，由于可用的政治资源受限，他们在通过大规模基础设施投资来追求 GDP 的传统途径上受到了来自市政府的明显约束。反而是环境保护这类公共服务支出会得到显著增加（张莉等，2018），从而不会形成由招商引资和土地财政所引发的大规模高污染产业进入，这一过程优化了发生撤县设区城市的污染产业空间布局。

2. 环境规制力度

表 6-8 第（3）列和第（4）列的结果表明，撤县设区通过提高环境规制力度降低了城市污染产业地理集中度。撤县设区通过抑制被撤并地区的自治权，同时提高上一级城市政府的治理能力来加强地方环境法规。在撤县设区后，城市政府对被撤并地区的财政有更高的支配权，城市政府出于环境治理与公共服务的考虑，会加大对当地的环保投入、进行污染治理以及针对污染产业下发严格的污染治理政策，促使其优化内部资源配置，提高生产技术，加大

对技术创新、资源利用的鼓励，推动污染产业结构优化升级。此外，由于城市层面的环境规制通常比县域层面更严格，环境规制强度提高，企业只有主要生产技术达到一定环保水平，才能在该地区建厂，因而一定程度上避免了污染产业的进入。城市政府实施的环境规制对当地污染产业造成生产压力，迫使污染产业向环境规制弱的城区迁移，形成产业转移效应，对迁入地和迁出地的产业结构产生影响，最终优化了城市的污染产业空间布局。

二、调节效应分析

城市政府对被撤并县的经济目标约束和地方官员晋升激励都可能是被撤并县污染产业布局从集聚到分散的重要原因。本章引入调节效应模型考察城市经济增长目标约束和官员晋升激励对污染产业布局的影响，该调节效应模型的构建如下：

$$\begin{aligned}\text{AGG} = \beta_0 + \beta_1\text{CCM}_{it} + \beta_2\text{target}_{it} + \beta_3\text{pro}_i + \beta_4\text{Interact1}_{it} \\ + \beta_4\text{Interact2}_{it} + \theta_{it} + \mu_{it} + \varepsilon_{it}t\end{aligned} \quad (6\text{-}5)$$

式中，β_1衡量的是撤县设区对被解释变量的影响，target_{it}和pro_{it}分别反映的是城市经济目标约束和地方官员晋升激励对撤县设区的影响，Interact1_{it}是城市经济目标约束与撤县设区虚拟变量之间的交互项，Interact2_{it}是地方官员晋升与撤县设区虚拟变量之间的交互项，反映的是二者对撤县设区的调节效应。这里使用城市政府工作报告中公布的经济增长速度目标作为经济增长目标约束变量（target），地方官员是否在当年晋升代表晋升激励（pro）。在地方负责制的体系下，市长拥有事务决策权和资源分配权，在经济社会发展与生态环保系统中拥有绝对的影响力。作为地级市的最高负责人和领导班子带头人，市委书记主抓地级市思想政治与官员党建教育工作，在经济建设的相关工作中起到协调作用并非直接负责，因此我们这里主要以市长作为主要考察对象进行分析。θ_{it}和μ_{it}分别表示行业和年份固定效应，ε_{it}表示随机扰动项。

1. 城市政府经济增长目标约束

由表6-9第（1）列可知，Interact1在5%水平上正向显著，表明经济增长目标约束越强则城市通过撤县设区降低被撤并县污染产业地理集中度的政策效应也越弱。在目标责任制的框架之下，为了完成上级政府下达的经济增长目标任务，各级政府在制定自身经济发展目标的同时，存在经济压力“层层加码”的现象。地方政府并非完全的市场主体，以至于地方政府的引导和干预措施极容易落入低效率陷阱之中，因此具有“硬约束”特征的经济增长目标可能会激发地方政府进行过度生产性投资等扭曲行为。在撤县设区实施后为了完成较高的经济增长目标，不愿意让具有更高规模总量且能够带来更高经济发展的众多工业企业外迁，尽管其具有较大的污染排放，而是利用撤县设区后获得更多的土地资源等吸收更多其他地区工业企业内迁，因此反而增加了污染产业集中度。

2. 官员晋升激励

由表 6-9 第（2）列可知，Interact2 呈负向影响但不显著，这表明市长晋升激励会影响撤县设区抑制被撤并县污染产业地理集中度的政策效应。在生态文明建设背景下，随着原有县域变为市辖区，市长在面临“政治晋升”与“环保考核”等锦标赛的压力时，会把更高标准的城市环境规制力度在被撤并县实施，使得较为脆弱的本地污染产业迁移到其他地区从而显著降低被撤并县污染产业集中度。另外，由于我们使用的是当年官员是否获得晋升来衡量晋升激励，而城市环境规制水平在被撤并县实施需要市长用较长时间执行才能体现明显效果，因此导致该结果并不显著，因此也说明需要地方官员较为稳定的执政时间才能有利于被撤并县污染产业布局合理化。

表 6-9　调节效应

变量	（1）经济目标约束	（2）官员晋升激励
Interact1	1.129** （1.98）	
Interact2		−0.036 （−0.58）
CCM	−0.063** （−2.47）	−0.040* （−1.87）
target	−0.078* （−1.91）	
pro		−0.012* （−1.85）
控制变量	是	是
常数项	1.568*** （25.56）	1.568*** （25.74）
样本量	3179	3179
行业固定	是	是

续表

变量	（1）经济目标约束	（2）官员晋升激励
年份固定	是	是
R^2	0.097	0.083

注：括号里为 *t* 值。

***、**和*分别表示在 1%、5%和 10%的水平上显著。

第五节　本章小结

本文通过选取 2000～2021 年我国地级市政府主导的撤县设区作为政策冲击，将中国上市公司中污染行业加总到行业级与城市级，然后测算出污染产业的地理集中度。同时构建多期双重差分模型研究实施撤县设区所推动的城市多中心空间发展对城市污染产业布局的地理集中度影响，主要结论如下：①撤县设区能够显著降低城市污染产业地理集中度，这意味着撤县设区有利于优化城市的污染产业结构，促使城市污染产业为寻找最优生产区位而迁移，进而影响城市的污染产业布局从过度集聚到分散的布局重塑状态。在分别排除省直管县政策和开发区政策干扰下，本章研究结果仍然稳健。②异质性分析发现撤县设区对经济弱县、主动推动型、大城市和中西部地区污染产业集中度影响更大，下降更为明显，经济强县、被动推动型、中小城市和东部地区污染产业集中度下降不明显。③机制分析发现撤县设区会通过地方政府竞争和环境规制力度来影响城市污染产业集中度。进一步的调节效应分析结果表明，行政层级较高的城市经济目标约束会使得污染产业集中度更高。在环保考核的压力下，地方官员需要较为稳定的执政期才能够对污染产业合理布局产生显著的积极影响。

第七章

多中心空间发展对企业污染排放的影响
——以撤县设区为例

第一节　相关研究和文献

作为主要的污染排放源，工业企业的污染减排行为关系到国家整体经济与环境的协调发展（苏丹妮和盛斌，2021；盛丹和卜文超，2022）。另外，随着有限的城市空间逐渐限制了城市可持续发展，城市通过撤县设区将邻近地区纳入管辖范围已经成为城市规划的重要手段之一（Zhang et al.，2020；Feng and Wang，2021）。《中国县域经济发展报告（2016）》指出县域要素市场存在较为严重的市场分割，而撤县设区是城市内部行政空间整合过程，其带来的最优空间利用和自由要素流动被证明能够产生积极的经济效应，如提高生产效率和产业升级（Tang and Hewings，2017；Yu et al.，2019；Gao et al.，2021），伴随着撤县设区所带来的城市要素流动导致工业经济活动空间格局必将发生改变，从而对地区污染排放产生重要影响（Yang and Shi，2022）。

可以看到，撤县设区对被撤并县环境污染的影响是不确定的，多数文献都是从城市规划和经济地理学的角度，通过具体的实证案例研究来探讨撤县设区所带来的空间结构变化对环境污染的影响，也有学者从被撤并县环境管辖权上交、地方民生性支出占比变化等政治或公共管理的角度对撤县设区进行宏观描述和政策建议。从微观企业行为角度探讨撤县设区与工业企业污染减排之间关系的直接探讨才刚刚起步。刘伟等（2022）发现，撤县设区改革对企业污染排放的“治理效应”在重污染行业的企业以及乡镇企业中更强。刘军等（2023）认为撤县设区改革通过提高企业全要素生产率或者减少企业产量两条路径来达到减排效果。

结合 Jiang 等（2022）的做法，本章依据全过程管理分别从前端控制、过程管理和末端治理考察撤县设区对被撤并县工业企业污染排放的影响机制。①前端控制。它是指城市会通过撤县设区所带来的要素再配置使得企业在生产之前实现污染控制。撤县设区打破了中心城区和作为邻近城区的被撤并县之间的行政障碍，使得被撤并县政府可将要素从被撤并县的低效工业转出，重新分配到中心城区的高产部门，促使企业完成专业化改造升级，推进企业加快提质增效进而降低污染（Wang et al.，2017）。另外，随着我国步入城市化较快发展的中后期，城市整体产业结构逐渐从第二产业主导向第三产业主导转型（Xu and Jiao，2021），作为新的邻近城区，被撤并县将会逐步布局更多的第三产业，地方工业企业将面临技术资金等都相对落后、市场竞争乏力等困境，从而容易出现选择退出市场竞争或迁入竞争力小的其他地区进行生产的现象（卢洪友和张奔，2020）。因此，撤县设区最终通过要素再配置而实现了源头污染排放的降低。②过程管理。撤县设区带来市场一体化而增强了被撤并县企业绿色技术创新和学习意识等，使得工业企业在生产过程中尽量减少每单位产品产生的污染排放量。撤县设区后，中心城区科研机构成果将逐步与被撤并县共享，通过促进清洁技术的溢出和人才交流，推动当地企业通过技术创新进行清洁生产并减少因为市场一体化带来的中心城区的竞争压力（Ren et al.，2021），最终会通过优化企业生产过程、完善物质投入方案、增设废物循环环节及提高企业管理水平等最大限度地提高能源利用效率，促进企业实现合理的污染减排（Lee et al.，2011）。③末端治理。它一般发生在企业污染物产生后，它是指城市会通过撤县设区所带来的环境规制一体化，使企业在直接或间接排放前进行污染物处理以减轻环境污染。被撤并县在污染控制被纳入城市整体环境规制范畴后，环境监管力度将更严格，引导当地企业共同参与环境治理减少污染排放并实现多方效益的最大化（Fan et al.，2021）。在这一阶段，被撤并县企业面对更严格的环境规制，其环境手段往往是增加排污设备以提高污染处理能力，来满足政策与法规对污染物排放标准的要求，进而提高污染治理效率，从而一定程度上也可以缓解生产过程活动对环境的污染及破坏程度（谭用和盛丹，2022）。

研究发现，政府的调控能力以及中心城区首位度被证明会对撤县设区的环境效应产生干扰（姜明栋等，2022）。随着被撤并县被纳入城市政府的直接管辖范围，中心城区可以通过更多的直接投资、政策扶持和产业补贴等方式，优先向被撤并县注入发展要素，以改善中心城区和作为邻近城区的被撤并县的资源分布不均、城乡建设不平衡等问题（Bo，2020）。另外，如果中心城区首位度较高，中心城区与被撤并县的发展程度差异较大，而一旦行政边界被打破，市场的要素调节潜力将得到更大的发挥，迫使被撤并县当地企业创新清洁技术，以降低污染管理的成本，从而提升城市整体环境效益。因此，本章还将深入探讨政府调控能力和中心城区首位度对撤县设区效应的调节作用。

第二节　影响效应分析

一、计量模型

撤县设区演进特征对于考察企业污染减排效应具有准自然实验的优势，因此本章拟采用 DID 模型进行测算。另外与“一刀切”的政策统一冲击时点不同的是所研究的各城市发生撤县设区的时间不一致，因此借鉴 Beck 等（2010）的做法使用多期 DID 模型，基本模型设定如下：

$$\ln SO_{2ftci} = \beta_0 + \beta_1 CCM_{ftci} + \beta_2 X_{ft} + \theta_f + \theta_t + \theta_c + \theta_{it} + \varepsilon_{ftci} \quad (7\text{-}1)$$

式中，f、t、c 和 i 分别表示企业、时间、被撤并县和行业，$\ln SO_{2ftci}$ 表示工业企业二氧化硫排放量的对数值。CCM_{ftci}=treated×post，代表了撤县设区效应。具体而言，treated 是一个虚拟变量，被撤并县在 2000～2013 年发生撤县设区取 1（处理组），未发生则取 0（控制组）；post 是一个政策实施的虚拟变量，当被撤并县实施撤县设区时，post 取值为 1，其余为 0。我们最为感兴趣的是交互项 CCM_{ftci}，它的系数 β_1 刻画了撤县设区对被撤并县工业企业污染排放的影响。系数小于 0，表明发生撤县设区的工业企业污染排放更少，即该政策对工业企业的污染排放有抑制作用，反之则有促进作用。X_{ft} 为影响企业污染排放的其他因素，θ_f、θ_t、θ_c、θ_{it} 分别表示企业、年份、区县和行业-年份固定效应，分别用以吸收个体、年份、地区和行业-年份层面不可观测的典型特征分别对实验组和控制组范围内的企业的同质性冲击。ε_{ftci} 为扰动项。

二、变量和数据来源

本章使用的主要是中国工业企业数据库和中国工业企业污染数据库的匹配数据。中国工业企业数据库和中国工业企业污染数据库的匹配数据是目前我国体量最大、指标最全面的可获得企业级数据库，相对于宏观数据或行业数据，微观的企业数据或个体数据的优势是非常明显的。由于中国工业企业数据库的独特优势，近几年来每年都有大量的海内外经济学者使用该数据库撰写和发表论文。另外，工业企业作为国民经济的核心力量，尽管该套数据更新较慢（该数据仅更新到 2013 年），但对今天在我国经济高质量发展阶段挖掘工业企业发展中存在的潜在问题、寻找各种问题的源头都有价值，能为企业决策层、政策制定者提供有益的参考。其中，中国工业企业数据库涵盖所有国有工业企业和年营业额 2000 万元以上的大型工业企业，它包含丰富的企业信息，如企业名称、统一社会信用代码、所有者类型以及企业财务指标等数据。中国工业企业污染数据库主要包含了企业能源消耗、污染物排放及处理等信息。借鉴 Brandt 等（2012）的方法，将中国工业企业污染数据库与中国工业企业数据库中的其他生产和财务等相同指标数据进行合并，构建出所需的工业企业污染面板数据集。此外，对数据中以下异常值进行处理，删除了 1949 年之前开业的企业、员工人数少于 8 人的企业、固定资产大于总资产的企业、二氧化硫排放量为负或为 0 的企业。撤县设区数据则来源于行政区划网（http://www.xzqh.org/html/index.html），它详细记录了每年县级以上行政区划调整信息。

被解释变量为被撤并县工业企业二氧化硫排放量，这里选择工业企业二氧化硫排放作为研究对象的主要原因是我国是世界上二氧化硫排放量较大的国家之一，二氧化硫对生态环境和居民健康都会造成很大的危害（姜磊等，2021），我国“十一五”至“十三五”节能减排综合工作计划中均把二氧化硫视为主要减排目标，因此将二氧化硫作为研究对象更加具有代表性。另外，相比其他空气污染数据，从公开渠道获得较为详细可靠的工业二氧化硫排放数据更容易。

通过梳理现有文献，本章选择的影响企业污染排放的相关控制变量主要包括：①企业规模（size），采用企业产出的自然对数来表示；②企业年龄（age）

及其二次项，以调查年份与企业开业年份的差值及其二次项来表示；③企业出口交货值（export），以企业出口额占总营收的比重来表示；④企业产出劳动比（output labor ratio），代表企业的劳动生产率，以企业总产值与就业人数比值的对数来表示；⑤企业资本劳动比（capital labor ratio），以企业资本投入与就业人数比值的对数来表示；⑥企业工业总产值（output value），以企业总产值对数来表示。具体的变量描述可见表 7-1。

表 7-1　变量描述性统计

变量名	变量定义	平均值	标准差	最小值	最大值
$lnSO_2$	企业二氧化硫排放量	10.121	2.088	0	14.987
CCM	是否受到撤县设区的影响	0.004	0.062	0	1
size	企业规模	11.002	1.581	7.843	15.291
age	企业年龄	15.292	12.933	0	65
age^2	企业年龄二次项	401.09	666.15	0	4225
capital labor ratio	企业资本劳动比	4.250	1.272	−3.421	11.439
output labor ratio	企业产出劳动比	5.526	1.155	1.052	12.292
export	企业出口交货值	0.116	0.336	−5.067	61.790
output value	企业工业总产值	11.195	1.500	8.339	15.288

三、实证结果

1. 基础回归

本节利用多期 DID 的方法检验撤县设区所推动的多中心空间发展对被撤并县工业企业二氧化硫排放量影响的平均效应，具体结果见表 7-2。第（1）列和第（2）列中，由于异质性有可能会随着时间的推移而改变，从而造成模型遗漏掉同时随地区变化和随时间变化的不可观测因素，因此加入县（区）与时间固定效应来控制上述不可观测因素。其中，第（1）列中未加入相关的控制变量，第（2）列加入了影响企业二氧化硫排放的控制变量。为了控制企业层面的不随时间变化的因素，这时还应增加企业固定效应，以避免因遗漏变量问题可能会导致的计量结果偏误。同时避免为了控制行业和年份对研究结果的影响，还要增加行业-年份固定效应，因此第（3）列中通过增加企业固定效应以外的行业-年份固定效应来加以验证。第（4）列同时加入县（区）固定效应、企业固定效应和行业-年份固定效应，这是由于部分企业可能会发生跨县的迁移或更改了行业代码，同时加入企业、行业-年份和县区固定效应，可以考察企业跨县区迁移或行业代码调整可能带来的县（区）特征以及行业特征的变动。表 7-2 的回归结果表示，无论采用何种回归设定，核心解释变量的系数都显著为负，即撤县设区整体显著降低了企业二氧化硫排放量。从第（4）列可以看到撤县设区对被撤并县工业企业工业二氧化硫的影响比非被撤并县降低了 16.6%，这说明撤县设区的确发挥了显著的企业污染减排效应，假说 H15 得到验证。

表 7-2　撤县设区对被撤并县工业企业 SO_2 排放的影响

变量	（1）$\ln SO_2$	（2）$\ln SO_2$	（3）$\ln SO_2$	（4）$\ln SO_2$
CCM	−0.232*** （−2.95）	−0.172** （−2.37）	−0.180** （−2.50）	−0.166** （−2.28）
size		−0.215*** （−24.83）	−0.210*** （−24.34）	−0.206*** （−23.81）
age		−0.005*** （−4.06）	−0.008*** （−6.09）	−0.007*** （−5.60）
age^2		0.000*** （3.09）	0.000*** （6.12）	0.000*** （5.70）
capital labor ratio		0.436*** （68.93）	0.431*** （68.37）	0.430*** （67.87）
output labor ratio		−0.663*** （−78.95）	−0.657*** （−78.52）	−0.654*** （−77.68）
export		−0.819*** （−61.52）	−0.805*** （−60.46）	−0.799*** （−59.79）
output value		0.777*** （79.15）	0.772*** （79.03）	0.769*** （78.25）
常数项	10.122*** （331.49）	5.741*** （151.53）	5.735*** （152.03）	5.715*** （150.54）
样本量	190 429	190 409	190 429	190 409
年份固定效应	是	是	否	否
区（县）固定效应	是	是	否	是
企业固定效应	否	否	是	是
行业-年份固定效应	否	否	是	是
调整的 R^2	0.019	0.165	0.167	0.172

注：括号里为 t 值。

***、**分别表示在 1%、5%的水平上显著。

2. 稳健性检验

虽然表 7-2 基准回归结果表明，撤县设区显著降低了被撤并县工业企业二氧化硫排放量，但依然没有办法完全排除因遗漏变量所造成的反向因果和企业自选择所导致的内生性问题。为确保双重差分估计结果的可靠性，我们从多个方面进行稳健性检验。

（1）平行趋势检验。建立双重差分模型的一个重要前提是，在撤县设区实施之前处理组和控制组具有平行趋势，如果不满足这个条件，将会导致有偏估计。基于此，参照陈熠辉等（2022）的做法进行 DID 的平行趋势检验。具体而言，在回归的时候我们将政策实施前 1 年作为基准组（current），考察政策效果的前 5 年到前 2 年，以及后 6 年的变化趋势。图 7-1 检验结果显示，撤县设区改革之后，随着时间的推移，回归系数为负且绝对值逐渐增大，撤县设区改革对企业二氧化硫排放的负向促进作用也越来越显著。因此平行趋势假设得到了证实。

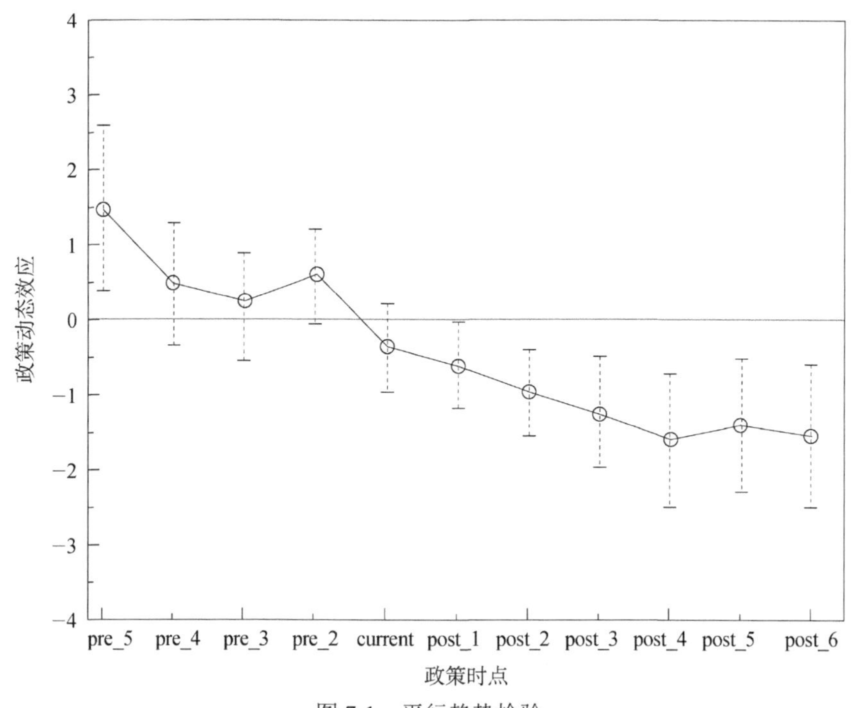

图 7-1　平行趋势检验

（2）排除省直管县政策效应的影响。在我国逐步推行撤县设区改革期间，相关的其他行政区划调整，如省直管县的改革也在逐步推进，这项改革也旨在通过减少政府治理层级来改变政府治理效率。王小龙和陈金皇

（2020）认为省直管辖改革会显著降低域内空气污染，因此我国省直管县的改革是否会扰乱或影响研究结果需要观察。表 7-3 第（1）列结果显示，撤县设区的政策影响与基础回归结果保持一致。这也表明，省直管县政策并不影响结论。

表 7-3　排除特殊政策检验

变量	（1）省直管县政策	（2）开发区政策
CCM	−0.153** （−2.28）	−0.146** （−2.18）
省直管县政策	−0.020 （−0.82）	
开发区政策		−0.063*** （−3.35）
控制变量	是	是
常数项	4.982*** （120.77）	4.982*** （120.79）
样本量	188 480	188 480
企业固定效应	是	是
行业-年份固定效应	是	是
区（县）固定效应	是	是
调整的 R^2	0.312	0.315

注：括号里为 t 值。

***、**分别表示在 1%、5%的水平上显著。

（3）排除开发区政策效应的影响。作为区位导向性政策的一种，开发区的设立同样能够显著促进区内工业企业的污染减排（张丽华等，2021），在区域层面上，开发区通过提供公共治污设施和实施严格环境规制，降低了开发区周边企业污染排放；在行业层面上，开发区企业通过产业关联对上游行业中的非开发区企业污染排放产生影响。因此考虑到其可能产生的影响，在控制各城市是否拥有国家级和省级开发区后再进行实证分析。该数据来源于《中国开发区审核公告目录》。具体结果如表 7-3 第（2）列所示，可以发现即使控制了开发区政策的影响后，回归结果依然稳健。

3. *安慰剂检验*

为充分论证按照行政区划调整划分处理组与对照组的合理性，本节将处理组与对照组随机分组，在此基础上采用式（7-1）再次回归。通过软件随机选择 737 个处理组作为“伪处理组”，并为每一个“伪处理组”个体随机抽取一个年份作为其政策时点。首先根据企业身份验证码分组，然后使用 sample 命令从每组中随机抽取 1 个年份作为“伪政策时间”，保留所抽取样本的企业 ID 编号和年份，与原数据进行匹配。由于实验组和对照组是随机分配的，我们可以预期到伪政策虚拟变量对企业二氧化硫排放的政策效应为零，否则说明我们在前文中得到的政策效果是不可靠的。同时，如果真正的撤县设区政策真的对降低企业二氧化硫有显著和积极的影响，我们可以预期真正的估计系数在安慰剂效应的左边。重复进行 500 次回归，结果如图 7-2 所示。从图中可以看出，估计系数大都集中在零点附近，大多数估计值的 p 值都大于 0.1（在 10%的水平上不显著），这表明我们的估计结果不太可能是偶然得到的，因而二氧化硫排放不太可能受到其他政策或者随机性因素的影响，再次证明了研究结果的稳健性。

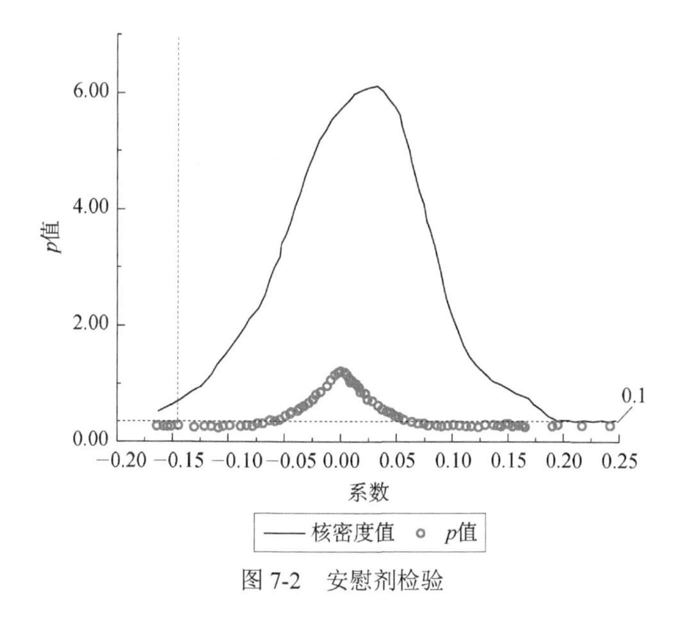

图 7-2　安慰剂检验

DID 模型可以很好地识别出撤县设区的净效应，并解决内生性问题，但不能克服样本选择偏差的问题，而倾向得分匹配（PSM）可以在非随机试验条件下很好地解决这一难题。本章将 DID 方法与 PSM 策略相结合，具体来说，我们采用三种匹配策略，即 K 近邻匹配、核匹配及半径匹配进行回归。从表 7-4 可以看到，撤县设区政策的影响在统计上是显著为负的，通过了稳健性检验。

表 7-4 双重差分倾向得分匹配

变量	（1）K 近邻匹配	（2）半径匹配	（3）核匹配
CCM	-0.579^{***} （−5.72）	-0.660^{***} （−6.99）	-0.141^{**} （−2.30）
控制变量	是	是	是
常数项	4.277^{***} （35.62）	4.876^{***} （43.89）	4.786^{***} （90.53）
样本量	120 341	143 781	121 771
企业固定效应	是	是	是
行业-年份固定效应	是	是	是
区（县）固定效应	是	是	是
调整的 R^2	0.844	0.851	0.314

注：括号里为 t 值。
***、**分别表示在 1%、5%和 10%的水平上显著。

第三节 影响机制分析

一、机制分析

上一节结果表明撤县设区可以显著减少被撤并县工业企业二氧化硫的排放量，这里基于全过程管理通过被撤并县工业企业前端控制、过程管理和末端治理来影响企业二氧化硫排放量进行检验，构造模型如下：

$$\text{Medium}_{ftci} = \beta_0 + \beta_1 \text{CCM}_{ti} + \beta_2 X_{ft} + \theta_f + \theta_t + \theta_c + \theta_{it} + \varepsilon_{ftci} \qquad (7\text{-}2)$$

式中，Medium_{ftci} 分别指工业企业前端控制、过程管理或末端治理，β_1 衡量的是撤县设区对被解释变量的影响，X_{ft} 为影响企业污染排放的其他因素。参考李治等（2024）的做法，其中前端控制分别用重点工业企业数量、重点污染行业企业数量/工业企业数量两个变量来表示，前者代表规模效应，后者代表结构效应。过程管理采用绿色发明专利申请占总专利数的比例和企业研究开发费用的对数值来表示，分别反映企业绿色创新意识和绿色技术研发。企业减排设施的数量通常作为环境污染末端治理的衡量标准（Xiao et al.，2022），因此在末端治理中分别采用企业安装脱硫治理设备数量的对数值和企业废气处理能力来代表。对于企业专利数据，在匹配中国工业企业数据库和中国企业专利数据库后，根据世界知识产权组织（WIPO）的专利清单筛选出绿色专利，然后根据工业企业的名称和年份，对专利数据与工业企业数据库进行匹配得到。企业的废气治理能力即企业每小时处理废气量，其他数据依然分别来源于中国工业企业数据库和中国工业企业污染数据库。θ_f、θ_t、θ_c、θ_{it}分别表示企业、年份、区县和行业-年份固定效应，分别用以吸收个体、年份、地区和行业-年份层面不可观测的典型特征对相同组别范围中企业的同质性冲击。ε_{ftci}表示扰动项。

表 7-5 中第（1）列表明撤县设区显著地促进了重点工业企业的退出，第（2）列结果与预想一致，撤县设区显著促进了重点污染行业企业数量占比的下降，这进一步证实了被撤并县成为新的城区会促使工业企业迁出。预期未来随着承担更多的城市功能，被撤并县在与中心城区联动发展中会优先培育服务功能，尤其随着节能服务产业、清洁服务业等产业空间的拓展使得企业二氧化硫污染可以从源头上得到治理。

表 7-5　机制检验

变量	前端控制		过程管理		末端治理	
	（1）重点工业企业数量	（2）重点污染行业企业数量占比	（3）绿色发明专利申请	（4）企业研究开发费用	（5）企业安装脱硫治理设备数量	（6）企业废气处理能力
CCM	−0.001*** （−4.79）	−0.064*** （−3.53）	0.009*** （3.79）	0.010 （0.20）	0.085*** （3.11）	0.177* （1.93）
控制变量	是	是	是	是	是	是
常数项	0.005*** （48.42）	0.474*** （50.33）	0.124*** （96.05）	0.168*** （6.57）	0.413*** （28.87）	8.989*** （193.45）
样本量	190 409	190 409	181 062	183 383	186 019	151 178
企业固定效应	是	是	是	是	是	是
行业-年份固定效应	是	是	是	是	是	是
区（县）固定效应	是	是	是	是	是	是
调整的 R^2	0.263	0.081	0.112	0.076	0.396	0.153

注：括号里为 t 值。

***、*分别表示在 1%、10%的水平上显著。

表 7-5 中第（3）列和第（4）列为过程管理结果。第（3）列可以看到撤县设区促进工业企业绿色创新能力结果显著。撤县设区会推动作为邻近城区的被撤并县和中心城区更为频繁地进行企业技术交流与人才合作，这不仅为绿色技术创新奠定了坚实的基础，也使得绿色专利申请成为可能，因此整体将促进被撤并县的企业绿色技术研发。但第（4）列显示绿色技术研发结果不显著，可能的原因是被撤并县当地企业自身研发经费有限，而且真正掌握绿色专利技术的应用还需要较长的时间，因此对创新水平的影响微不足道。

第（5）列和第（6）列分别为末端治理结果，其回归系数均显著为正。由于撤县设区将中心城区更为严格的环境规制水平扩展到了被撤并县，这增加了当地企业排污经济成本和法律风险，从而使企业愿意通过安装降污设备等方式进行自主减排并提升企业废气处理能力。值得关注的是，当该能力接近其上限时，单位环境投资可减少的污染排放量可能会逐渐下降（Tang et al.，2020），这也进一步推高企业绿色技术进步和使用更高效设备的成本，从而可能会造成通过提高末端治理水平对企业二氧化硫排放影响不显著。

二、异质性和调节效应检验

1. 异质性检验

（1）市县关系。撤县设区后被撤并县政府会失去大部分的行政和财政自主权，其中经济实力强的被撤并县政府在和中心城区政府沟通中具有更多话语权，在撤县设区政策中更有可能保持自身的独立性（罗小龙等，2010；卢盛峰等，2017）。为了检验经济实力强县和弱县的异质性影响，这里参考卢盛峰等（2017）的做法，将县级市定义为经济强县，非县级市定义为经济弱县。表 7-6 第（1）列和第（2）列分别展示了经济强县和经济弱县的撤县设区对当地企业污染减排的影响，发现前者核心解释变量系数并不显著，而后者则具有显著的负向影响。这一结果表明，经济强县依然具有较强的独立性，环境管辖权也未全部上交，辖区内的企业污染减排还未发生显著变化。经济弱县在撤并之后环境管辖权力上交，企业污染排放受到更为严格监管。

（2）监管距离。在监管部门人力、物力和财力有限的情况下，距离政府越远的企业越不容易受到监管，政府所能够获取的企业信息也就越少，这一政府监管的“距离衰减效应”使得距离政府远的企业能够在更大程度上规避政府的监管，排放更多的污染，即地理距离对企业污染排放的影响呈正向（金浩和陈诗一，2022），因此对被撤并县政府到市政府的距离进行异质性检验。表 7-6 第（3）列和第（4）列显示，对于距离中心城区政府 20～50 千米的企业，由于距离较近因此监管成本更低，企业的污染减排做得相对更好；对于距离中心城区政府大于 50 千米的企业，行政边界扩展的作用虽然为负但不再显著。这一结论也印证了刘军等（2023）认为距离中心城区越近的县越有可能被市政府选择作为撤县设区改革的对象这一结论。

（3）行业差异。为验证撤县设区政策对企业污染排放强度的影响是否在行业技术水平上存在差异，借鉴吕越等（2018）的分类方法将行业划分为高技术行业和中低技术行业。从表 7-6 第（5）列和第（6）列回归结果对比来看，撤县设区在影响高技术行业企业污染排放量方面更为显著。这是因为高技术行业企业自身绿色生产效率较高，能够充分利用行政边界扩展后集聚资源使得排污技术进步的优势，而且高技术行业企业往往是政府产业政策中鼓励并且优先发展的行业，更有可能得到政府财政、金融以及税收政策等方面的支持。在面对严格的政府环境规制时，高技术行业企业更容易抵消环境规制成本，具备推动企业转型升级的条件。

表 7-6　异质性检验

变量	（1）经济强县	（2）经济弱县	（3）20 千米<距离≤50 千米	（4）距离>50 千米	（5）高技术行业	（6）中低技术行业
CCM	0.449 （0.67）	−0.191** （−2.58）	−0.134** （−1.98）	−0.222 （−1.13）	−0.252* （−1.88）	−0.115 （−1.48）
控制变量	是	是	是	是	是	是
常数项	5.655*** （62.19）	5.714*** （135.45）	4.983*** （117.72）	4.975*** （69.13）	4.922*** （56.38）	4.996*** （105.13）
样本量	35 082	155 140	179 865	64 416	44 233	143 776
企业固定效应	是	是	是	是	是	是
行业-年份固定效应	是	是	是	是	是	是
区（县）固定效应	是	是	是	是	是	是
调整的 R^2	0.189	0.172	0.313	0.308	0.306	0.316

注：括号里为 t 值。

***、**、*分别表示在 1%、5%、10%的水平上显著。

2. 调节效应

市政府对资源要素的引导调控能力以及中心城区和被撤并县之间的发展差距都可能是影响行政边界扩展成效的重要原因，本节引入调节效应模型考察政府调控能力及中心城区首位度对企业污染减排的边界条件，该调节效应模型的构建如下：

$$\ln SO_{2fcti} = \beta_0 + \beta_1 CCM_{it} + \beta_2 Moderator_{it} + \beta_3 Interact_{ti} + \theta_f + \theta_t + \theta_c + \theta_{it} + \varepsilon_{fcti} \quad (7\text{-}3)$$

式中，β_1衡量的是撤县设区对被解释变量的影响，$Moderator_{it}$分别反映的是政府调控能力和中心城区首位度对撤县设区的影响，$Interact_{it}$是指调节变量与撤县设区虚拟变量之间的交互项，反映的是政府调控能力和中心城区首位度对撤县设区的调节效应。这里使用城市财政支出占收入的比来反映城市的政府调控能力，中心城区首位度则用中心城区生产总值占全市的比重来表示。θ_f、θ_t、θ_c、θ_{it}分别表示企业、年份、区县和行业-年份固定效应，分别用以吸收个体、年份、地区和行业-年份层面不可观测的典型特征对相同组别范围中企业的同质性冲击。ε_{fcti}表示扰动项。

表 7-7 第（1）列显示政府调控能力和撤县设区虚拟变量交互系数（Interact1）在 5%水平上显著为正，说明政府调控能力越强的市政府对被撤并县企业污染减排的政策效应也越强。行政边界扩展后市政府对被撤并县的行政管辖力度得到强化，能通过行政空间整合改善中心城区与被撤并县间市场分割与管理碎片化局面。市政府财政能力决定了其调控产业宏观布局的能力，可以利用盈余的财政对企业进行污染减排奖励补贴及设立环境保护专项引导资金，同时还可以为被撤并县先进企业绿色创新提供金融支持，为清洁技术生产提供技术和人员引进预算，即撤县设区所提供的资源优化和产业升级都可以产生更为显著的作用。

表 7-7 第（2）列中心城区首位度和政策虚拟变量交互项系数（Interact2）为 0.638，且通过了 5%水平的显著性检验。这意味着撤县设区对企业污染减排的抑制作用受中心城区首位度的正向影响。中心城区首位度越高，则原中心城区与被撤并县的发展程度差异越大，意味着势差越大。随着新老城区间行政边界的弱化，势差越大则新老城区之间土地、资本等要素的边际收益差距越大，进行跨区域的要素配置的需求潜力也就越大，因此撤县设区的红利效应更强。

表 7-7　调节效应

变量	（1）	（2）
Interact1	0.314** （2.04）	
Interact2		0.638** （2.02）
CCM	−0.155* （−1.66）	−0.202** （−2.37）
政府调控能力	0.006 （1.23）	
中心城区首位度		−0.061*** （−6.87）
控制变量	是	是
常数项	5.696*** （143.86）	5.733*** （143.13）
样本量	175 813	169 230
企业固定效应	是	是
行业–年份固定效应	是	是
区（县）固定效应	是	是
调整的 R^2	0.175	0.179

注：括号里为 *t* 值。

***、**分别表示在 1%、5%的水平上显著。

第四节　本 章 小 结

如何建立一个高效的城市体系，是当前我国决策者面临的一个迫切问题，撤县设区推动多中心空间发展正是在这种背景下提出的，而空间环境治理是对城市资源重组和开发模式的集中体现之一。本章结合 2000~2013 年中国工业企业污染数据库和中国工业企业数据库的匹配数据，利用多期双重差分法研究了撤县设区对被撤并县工业企业二氧化硫排放的影响及机制。研究发现撤县设区的确有利于降低被撤并县工业企业二氧化硫排放，说明它在扩大城市规模的同时对区域生态环境质量产生了积极影响，在全过程管理框架下这种效应主要通过前端控制和末端治理实现，过程管理效果不明显。异质性和调节效应分析发现该结果在地区经济实力、监管距离和行业性质下存在差异，政府调控能力和中心城区首位度均发挥着显著的调节作用，这为其他正在谋划通过撤县设区来实现污染减排和空间优化“双赢”的城市提供了重要启示，包括撤县设区可以有效地削弱中心城区和被撤并县之间的行政壁垒，通过优化资源配置减少被撤并县工业企业污染排放；通过撤县设区将被撤并县工业企业污染防治纳入中心城区整体产业结构调整优化，统筹加强源头、过程、末端全过程闭环治理和管控；充分释放中心城区首位度势差所带来的红利，统筹兼顾政府宏观的整体调控目标与企业微观的技术明确性，为地区工业企业污染减排和企业转型升级提供精准对策。

第八章

多中心空间发展对城市家庭能源消费的影响

第一节　相关研究和文献

居民作为城市生产生活的基本单元，已成为城市能源消费的主要贡献者之一。能否在保持城市发展的同时，通过控制日益增长的家庭能源消费来改善空气污染，成为各国面临的一项严峻挑战。城市空间结构会对家庭能源消费产生显著的影响，大多数研究认为城市蔓延式发展会使交通及居住两方面的生活能源消费及碳排放显著增加（Li et al.，2022b）。高密度、土地混合利用的城市形态有利于减少居民使用私家车以及长距离出行的需求，使居民更多地使用公共交通工具，从而降低家庭的交通能源消费及碳排放。同时，较高的城市密度（人口、建筑、经济活动）也有利于降低住宅、商场以及写字楼等用于冬季采暖、夏季降温的建筑能耗（秦波和邵然，2011）。Ewing 和 Rong（2008）的研究结果表明，在美国，居住在紧凑地区的中等家庭要比居住在蔓延地区的中等家庭每年少消费 20%左右的初级能源。此外，Glaeser 和 Kahn（2010）基于美国大都市区的研究还表明，城市规模的扩大和城市人口的集中会降低家庭的电力消费和出行能耗，导致更低的家庭碳排放水平。Wang 和 Yang（2019）探究了城市化对家庭能源消费的影响，研究发现不同的城市密度对家庭能源消费的影响存在差异，在城市密度低于 808 人/千米^2 的阶段，城市密度的增加对家庭能源消费具有正向的促进作用，而在超过阈值之后，城市密度对家庭能源消费则不存在显著的影响。

城市多中心空间结构对家庭能源消费的影响如何，当前学界仍有争议。一部分学者认为城市多中心空间结构与较低的家庭能源消费有关。例如，孙斌栋和魏旭红（2016）从理论角度对多中心城市空间结构的生态绩效做了初步的分析，认为多中心城市结构在环境友好、能源节约及环境保护和绿地防灾上具有积极效应。Yan 等（2015）认为城市多中心程度的提高会降低城市的人均能耗和单位 GDP 能耗，具有更好的生态绩效。Dissanayake 和 Morikawa（2007）认为，城市空间结构的多中心发展与更低的交通能源消费有关，在子中心可以有效吸引周边地区通勤者的前提下，多中心发展可以使汽车和摩托车的车辆行驶里程减少 18%～20%。Guang 和 Huang（2022）基于我国 253 个地级市面板数据的研究也表明，城市密度和多中心结构都与家庭能源消费显著负相关，多中心度每增加 1%，家庭能源消费降低 0.044%。但另一部分学者的研究则表明，城市空间结构的多中心化发展与家庭能源消费不存在明显关系，甚至有可能增加家庭能源消费。Lo（2016）基于经济合作与发展组织 24 个大都市区的研究表明，城市多中心化对驾驶和能源消耗没有显著影响，这可能是因为坚持“可持续生活方式”的个人选择生活在对能源和燃料需求较低的地方，或者他们减少能源的使用更多是因为经济原因而不是环境原因。Lee 和 Lee（2014）在研究中提出，城市多中心结构可能通过减少制冷度日数从而缓解家庭的电力需求及二氧化碳排放，但这种影响的程度太小，不足以产生任何有意义的支持政策。

目前学界普遍认为，城市空间结构与家庭能源消费之间并不存在直接的关系，而是通过各种中介因素对其产生影响，即城市空间结构可以通过影响家庭住宅的区位选择与类型、出行习惯以及城市气温及热岛效应等方式，对家庭的供暖、电器使用、出行等能源消费行为施加影响（杨磊等，2011；叶玉瑶等，2012）。

（1）住宅选择。虽然住房选择与家庭的经济水平、人口规模以及教育背景等特征有密切关系，但城市空间结构可以通过影响居住用地供应、地价等要素来影响住宅所处的区位、类型以及面积，从而对家庭住宅能耗产生影响，进而影响居民住宅选择。

在住宅区位的相关研究中，Rickwood 等（2008）和 Strømann-Anderson 等（2011）的研究结果表明，城市空间结构会对 10%～30%的建筑能耗产生影响，而不同城市空间结构下建筑能耗的差异可达1.8～6倍。Norman等（2006）发现居住在低密度郊区的人口的人均能耗与碳排放是高密度中心区人口的2～2.5倍。Liu和Sweeney（2012）基于爱尔兰首都都柏林的研究发现，与分散地区相比，居住在紧凑发展地区会使家庭取暖能耗降低16.2%，并使得与能源相关的二氧化碳排放显著减少。在探究影响机制的研究中，郑思齐等（2011）研究发现，容积率高的社区住宅直接暴露于外界的表面积较小，有助于减少室内外热量交换，由此降低了居民的用电量与碳排放水平。此外，老旧住宅的保温隔热性能差，而且使用电器的节能技术含量低，导致能耗和碳排放更高。

城市空间结构也会通过影响住宅的建筑面积对家庭的能源需求产生影响。范进（2011）的研究表明，建筑密度较低的地区往往拥有较大的房屋面积，由此也会产生更多照明以及温度调节的能源需求。Nichols和Kockelman（2014）发现，与紧凑密集的城市中心区相比，居住在郊区的家庭拥有更高的平均居住空间，这不仅导致了更多的住宅运行能源消耗，还带来了更多的住宅建设能耗。吴巍等（2018）认为在住宅层高一定的情况下，更大的建筑面积往往需要更多的能源来满足室内制冷和采暖的需求。此外，较大的住宅通常会使用更多的电器设备，因此也会带来电力消费的增加。

在住宅类别的相关研究中，Anderson等（1996）及Holden和Norland（2005）提出，高密度和垂直的城市开发有利于发展低能耗住房，如多层公寓楼、半独立式住宅和多户住宅，从而促进环境的可持续。与分散的城市相比，这些居住空间在温度调节和照明方面的能源需求可能更低，其建设模式使得居民能更有效地享受区域供暖服务。Glaeser和Khan（2010）认为城市空间结构紧凑的地区公寓及联排式住房较多，而独立式住宅较少。这是因为紧凑地区对土地供给有较强的约束，致使土地价格上涨。Kaza（2010）的研究也证明了房屋类型对能源需求存在显著影响。相比多户住宅，独立式住宅产生了更多的能源需求。此外，Jia等（2020）对香港地区的实证研究证实了建筑层高也会对家庭能源消费产生影响，受居民开窗通风及空调使用等行为习惯的影响，居住在20层及以下住户的月度电费在春季、夏季和秋季比高层住户高出26%，但在冬季基本相同。

（2）居民出行方式及距离。城市空间结构会对居民的出行方式及出行距离产生影响，进而影响家庭的交通能耗（李治等，2017）。Brownstone和Golob（2009）对美国加利福尼亚家庭燃料影响因素研究表明，住宅密度增加40%会使家庭燃料使用降低 5.5%，其中 3.8%来自驾驶减少，1.7%来自车辆选择。刘定惠（2015）基于过剩通勤理论，构建了城市空间结构对居民通勤行为的影响度公式，发现城市形态对成都市与兰州市居民通勤行为的影响度分别为 26.60%与 36.93%。在城市空间结构对居民出行方式的研究中，Liu 和 Shen（2011）的研究发现更紧凑的城市往往具有更短的通勤距离，使得居民更倾向于选择更节能的出行模式（如步行、骑自行车和公共交通等）。郑思齐等（2010）重点分析了城市形态对于居民购车意向及私家车碳排放的影响。研究表明，居住分布与城市公共品分布的空间匹配程度越高，家庭拥有私家车的概率越小；私家车出行成本越低，就业可达性越差，居民交通能耗及碳排放就越高。Park 等（2020）确定了美国 28 个大都市地区的 589 个中心区，并研究了居住在这些中心区的家庭的出行行为。他们发现居住在中心区的家庭比居住在中心区之外的家庭私家车日均行驶里程少 5.2 英里[①]，居住在中心区的家庭每天的步行次数也比居住在中心区外的家庭多 0.21 次。Ma 等（2015）在研究中提出地铁可达性是指居民能够方便快捷地到达地铁站，并借助地铁系统进一步到达目的地的程度，而较高的工作密度、靠近就业中心和地铁可达性高可以显著鼓励以工作为目的的低碳出行，而较高的零售网点密度、混合土地利用和地铁可达性高则鼓励以非工作为目的的低碳出行。Ewing 等（2019）基于美国 6 个交通导向型发展的城市的研究表明，相比其他地区，交通导向型发展的城市可以降低 50%或更多的车辆出行和高峰停车需求。然而在城市空间结构对居民出行距离的研究中，Azaria 等（2013）发现，在未来 40 年里，城市增长边界可能会使人均车辆行驶里程减少 25%。Zhang 等（2009）与 Pang（2014）对美国得克萨斯州奥斯汀市的 42 处土地混合利用开发地区的研究表明，相比其他地区，居住在土地混合利用开发地区的家庭工作通勤距离缩短了 1.9 英里，而非工作出行距离缩短了 0.65 英里，非家庭工作出行距离缩短了 1.2 英里。同时居住在土地混合利用开发地区的居民中未拥有私家车或只拥有 1 辆私家车的家庭比其他地区的更多。Jun（2000）和 Jun 等（2001）的研究表明：首尔市的多中心发展显著增加了分中心地区工人的平均通勤时间，也使得新区居民的平均通勤距离明显高于老区居民。

（3）城市气温和热岛效应。由于城市热岛效应和微气候会对住宅的供暖和制冷能耗产生影响，因此，将二者作为中介因素的定量研究也成为城市空

① 1 英里=1.61 公里。

间结构与家庭能源消费关系研究的一个重要分支（冷红等，2020）。城市的树木草地以及其他地表覆盖物会通过改变城市热环境而对住宅能耗产生影响（Arthur et al.，1998）。城市中建筑的高度以及密度、布局都会导致城市的热岛效应强度、通风效率与微气候产生变化，进而对建筑的控温能耗产生影响（Petralli et al.，2014；Martins et al.，2019）。Kamal 等（2021）基于卡塔尔国的卢塞尔市研究表明，在一定条件下，增加建筑施工导致的研究区域建筑密度增加使研究区域住宅建筑的制冷消耗增加超过 11 000 千瓦时，而增加绿化只能节省约 250 千瓦时。Ewing 和 Rong（2008）预计受城市热岛效应的影响，美国居住在紧凑型地区的中等收入家庭比居住在蔓延型地区的中等收入家庭每年少消费 140 万英热单位①的初级能源。Martins 等（2019）对法国图卢兹市的研究表明建筑群中建筑高度离散程度的增大可显著降低建筑因供暖而产生的能源需求，每年降低近 40 千瓦时/米^{3}的能耗。在气候特征因素方面，Li 等（2018）研究发现气温变化对居民用电量的影响存在显著的区域差异，受华北地区冬季集中供暖系统和夏季高温持续时间等因素的影响，无论在夏季还是冬季，温度变化对北方地区家庭用电量的影响都小于南方地区。Li 等（2019）在研究中提出，当气温位于 13～25℃这一舒适范围内时，气温变化对居民用能行为无显著影响；但当气温超过这一范围后，温度的变化就会显著提高居民的用电需求。刘明辉等（2022）评估了温度变化对我国家庭能源消费的影响。结果表明全年制冷度日数和采暖度日数平均每增加 1℃会使家庭电力消费分别增加 20%和 8.5%，夏季温度升高造成的影响远大于冬季温度下降。

第二节　城市空间结构与家庭能源消费的测度及特征分析

本节首先对城市空间结构与家庭能源消费的数据来源、研究单元与指标构建方法进行了说明；然后对研究城市的空间结构和家庭能源消费的特征进行分析，并通过绘制关系图及非线性散点图的方式，初步探究城市多中心空间结构与家庭能源消费之间的关系。

① 英热单位（British thermal unit）是英美等国家一种用来计算热量的单位，为将 1 磅液态水的温度提高 1 华氏度（℉）所需的热量，约等于 1055 焦耳。

一、数据来源及处理

1. 城市空间结构的数据来源及处理

在以往研究中，城市空间结构的认知和测度主要基于人口、就业、土地利用、兴趣点（POI）等城市要素。本章用来测度城市空间结构的数据来源于英国南安普敦大学地理和环境科学学院的 World Pop 全球人口分布数据集，分辨率为 1 千米×1 千米。该数据集基于卫星图像、地面普查数据和其他遥感数据，将全球的人口空间分布进行分类，并将其作空间可视化处理，以支持对全球人口动态的研究和分析。获取研究区域人口信息的具体流程包括导入研究城市及市内区级矢量行政区划边界；然后使用“裁剪”工具将人口数据裁剪为行政区域边界范围内的数据。在完成上述步骤后，使用“分区统计”或“以表格显示分区统计”工具来计算研究城市的总人口数和每个区的总人口数。在此过程中，需要指定行政区域数据作为区域边界，并指定人口数据图层作为统计图层。由此获取 2014 年研究城市的总人口及下属每个区的总人口。需要注意的是 World Pop 人口栅格数据集存储类型是浮点型，因此在统计人口时可能会出现小数位。对于可能出现的误差，本章通过《中国城市统计年鉴》的人口数据来修正，以获取更准确的人口空间分布情况。具体步骤是用统计年鉴人口除以 World Pop 统计人口数，得到修正系数 x。使用“栅格计算器”按照该公式进行计算：（World Pop 统计研究城市总人口图层）$\times x$，然后得到一个新的栅格图层，该图层即为修正后的人口数。

2. 家庭能源消费的指标构建

家庭能源消费数据来自中国人民大学的 2014 年中国家庭能源消费调查（CRECS）[①]，其覆盖了我国 28 个省（不含西藏、青海、新疆、香港、澳门和台湾）、84 个市共计 3863 户城乡居民。本章对研究数据进行了以下处理：①由于本章的研究范围主要聚焦于城市区域，根据研究需要，本章仅保留了该套数据中户口登记状况为非农业户口的家庭样本；②删除关键变量录入错误、缺失的家庭样本。经过上述筛选后，本章最终选取了 84 个城市（包括直辖市、主要省会城市、地级市和部分县级市）的 1520 户城镇家庭作为研究样本。

在住宅能源消费的计算中，本章重点关注三类主要的家庭能耗来源，即住宅用电、室内供暖以及家庭燃料。基于此，本章构建了一个核算框架用以

---

① 目前公开数据只到 2014 年。

估算一个城市家庭在 2014 年的室内能源消费情况。核算框架如下：

$$Energy_{household} = EC_{ele} + EC_{heating} + EC_{fuel} \tag{8-1}$$

其中，$Energy_{household}$ 表示家庭室内能源消费总量，EC_{ele}、$EC_{heating}$、EC_{fuel} 分别表示因住宅用电、室内供暖、家庭燃料而产生的能耗，其中家庭燃料包括蜂窝煤、煤块、液化石油气、管道天然气及管道煤气。

城市家庭的能源消费总量为家庭室内能源消费和交通能源消费的总和，故家庭能源消费总量的计算框架如下：

$$Energy_{total} = Energy_{household} + Energy_{car} \tag{8-2}$$

其中，$Energy_{total}$ 表示家庭能源消费总量，$Energy_{household}$ 表示家庭室内能源消费量，而 $Energy_{car}$ 表示家庭使用私家车产生的能源消费量。

二、城市空间结构与居民能源消费的关系分析

1. 居民能源消费的特征分析

利用家庭能源消费调查数据及《中国能源统计年鉴》数据，本章计算并整理出研究城市的家庭平均能源消费量，总结出如下特征。

我国家庭平均能源消费量最高的 10 个城市为长治市、沧州市、徐州市、北京市、深圳市、太原市、漳州市、黄山市、三明市和沈阳市；家庭平均能源消费量最低的 10 个城市为汉中市、泸州市、乐山市、临沂市、鹰潭市、恩施土家族苗族自治州、玉溪市、武汉市、南充市和烟台市。从区位来看，家庭平均能源消费高的地区多位于我国的北部（如沈阳市、沧州市），这些地区冬季气候较为寒冷，集中供暖成为这些地区家庭能源消费的重要贡献者。晋晶等（2020）的研究中表明，相较于分户自供暖住户，集中供暖使每个供暖季的能源消费增加了 908 千克标准煤。从城市规模来看，特大及超大型城市通常具有更高的家庭能源消费水平（如北京市、深圳市），这些城市经济发达，具有较高的收入水平及私家车保有率，使得居住在这些城市的家庭拥有更高的电力消费和私家车出行能耗。此外，太原市、长治市这类资源密集型城市也拥有较高的家庭能源消费量，这可能与这些地区矿产资源丰富，煤炭等能源价格低有关。家庭能源消费水平较低的城市大多集中在我国的西南地区（如恩施土家族苗族自治州、南充市、泸州市），这些城市气候温和，冬季没有因集中供暖而产生的能源消费。同时，这些城市样本家庭的私家车保有率也较低，家庭因使用私家车而产生的能源消费十分有限。

2. 城市空间结构与居民能源消费的关系

基于对城市家庭能源消费特征进行的讨论，下面对城市多中心空间结构与家庭能源消费是否存在关系进行分析。首先，做了城市首位度指数与家庭能源消费量（计量单位为千克标准煤）的关系表（表8-1）。可以看到城市的多中心程度与家庭能源消费存在近似相关性，说明家庭能源需求的降低与城市空间结构的多中心化发展不无关系。

表 8-1 城市空间结构与家庭能源消费的关系

城市	首位度指数	家庭能源消费量	城市	首位度指数	家庭能源消费量	城市	首位度指数	家庭能源消费量
七台河市	0.509	2446.51	长治市	0.218	4041.02	福州市	0.173	2231.77
鹰潭市	0.485	1125.00	呼和浩特市	0.215	1638.19	信阳市	0.169	2680.78
铜川市	0.449	2780.03	延安市	0.215	1841.65	商丘市	0.168	1565.29
眉山市	0.421	1748.57	玉溪市	0.214	672.00	柳州市	0.159	1945.39
日照市	0.350	5775.09	太原市	0.212	3260.73	邵阳市	0.156	2723.37
安顺市	0.336	2272.66	上海市	0.210	1743.16	怀化市	0.156	1637.83
吴忠市	0.322	3107.18	孝感市	0.209	1410.18	郴州市	0.155	2330.77
蚌埠市	0.312	1920.00	乐山市	0.204	1176.43	济宁市	0.152	2530.44
铁岭市	0.311	3138.08	阜阳市	0.202	1608.00	南充市	0.149	560.00
常州市	0.307	3020.50	西宁市	0.201	2219.30	昆明市	0.149	1478.40
宣城市	0.302	1840.00	泸州市	0.200	1152.86	汉中市	0.149	1320.00
汕头市	0.301	840.00	上饶市	0.198	2386.93	南京市	0.145	914.40
黑河市	0.292	2564.76	长春市	0.195	2154.44	武汉市	0.144	667.20
黄山市	0.288	3442.49	宜宾市	0.193	1386.17	三明市	0.139	3172.47
漯河市	0.279	2013.33	宁波市	0.193	2478.54	运城市	0.134	2399.87
葫芦岛市	0.277	2179.88	大理白族自治州	0.192	2759.04	遵义市	0.133	1511.66
兰州市	0.270	2217.41	崇左市	0.191	5392.00	烟台市	0.130	480.00
湖州市	0.269	1999.70	襄阳市	0.190	1535.60	临沂市	0.129	1125.49
深圳市	0.262	4045.44	广州市	0.190	2339.03	周口市	0.123	1911.16
昭通市	0.257	2070.00	漳州市	0.189	3307.05	沧州市	0.118	3978.86
玉林市	0.246	1560.00	朝阳市	0.189	2477.28	齐齐哈尔市	0.117	1785.29

续表

城市	首位度指数	家庭能源消费量	城市	首位度指数	家庭能源消费量	城市	首位度指数	家庭能源消费量
宜春市	0.244	1416.00	庆阳市	0.187	1822.57	洛阳市	0.114	1533.60
松原市	0.244	600.00	吉林市	0.187	1388.42	哈尔滨市	0.112	2159.14
泰安市	0.239	2322.65	沈阳市	0.185	2658.16	唐山市	0.111	2581.72
恩施土家族苗族自治州	0.227	720.00	天津市	0.182	2747.36	赣州市	0.102	1826.44
扬州市	0.223	2005.38	徐州市	0.179	2851.36	成都市	0.097	840.00
连云港市	0.218	3273.03	杭州市	0.179	1836.39	邯郸市	0.092	2086.03
贵阳市	0.218	2549.11	北京市	0.177	2990.58	重庆市	0.054	2034.84

为了更加直观地展示城市多中心空间结构与家庭能源消费之间的关系，本章还绘制了研究区域城市多中心空间结构与家庭能源消费之间的非线性散点拟合图（图 8-1）。图中横坐标是反映城市多中心程度的首位度指数（Primacy 指数），该数值越大说明城市空间结构的单中心程度越大，反之则说明城市空间结构更倾向于多中心化发展，纵坐标为城市家庭平均能源消费量。从图中可以看到，随着首位度指数不断增加，即随着单中心程度增加，家庭平均能源消费量不断上升；而多中心程度高的城市往往保持着相对较低的家庭能源消费水平，这与前文的分析结论保持一致。

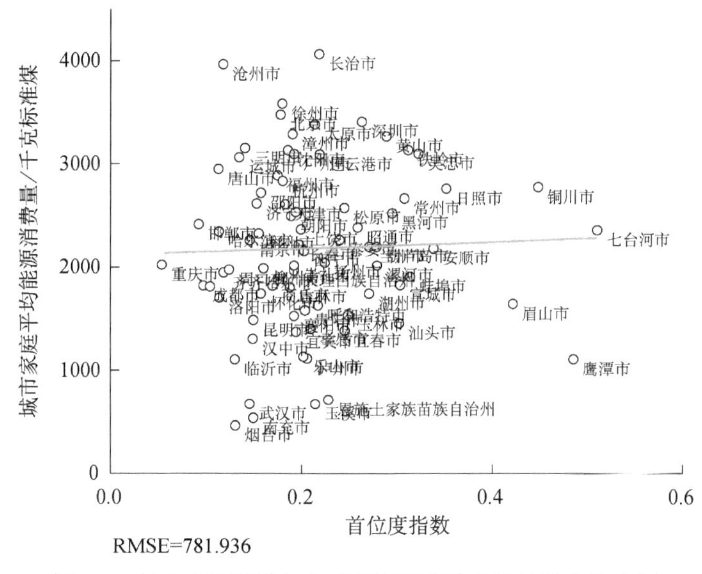

图 8-1　城市空间结构与家庭能源消费的非线性散点拟合图

不同区域家庭的能源需求和使用习惯不同。为了进一步验证不同区域城市多中心空间结构与家庭能源消费之间的关系，本节将研究城市按“秦岭—淮河”分界线进行了划分，得出城市空间结构与家庭能源消费的非线性散点拟合图（图 8-2）。

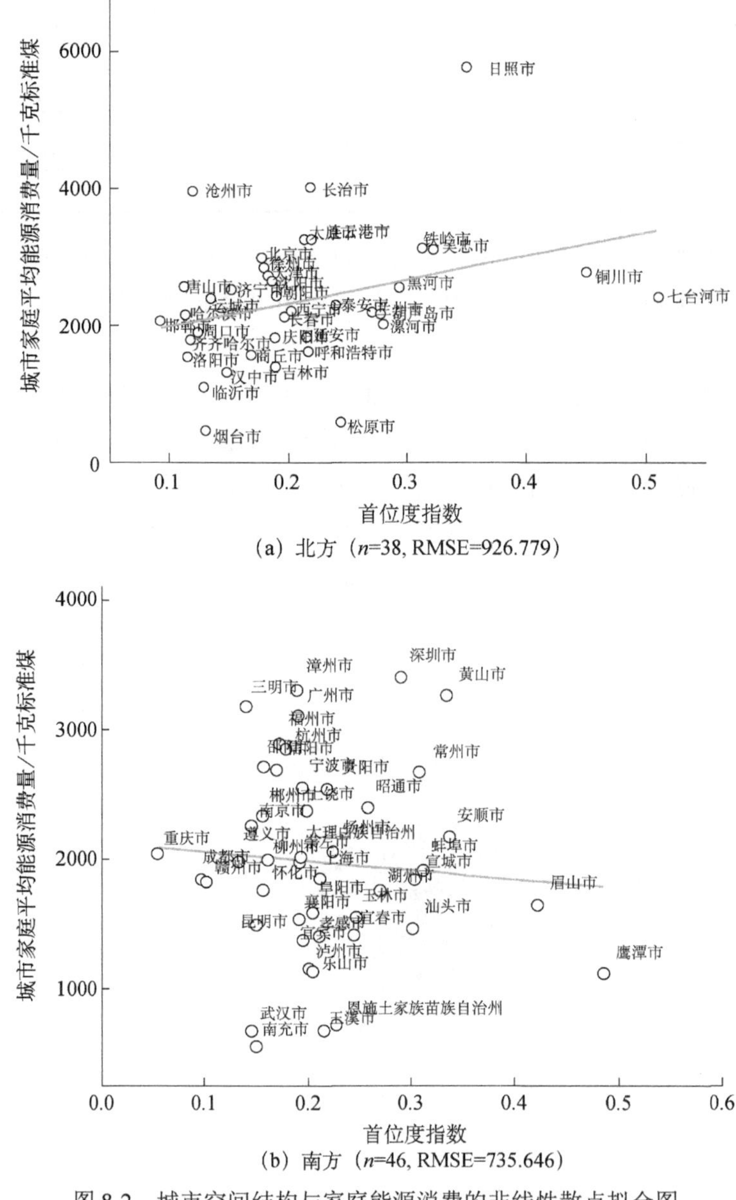

（a）北方（n=38, RMSE=926.779）

（b）南方（n=46, RMSE=735.646）

图 8-2 城市空间结构与家庭能源消费的非线性散点拟合图

观察图 8-2（a）可以发现，北方城市的家庭平均能源消费量与首位度指数（Primacy）成正比，即北方城市的家庭能源消费量会随着城市首位度的增加而增加，或者随着城市多中心程度的增加而降低。从图 8-2（b）看到，南方城市家庭平均能源消费与城市首位度指数成反比，即对于南方城市来说，城市空间结构的多中心化发展反而与家庭能源消费的增长有关。由于本节绘图使用的仅是各城市样本家庭能源消费的平均值，易受样本数以及极端值影响，数据的代表性有限，因此这一结果还有待进一步检验。

3. 实证模型与变量选取

多层模型最早由 Lindley 和 Smith 提出，是一种基于存在层次结构特征的数据，根据方程成分分析所提出并逐渐发展起来的统计模型（翟淑敏，2020）。其设定是可以在同一个模型中容纳具有多个数据层次自变量的一类回归。如果数据结构包含多个分析层次，那么多层模型允许连立估计一层和二层及以上自变量对因变量的影响。或者也可以将多层模型视为第一层结果模型和第一层系数模型的组合，其中后者要使用第二层的变量（Gelman and Hill，2007）。众多研究表明，与线性模型相比，对于具有多个层次结构的分析数据，使用多层回归模型展开分析后取得的研究结果更为全面与准确。正因如此，使用多层回归技术进行跨层分析研究已变得越来越流行（Franzen and Meyer，2010；Gelissen，2007；Marquart-Pyatt，2012）。陆杰华和汪斌（2022）基于 2018 年中国老年健康影响因素跟踪调查数据将社会经济地位、生活方式以及流行病学因素等相关微观数据与社区环境、城乡发展情况和老龄政策等宏观因素纳入多层模型中，实证探究了乡村振兴背景下农村老年人健康老龄化的影响机理。韩会然和杨成凤（2019）利用多层模型分析了北京都市区居住与产业用地空间格局对居民通勤行为的影响，结果表明土地利用格局对居民的通勤行为存在显著影响，产业用地和居住用地密度的提升有利于缩短居民的通勤时间以及通勤距离。本章将中观层面的城市空间结构与微观层面的家庭能源消费对应起来，通过建立涵盖家庭能源消费与城市多中心空间结构两个不同层面的多层模型，探究城市多中心空间结构对家庭能源消费的影响。

1）多层模型的基本原理

首先采用多层模型中的空模型（The Null model）分析，以验证居民家庭能源消费在城市间的差异是不可忽略的，该模型的一般形式如下：

一层模型：
$$Y_{ij} = \beta_{0j} + e_{ij} \tag{8-3}$$
二层模型：
$$\beta_{0j} = \gamma_{00} + \eta_{0j} \tag{8-4}$$
组合模型：
$$Y_{ij} = \gamma_{00} + \eta_{0j} + e_{ij} \tag{8-5}$$

空模型中不包含任何自变量，一层模型表示微观层面上的因变量，式中Y_{ij}为微观家庭组第j组中个体i的具体数值，β_{0j}表示截距，即第j组中被解释变量的均值。e_{ij}表示一层模型中被解释变量的随机扰动项，即家庭围绕第j组均值存在的差异；二层模型表示宏观层面上的因变量，γ_{00}表示样本Y_{ij}的总体均值，η_{0j}表示二层模型中被解释变量的随机扰动项。将二层模型带入一层模型中，最终得到组合模型。其中e_{ij}、η_{0j}均服从正态分布，e_{ij}的方差为σ^2，η_{0j}的方差为$\sigma_{\eta_0}^2$。

检验是否需要使用多层线性模型的一般统计准则是基于组内相关系数（intraclass correlation coefficient，ICC）的计算，其计算公式如下：

$$\rho = \frac{\sigma_{\eta_0}^2}{\sigma_{\eta_0}^2 + \sigma^2} \tag{8-6}$$

组内相关系数 ICC 即地区间方差占样本总方差的比重，即城市间家庭层面方差占整体家庭层面能源消费方差的比重，该系数介于 0 到 1 之间。在构建多层模型时，首先要计算组内相关系数的大小，若 ICC 的值大于或等于 0.059，说明城市之间的相对差异较大，有必要使用多层模型进行分析。如果 ICC 的值小于 0.059，则说明使用 OLS 回归模型即可，无需使用多层模型进行分析（Cohen，1988）。

已有研究表明，多层次的横截面分析更适用随机截距模型（Gelissen，2007）。在该模型中微观层面和城市层面的因变量平均值有所不同，随机效应的分析一般都会考虑随机截距，即将截距设置为随机截距，而个体层面的系数则不允许变化。因此，在同时加入第一层微观层面以及第二层宏观层面的解释变量之后，多层模型的具体形式如下：

一层模型：
$$Y_{ij} = \beta_{0j} + \beta_{\theta j}X_{\theta ij} + e_{ij}, \theta = 1, 2, 3, \cdots \tag{8-7}$$
二层模型：
$$\beta_{\tau j} = \gamma_{00} + \gamma_{0\tau}W_{\tau j} + \eta_{0j}, \tau = 1, 2, 3, \cdots \tag{8-8}$$
组合模型：
$$Y_{ij} = \gamma_{00} + \gamma_{0\tau}W_{\tau j} + \beta_{\theta j}X_{\theta ij} + (\eta_{0j} + e_{ij}) \tag{8-9}$$

2）多层模型中的变量分类及说明

家庭层面的变量中，本章首先引入城市家庭能源消费量作为因变量。其次，家庭特征与家庭能源消费之间存在着紧密的联系。因此，本章选取家庭人口特征、经济水平以及家庭住房特征等家庭特征指标作为微观家庭层面的控制变量（Li et al.，2018；Ewing and Rong，2008）。其中，家庭人口特征主要包括户主性别、户主年龄、户主民族、家庭人口规模、家庭平均受教育年限；本章构建了家庭月均收入的二元变量以反映受访家庭的经济水平；住房特征主要由住宅建筑年龄的虚拟变量表示。

本章研究城市多中心空间结构对家庭能源消费的影响，因此在城市层面变量中，本章首先选取反映城市单中心/多中心程度的指标 Primacy 指数。同时，城市规模与家庭能源消费也存在着紧密的联系。在不同的城市规模下，城市空间结构对家庭能源消费的影响可能存在差异（Guang and Huang，2022）。因此，本章选择城市规模作为控制变量，并以城市建成区面积（city area）作为反映城市规模的指标，数据来源于《中国城市统计年鉴 2015》，完整的变量描述性统计见表 8-2。

表 8-2　变量描述性统计

类别	变量	样本量	变量单位或说明	平均值	最小值	最大值
家庭能源消费	家庭能源消费量	1520	千克标准煤（kgce）	2290.652	12	19 200
家庭人口特征	户主性别	1520	户主性别为男=1，户主性别为女=0	0.480	0	1
	户主年龄	1520	岁	50.59	17	92
	户主民族	1520	户主为少数民族=1，户主为汉族=0	0.095	0	1
	家庭平均受教育年限	1520	年	10.971	0	19
	家庭人口规模	1520	人	2.75	1	10
家庭经济水平	家庭月均收入	1520	家庭月均收入在 3000 元以下=1，反之=0	0.216	0	1
	家庭月均收入	1520	家庭月均收入介于 3000 至 8000 元=1，反之=0	0.441	0	1
	家庭月均收入	1520	家庭月均收入在 8000 元以上=1，反之=0	0.343	0	1
住房特征	住房年龄在 10 年内	1520	住房年龄在 10 年内=1，反之=0	0.336	0	1

续表

类别	变量	样本量	变量单位或说明	平均值	最小值	最大值
住房特征	住房年龄在 10 年至 20 年间	1520	住房年龄在 10 年至 20 年间=1，反之=0	0.343	0	1
	住房年龄在 20 年至 30 年间	1520	住房年龄在 20 年至 30 年间=1，反之=0	0.174	0	1
	住房年龄在 30 年以上	1520	住房年龄在 30 年以上=1，反之=0	0.101	0	1
城市层面	Primacy	84	0～1	0.193	0.054	0.509
	City area	84	千米^2	4834.788	24	1563

3）多层模型的构建

在构建多层模型之前，需要检验不同城市间家庭的能源消费是否存在明显差异。只有在存在明显差异的情况下，构建多层模型才是有必要的。因此本章通过构建空模型来计算组内相关系数（ICC），模型运行结果显示，ICC 系数为 $0.065 \times [521.585^2/(521.585^2+1978.620^2)]$，大于 Cohen（1988）所提出的 0.059 且具有统计学意义，表明适度比例的家庭能源消费的差异可以归因于城市之间的差异，使用多层线性模型是探究城市多中心空间结构对家庭能源消费影响的合适方法。在加入城市层面及家庭层面的其他解释变量后多层模型变为如下内容：

家庭层面：

$$\ln Y_{ij} = \beta_{0j} + \beta_{1j}\text{Pop}_{ij} + \beta_{2j}\text{Inc}_{ij} + \beta_{3j}\text{Resi}_{ij} + e_{ij} \tag{8-10}$$

城市层面：

$$\beta_{0j} = \gamma_{00} + \gamma_{01}W_j + \eta_{0j} \tag{8-11}$$

组合模型：

$$\ln Y_{ij} = \gamma_{00} + \gamma_{01}W_j + \beta_{1j}\text{Pop}_{ij} + \beta_{2j}\text{Inc}_{ij} + \beta_{3j}\text{Resi}_{ij} + (\eta_{0j} + e_{ij}) \tag{8-12}$$

其中，$\ln Y_{ij}$ 为第 j 个城市第 i 户家庭的能源消费量的自然对数。Pop_{ij} 表示家庭层面的人口特征变量，包括户主性别、户主年龄、户主民族、家庭平均受教育年限、家庭人口规模；Inc_{ij} 表示家庭经济水平变量，分别包括月均收入介于 3000 至 8000 元、月均收入在 8000 元以上；Resi_{ij} 表示家庭住宅特征变量，包括住宅建筑年龄的二元变量。W_j 是第 j 个城市的城市空间结构指标，包括城市首位度指数以及城市建成区面积的自然对数。

第三节　影响效应分析

本节通过建立多层回归模型实证分析城市多中心空间结构对家庭能源消费的影响，并通过替换空间结构指数的方式进一步验证多层模型结果的稳健性。

一、基准回归

在多层回归模型中，本节将家庭能源消费量作为因变量，将城市空间结构作为自变量，探究城市多中心程度对家庭能源消费的影响。城市空间结构指标及相关控制变量的回归系数及显著性情况如表 8-3 所示。

表 8-3　城市多中心空间结构对家庭能源消费的多层回归结果

	解释变量	系数	标准差	Z 统计量
城市层面变量	ln（Primacy）	0.352^{**}	0.158	2.22
	ln（City area）	-0.069^{*}	0.037	−1.85
家庭层面变量	户主性别	−0.016	0.073	−0.22
	少数民族	0.180	0.169	1.06
	户主年龄	0.003	0.003	1.13
	受教育年限	0.043^{***}	0.011	3.86
	家庭人口规模	0.098^{***}	0.029	3.37
	月均收入介于 3000～8000 元	0.127	0.099	1.28
	月均收入大于 8000 元	0.353^{***}	0.112	3.15
	住房年龄在 10 年内	0.052	0.109	0.48
	住房年龄在 10～20 年	0.207^{**}	0.100	2.07
	住房年龄在 20～30 年	-0.250^{**}	0.112	−2.24
常数		6.904^{***}	0.411	16.78
家庭数量		1520		
城市数量		84		

注：参考虚拟变量包括家庭月均收入小于 3000 元、家庭住房年龄在 30 年以上，其中 3000 元包含在该区间；Ln=natural log（自然对数），下同。

***、**、*分别表示在 1%、5%、10%的水平上显著。

多层模型的结果揭示了城市多中心空间结构对家庭能源消费的影响。在控制了其他协变量后，首位度指数的系数显著为正，也就是说城市空间结构的多中心化发展有利于降低家庭能源消费。从具体数值来看，城市多中心度每增加 1%，家庭能源消费总量降低 0.352%，假说 H16 得到验证，而且该结果与阎宏和孙斌栋（2015）的研究结论相近，但与 Lee 和 Lee（2014）等基于欧美发达国家的研究结果存在明显差异。此外，城市规模在 10%的水平下显著为负，这意味着城市规模的扩大与家庭能源消费的降低有关。

除了城市层面的变量外，家庭收入、家庭平均受教育程度也对居民的用能行为存在显著的影响。具体来说，家庭月均收入与家庭平均受教育程度的提高均与更高的家庭能耗相关，表明收入水平和受教育程度高的群体更追求生活舒适度，甚至存在过度消费现象，可持续消费观念尚未形成（孙岩，2013）。家庭人口规模的回归系数为 0.098，说明家庭人口规模越大，家庭的能源需求越多。与 Ewing 和 Rong（2008）基于美国大都市区的研究结果不同，本章的研究结果显示民族与家庭能源消费之间并不存在显著关系。这说明，在我国少数民族与汉族在家庭能源消费量上没有显著区别。此外，户主年龄的回归系数不显著，说明家庭能源消费与户主年龄之间并不存在明显的关系。这与童泉格等（2017）对澳大利亚悉尼市家庭能耗的研究结论不一致，他们发现居民年龄越大，人均能源消费越高，此现象主要由老年人的生活方式引起，尤其是老年人倾向于居住在更加温暖以及封闭性良好的建筑里，并且在住宅里停留时间更久，户外活动及工作时间相对其他群体更少，导致家庭人均能源消费较大。相对而言，我国家庭老年人喜欢居住在温暖适度的建筑里、喜欢更多户外活动而不愿意在住宅停留太长时间，因此回归结果不显著。

二、稳健性检验

基准回归虽然发现了城市空间结构的多中心化发展对家庭能源消费的抑制作用，但模型的估计结果可能受到多种因素的影响。例如，所有空间结构指标的设计都是为了体现研究区域的空间结构特征，但由于刻画的重点不同，指标之间也略有差异。以往研究表明，不同的空间结构测度指标可能会影响估计结果的稳定性（韩帅帅，2020；张婷麟，2019）。为了验证基准回归结果是否稳健，本章将其余两个空间结构指标依次放入模型进行测试，如果所有指标的多层回归结果均保持一致，那么就可以说明空间结构对家庭能源消费的影响是稳健的，不会随着测度方式的不同而产生变化。在表 8-4 中，本节将城市市域层面的空间结构指数首位度（Primacy）依次替换为赫芬达尔指数（HHI）及基尼系数（Gini）。结果显示，经过核心自变量空间结构指数的不同替换策略检验，多层模型的结果依然稳健，在市域尺度上，城市多中心空间结构与更低的家庭消费水平相关。

表 8-4　替换空间结构指标的多层回归结果

解释变量		（1）	（2）
城市层面变量	ln（HHI）	0.309** （2.12）	
	ln（Gini）		0.394** （2.46）
	ln（City area）	−0.064* （−1.67）	−0.059** （−2.23）
家庭层面变量	户主性别	−0.016 （−0.23）	−0.016 （−0.21）
	少数民族	0.183 （1.08）	0.097 （0.56）
	户主年龄	0.003 （1.17）	0.003 （1.13）
	受教育年限	0.043*** （3.90）	0.044*** （3.98）
	家庭人口规模	0.099*** （3.37）	0.097*** （3.29）
	月均收入介于 3000～8000 元	0.127 （1.28）	0.110 （1.11）
	月均收入大于 8000 元	0.357*** （3.19）	0.330*** （2.94）
	住房年龄在 10 年内	0.050 （0.46）	0.062 （0.56）
	住房年龄在 10～20 年	0.208** （2.07）	0.247** （2.42）
	住房年龄在 20～30 年	−0.249** （−2.23）	−0.196* （−1.73）
常数		6.922*** （16.40）	6.977*** （14.86）
家庭数量		1520	1520
城市数量		84	84

***、**、*分别表示在 1%、5%、10%的水平上显著。

第四节 影响机制分析

本节首先以“秦岭—淮河”为分界线，探讨城市多中心空间结构对家庭能源消费影响的南北差异。通过构建多层逻辑斯蒂克（logistic）模型与最小二乘法（OLS）模型进一步分析城市多中心空间结构对住宅选择、城市热岛效应以及出行习惯的影响。

一、区域差异

以“秦岭—淮河”为分界线，我国南北区域在气候条件、经济水平及能源消费习惯等方面均存在较大的差异（晋晶等，2020）。因此本节对南方和北方城市多中心空间结构与家庭能源消费的关系进行检验，结果如表 8-5 所示。

表 8-5 分区域样本回归

变量	北方地区			南方地区		
	室内能源消费	私家车出行能源消费	家庭能源消费总量	室内能源消费量	私家车出行能源消费	家庭能源消费总量
ln（primacy）	0.515*** （3.44）	−0.206 （−0.57）	0.543*** （3.32）	0.146 （0.60）	−1.477* （−1.90）	0.028 （0.16）
ln（city area）	−0.011 （−0.57）	0.086 （1.15）	0.006 （0.22）	−0.240*** （−3.75）	0.063 （0.35）	−0.206*** （−5.91）
控制变量	是	是	是	是	是	是
常数项	7.481*** （19.22）	4.718*** （5.63）	7.746*** （19.35）	7.111*** （10.47）	3.971** （2.01）	6.761*** （11.64）
家庭数量	762	155	762	758	135	758
城市数量	38	38	38	46	46	46
Wald test	0.000	0.023	0.012	0.000	0.000	0.000

注：能源消费统计单位为千克标准煤。参考虚拟变量包括家庭月均收入小于 3000 元、家庭住房年龄在 30 年以上；ln=natural log（自然对数）。

***、**分别表示在 1%、5%的水平上显著。

从数值大小来看，北方地区城市多中心空间结构的节能效应显著大于南方地区。具体来讲，北方和南方地区的城市多中心度每增加 1%，家庭能源消费分别降低 0.543%和 0.028%；从显著性水平来看，北方地区城市多中心空间结构对家庭能源消费的多层回归结果系数在 1%的水平上显著，而南方地区的多中心度的系数则未通过显著性检验，说明在城市多中心空间结构产生的家庭节能效应主要存在于北方城市。从能源消费的类别来看，城市空间结构的多中心化发展可以显著地降低北方城市的家庭室内能源消费，但会增加南方地区家庭的私家车出行能耗。值得一提的是，在南方城市的多层回归中，作为控制变量的城市规模在1%的水平上显著为负，城市规模每增加1单位，南方地区家庭能源消费总量降低0.206千克标准煤。这说明南方地区在城市化发展的过程中，城市化推进的正外部性逐渐增强，负外部性逐渐弱化，最终结果便是城市化推进的正外部性逐渐大于负外部性。

二、机制检验

1. 城市多中心空间发展对住宅选择的影响

首先，本节从住宅面积和住宅类型的角度考察多中心空间结构对家庭住房选择的影响。受地理、经济水平等因素的影响，我国各城市的居民住宅面积均值存在明显区别。在84个受访城市中，庆阳市的平均住宅面积最小，仅为36米^2；铜川市的住宅面积均值最大，为282米^2。住房面积的差异不仅与一定的社会人口统计特征相关，还与城市的空间结构相关（尤因等，2013）。

对于住宅面积和住宅类型的表征，本节使用居民现居住宅面积和住宅是否为独立式住宅（虚拟变量）来表示，数据均来源于中国人民大学应用经济学院开发的2014年中国家庭能源消费调查数据。对于住宅类型，Ewing 和 Rong（2008）基于美国住房调查，将受访家庭的住宅类型分为独户独立式住宅、独户联排住宅以及多户住宅三类。在Li等（2019）的研究中，也将受访家庭的住宅类型归为平板式公寓、塔楼式公寓以及独栋住宅三种。受所用数据的限制，本节结合每个受访家庭的大致信息将住宅类型分为多户住宅（multifamily housing）与独立式住宅（single-family housing）两种，并基于此构建了住宅是否为独立式住宅的二元变量（如受访家庭住宅为独立式住宅，则标记为1，反之为0）。在使用多层模型进行机制分析之前，本节分别构建了以住宅面积以及住宅类型作为因变量的空模型，计算出的组内相关系数（ICC）分别为0.239及0.415，均大于0.059，这说明使用多层线性回归模型是合适的。

表 8-6 城市多中心空间结构对住房选择的多层回归结果

因变量		（1）住宅面积对数	（2）是否为独栋建筑
城市层面变量	ln（primacy）	0.162*** （2.27）	−1.072* （−1.90）
	ln（city area）	−0.069*** （−3.66）	−0.233* （−1.85）
建筑层面变量	是否为独立式建筑	1.329*** （19.98）	N/A
	住房年龄在 20～30 年	0.004 （0.12）	0.459 （0.92）
	住房年龄在 10～20 年	0.236*** （7.97）	0.924** （2.03）
	住房年龄在 10 年内	0.150*** （4.70）	0.406 （0.79）
家庭层面变量	户主性别	0.008 （0.37）	0.042 （0.13）
	少数民族	−0.092* （−1.69）	0.026 （0.04）
	户主年龄	0.001* （1.88）	−0.003 （−0.25）
	月均收入介于 3000～8000 元	0.072** （2.42）	0.082 （0.19）
	月均收入大于 8000 元	0.249*** （7.52）	0.467* （1.02）
	家庭平均受教育程度	0.007** （3.57）	−0.126*** （−2.74）
	家庭人口规模	−0.002 （−0.78）	0.362*** （3.48）
常数		4.264*** （20.13）	−5.160 （−3.05）
家庭数量		1520	1520
城市数量		84	84

注：参考虚拟变量包括家庭住房年龄在 30 年以上、家庭月均收入少于 3000 元；ln=natural log（自然对数）；N/A 为不适用。

***、**、*分别表示在 1%、5%、10%的水平上显著。

由表 8-6 的第（1）列多层回归结果可得，家庭收入水平越高、家庭平均受教育程度越高，则家庭住宅面积越大。相比少数民族，汉族家庭的住宅面积相对较小。从建筑层面变量的回归结果可见，独栋式住房、住房年龄在 10 年以内往往拥有更大的住宅面积。城市规模与住宅面积之间存在显著的负相关性，即城市规模越大，其居民的住宅面积则越小。这是因为规模大的城市大多经济水平较为发达，土地资源更为稀缺，相应的土地价格和住房价格也就越高。在控制了上述协变量后，回归结果显示家庭住宅面积与城市的多中心程度显著正相关，城市多中心度每增加 1%，家庭住宅面积增加 0.162%。这是因为单中心程度高的城市其各类要素都聚集在城市中心区，这也导致了中心区较高的购房价格。受到购房价格的限制，单中心地区的居民更多选择购买面积较小的住宅；而多中心程度高的地区，各类要素分布较为均匀，住房的总体价格较单中心城市更低，从而居民更倾向于选择购买大户型的住宅。在不考虑节能措施的情况下，较大的住宅面积也带来了更多的室内能源需求（Sun et al.，2020）。

在表 8-6 的第（2）列中的被解释变量为二元变量，独立式住宅=1，不是独立式住宅=0。因此，本节基于多层 logistic 模型来探究城市空间结构对家庭住宅类别的影响。第（2）列的回归结果显示，家庭收入水平越高、平均受教育程度越低，住户选择独立式住宅的概率越高。此外，户主的性别、年龄、民族均与住宅类型的选择不存在显著的关系。在控制了上述协变量后，回归结果显示家庭对住宅类型的选择与城市空间结构显著相关。城市空间结构越倾向于多中心，居民选择独立式住宅的概率越高。具体来说，城市空间结构朝多中心每增加 1%，住宅类型为独立式建筑的概率提高 0.7%，这也意味着更多的室内能源需求。这是因为多户住宅都存在内部共享墙体，建筑蓄热能耗可以在其内部进行转换，而独立式住宅建筑的共享墙体较少，暴露在外部的墙体和屋顶较多，因此建筑和通风产生的热量损失更多（吴巍，2020）。

2. 城市空间结构对城市热岛效应的影响

由于城市气温与城市空间结构均属于城市一级指标，不存在层次结构。因此本节采用多元线性回归模型和城市层面数据来检验城市空间结构与城市热岛效应之间的相关性。我们使用一月均温、七月均温来反映研究城市的热岛效应，并对城市主要地形的虚拟变量以及城市规模和城市首位度指数的自然对数进行回归。各研究城市的气温数据来自中国气象网（https://www.cma.gov.cn），各城市的主要地形数据则来自各城市人民政府网站的“城市概况”板块。

表 8-7　城市多中心空间结构对城市热岛效应的 OLS 回归结果

因变量	（1）一月均温	（2）七月均温
ln（primacy）	6.433^{***} （−7.32）	-2.505^{***} （−7.06）

续表

因变量	（1）一月均温	（2）七月均温
ln（pop）	6.087*** （18.34）	2.236*** （12.23）
ln（city area）	−0.811*** （−16.46）	−0.063** （3.71）
山地	−1.421 （−1.44）	0.682** （2.40）
丘陵	−6.826*** （−8.43）	−0.056 （−0.21）
平原	−8.123*** （−16.81）	−1.094*** （−5.79）
高原	−7.983*** （−14.79）	−2.881*** （−8.84）
盆地	−2.192*** （−3.19）	1.192* （2.22）
常数	−15.011** （−7.60）	17.876*** （15.92）
R^2	0.242	0.136
观测值	1520	1520

注：参考虚拟变量包括复合型地形。

***、**分别表示在 1%、5%的水平上显著。

在控制了相关协变量后，表 8-7 的回归结果表明，多中心的城市空间布局有利于缓解城市的热岛效应，城市首位度指数每下降 1%（意味着城市多中心程度的提高），城市夏季平均气温下降 6.433%，城市冬季平均温度则下降 2.505%。从人口和企业的空间布局来说，城市多中心化发展使得人口从中心地区分散到郊区副中心，作为城市重要热源的工业企业也会随之外迁，从而缓解城市的热岛效应（韩帅帅，2020）。从城市整体空间布局来说，与单中心相比，多中心城市由于每个中心的面积相对较小，且中心之间有一定面积的自然区域或低密度建成区，可以形成通过城市内部的风道，从而有利于城市内外部空气的交换，城市外部凉爽新鲜的空气可以降低城市内部的气温，因此多中心城市的热岛效应及面积显著低于单中心城市，夏季用于室内降温的能源需求显著低于单中心城市。冬季则相反，多中心城市的供热能耗会高于单中心城市，但我国北方地区多为集中供热，可以缓解因城市空间结构多中心化发展减弱热岛效应所造成的冬季制热能耗增加。由于夏季温度降低产生影响远大于冬季温度下降，总体而言，多中心结构有利于减少室内能耗（刘明辉等，2022；阎宏和孙斌栋，2015）。

3. 城市多中心空间发展对出行习惯的影响

本节通过选择私家车出行和年行驶里程两个虚拟变量来反映居民的出行习惯。在构建私家车出行的二元变量时，本节将受访家庭中拥有私家车且在2014年有出行记录的家庭定为1，将未拥有私家车或拥有私家车但没有出行记录的家庭定义为0。同时，受限于问卷问题类型限制（中国家庭能源消费调查数据仅给出了居民私家车年行驶里程的大致区间），本节构建了一个表示居民私家车年行驶里程的类别变量。在该变量中，私家车年行驶里程在0.5万～1.5万千米的家庭标记为1，行驶里程介于1.5万～3万千米的家庭标记为2，大于3万千米的家庭被标记为3。通过构建空模型，计算出两者的组内相关系数（ICC）分别为0.086及0.275，均大于0.059，即使用多层logistic模型是十分必要的，具体回归结果如表8-8所示。

表8-8　城市多中心空间结构对出行习惯影响的多层回归结果

解释变量		（1）选择私家车出行	（2）私家车年行驶里程
城市层面变量	ln（primacy）	0.791** （2.20）	0.728** （2.24）
	ln（city area）	−0.365* （−1.91）	−0.352** （−2.08）
家庭层面变量	户主性别	0.033 （0.24）	0.027 （0.20）
	户主民族	0.235 （0.74）	0.179 （0.59）
	户主年龄	−0.019*** （−4.06）	−0.020*** （−4.24）
	受教育程度	0.071*** （3.18）	0.064*** （2.95）
	月均收入介于3000～8000元	1.319*** （4.21）	1.314*** （4.22）
	月均收入大于8000元	2.588*** （8.32）	2.592*** （8.41）
	家庭人口规模	0.243*** （4.50）	0.229*** （4.39）
常数		−3.047*** （−3.02）	0.101*** N/A
家庭数量		1520	1520
城市数量		84	84

注：参考虚拟变量包括家庭月均收入小于3000元；Ln=natural log（自然对数）。
***、**、*分别表示在1%、5%、10%的水平上显著。

表 8-8 的第（1）列和第（2）列回归结果显示，城市多中心度每增加 1%，居民选择私家车以及长距离出行的概率分别提高 0.791%和 0.728%。这与 Hanssen（1995）基于奥斯陆地区的研究结论不谋而合，说明城市多中心程度的增加会显著提高家庭选择私家车及长距离出行的概率。一方面，城市空间结构的多中心化发展造成了职住在空间上的分离。"区位再选择理论"认为，城市多中心化发展可以将就业机会从拥挤的主中心区分散至各分中心，而家庭和企业则可以周期性地通过空间位置的调整来实现居住就业的平衡。但现实中，城市的多中心发展并不意味着人口和企业能快速分散到新城或新区（郭韬，2013）。在短期内，城市多中心化发展加剧了职住错配以及长距离通勤现象，由此带来了交通能源消费的增加。另一方面，多中心化发展引起的主次中心之间各类资源的不平衡也是导致分中心地区居民选择私家车与长距离出行的重要因素之一。主中心地区通常拥有较为成熟的公共交通体系，并享有优质的就业、教育、娱乐、医疗、零售等生活资源供给，而分中心地区只有在人口超过一定的规模和密度之后，这类配套的资源才会形成并不断发展（邹晖等，2019）。

回归结果还表明城市规模的增加对减少私家车出行的趋势有适度的积极影响。这是因为大型城市往往拥有大量的通勤者，可以显著降低公共交通的边际成本，使公共交通的使用更便宜，从而激励居民转向更可持续的通勤方式（Lo，2016）。在家庭层面的控制变量中，家庭的出行方式和出行距离也与家庭的经济水平有直接的关系。与月均收入低于 3000 元的低收入家庭相比，月均收入在 3000～8000 元的家庭以及收入在 8000 元及以上的家庭，其选择私家车出行的概率更高、私家车的行驶里程也越大。此外，户主的年龄、受教育程度也与居民的出行方式和出行距离有显著的关系。家庭的平均受教育程度越高、家庭人口规模越大，户主的年龄越小，家庭对私家车的使用需求和行驶里程则越大。

第五节　本 章 小 结

本章基于 2014 年中国家庭能源消费调查的微观数据以及城市层面的统计数据，考察了城市多中心空间结构对家庭能源消费的影响，主要结论包括城市空间结构的多中心化发展的确有利于降低家庭能源消费。城市多中心度每增加 1%，家庭能源消费总量降低 0.352%。通过替换多中心空间结构指标进行稳健性检验后，结果依旧支持基准回归结果的结论。城市多中心空间结构主要通过影响家庭的住宅选择、出行习惯以及城市热岛效应对家庭能源消费产生影响。一方面，城市空间结构的多中心化发展影响了居民的住宅选择，使得居民更倾向于选择大面积的住宅；在出行习惯上，多中心空间结构也增加了家庭选择私家车出行及长距离出行的概率。另一方面城市多中心空间结构有利于缓解城市的热岛效应。城市多中心空间结构对家庭部门的节能效应是由于在住宅选择、城市热岛效应以及出行习惯三个方面取得了平衡。

第九章

多中心空间发展政策对空气质量的影响
——以长三角城市群为例

第一节　相关研究和文献

学界对于多中心空间发展政策环境效应的关注早已有之，最早受到关注的是欧盟的多中心空间发展政策，国际上的学者广泛从空间开发的角度来分析，发现多中心、网络化的城市发展更加有利于欧盟区域平衡、缩小内部区域差异及提高环境质量（Gomez-Calvet et al.，2014）。中欧和东欧国家在加入欧盟之前因发展能源工业但不能很好地协调跨国污染问题而造成大量污染，而欧盟将它们纳入后反而减少了污染排放（Chen and Huang，2016）。还有学者从碳排放角度去分析区域发展的环境效应。例如，研究发现欧盟的一体化发展有利于提高经济福利，但不一定增加温室气体排放（Zhu and van Ierland，2006）。部分学者还从经济集聚角度分析城市群发展对碳排放的影响，发现专业化和多元化产业集聚有利于碳减排。总的来说，国外学者聚焦国家内部城市群政策的环境效应的直接研究较少（Liu ，2012）。

长三角城市群多中心空间发展政策对碳排放的影响也广泛受到国内学者的关注，且发现了一致的结果，即长三角城市群多中心空间发展政策有利于碳减排。这是由于城市群是区域内要素集聚地区、空间布局更加优化且产业结构不断转型升级，绿色低碳发展已成为城市群政策目标之一。城市群的发展离不开经济的集聚，对环境污染而言，经济集聚通常存在规模效应和外部经济效应的双重效应，环境污染情况取决于双重效应的综合作用。学者认为经济集聚与碳排放存在倒N形曲线关系，区域发展需要有效发挥节能减排的积极作用（邵帅等，2019b）。更有学者挖掘长三角区域一体化的政策对碳排放的影响时，发现长三角一体化政策在政策实施后的第三年显著降低了城市碳排放（郭艺等，2022）。除了城市群建设政策能起到一定的碳减排作用之外，为了解决生态环境保护行政条块分割提出来的跨区域生态治理政策，在控制和减少碳排放、应对气候变化都起着重要的积极作用（王桂新和李刚，2020）。

通过文献整理和分析发现，多中心空间发展政策对空气质量的影响主要通过环境规制、能源消费结构和产业结构三种内在机制实现。

（1）城市群多中心空间发展政策通过环境规制对空气质量产生影响。加强环境规制成为促进产业优化调整，淘汰区域落后产能的必然结果。长三角城市群政策中明确提及加大区域落后产能淘汰标准，严格执行统一的大气污染物特别排放限制，大大加强了区域内的环境规制。微观层面上，城市群政策促进了地区之间的产业分工合作（Venables，2011），加快淘汰落后产能和竞争实力较弱的企业（Desmet and Parente，2010），迫使企业进一步优化资源配置，提高技术创新水平，从而提高企业的生产效率和竞争力（Porter and van der Linde，1995）；环境规制还能加快推进企业清洁生产方式的替代，使本地区污染产业所占的比例下降，进而对节能减排产生积极的效果（张华和魏晓平，2014）。中观层面上，环境规制有效驱动了产业结构的调整，其中处在末端的落后产业链和污染密集的过剩产能因为严格的区域环境规制被淘汰，环境规制成为促进产业结构调整的新的驱动力（原毅军和谢荣辉，2014）。宏观层面上，环境规制有助于科技创新，在促进经济高质量发展时存在协同效应，对城市群内核心城市经济发展质量的影响显著低于对周边小城市的影响（上官绪明和葛斌华，2020）。虽然环境规制的增强有助于缓解长三角地区水环境压力，但扩容政策却通过放松环境规制加剧了原位城市与新进城市的水污染，区域一体化中的环境协同治理尚需加强（赵领娣和徐乐，2019）。

（2）城市群多中心空间发展政策通过能源消费结构调整对空气质量产生影响。当前，我国能源消费以煤炭等化石燃料为主，能源消费是引起大气污染增长的重要因素之一。据自然资源保护协会的研究报告[①]，全国层面煤炭的

① 参见《煤炭使用对大气污染的“贡献”》，http://www.nrdc.cn/information/informationinfo?id=120&cid=49&cook=2［2024-11-24］。

使用对 PM2.5 浓度贡献在 50%至 60%之间，其中的 6 成来源于煤炭的直接燃烧，4 成来源于伴随煤炭使用的重点行业排放。有学者认为能源消费结构的调整是实现环境污染减排的重要途径，以煤炭为主的能源消费结构会显著增加污染排放（董直庆和王辉，2021）。经济发展水平高、能源消费较大的长三角城市群的能源供给相对紧张（刘华军等，2015），城市群政策中降污减排措施的实施导致以煤炭为主的能源消费成本大幅提升，迫使企业使用更先进的节能减排技术及清洁能源，从而降低对高能耗的需求，优化能源消费结构，积极有序开发清洁能源等措施增加了高污染、高排放和高风险企业进入市场的边际生产成本与沉没成本（张可，2023）。设定一系列能源排放标准，降低煤炭能源消费，创新能源利用形式，才能发挥经济高质量发展和大气污染减排的协同效应（朱思瑜和于冰，2024）。

（3）城市群多中心空间发展政策通过产业结构调整对空气质量产生影响。第二产业以制造业和建筑业为主，是空气污染物的主要来源。第三产业以服务业为主，其空气污染物排放水平远低于第二产业（王一益，2023）。首先，城市群多中心发展政策促进了产业结构转型升级，实现第二产业的去污化和以第二产业为主导向以第三产业为主导升级演进，通过降低污染源的比重有效减少了空气污染排放，并且合理配置了产业之间能源要素，有效提高产业发展进程中的能源利用效率，从而减少了空气污染。其次，长三角城市群政策中包含严格把控各产业领域发展方向的内容，在遵循成本效益的原则下促使高能耗和高排放的产业部门只能通过转型升级降低污染排放或直接退出市场，区域内整体的产业结构优化升级，产业结构优化促进城市群向更加可持续的方向发展（陈飞等，2024）。最后，长三角城市群政策的设立一定程度上完善了区域生态环境保护协作机制，尤其是大气污染联防联控的相关政策，通过环境监管加强倒逼企业进行产业升级，使用更先进的节能减排技术和清洁能源，也带动了区域整体的空气质量好转（徐宜青等，2018）。

我国城市群发展的重要目标是形成多中心、多层级、多节点的网络型城市群，促进产业分工协作、公共服务共享及生态环境共治。2016 年国家发展和改革委员会与住房和城乡建设部联合印发的《长江三角洲城市群发展规划》（以下简称《发展规划》），不仅将长江三角洲城市群正式批复为国家级城市群，还进一步提出了推动长江三角洲地区实现一体化以优化空间布局、促进多中心空间发展及改善生态环境等方面的发展目标。长三角城市群在经济协同发展的背后也隐藏着不可忽视的环境问题。主要有两点原因，一是长三角城市群资源能源消耗量大，区域性大气污染明显；二是部分城市环境质量与经济社会发展水平尚不匹配，生态环境形势依然严峻，整个城市群地区在环境治理方面的公共资源配置、人口流动管理、经济发展动力不足等问题又进一步凸显。《发展规划》成为提高长三角城市群多中心空间发展环境效应的关键一环，不仅使得该地区大气污染联防联治机制得到国家规划支持，而且通过率先转变空间开发模式，加快产业结构优化调整，提高区域落后产能淘汰标准，推进重点行业产业升级换代，严格执行统一的大气污染物特别排放限制等一系列措施促进了长三角城市群的区域环境协调发展，正在构建适应资源环境承载能力的生态屏障空间格局。

第二节　长三角城市群内空气质量的特征事实

一、长三角城市群的空气质量时序演变特征

《2022 中国生态环境状况公报》中的大气环境部分提到，长江三角洲城市群优良天气比例范围下降 3.7 个百分点，平均超标天数比例为 17%，轻度污染天数占比为 14.7%，重度污染为 2.0%，严重污染为 0.2%，整个区域的空气质量有待改善。图 9-1 为长三角城市群 2013～2022 年空气质量指数（AQI）的变化，AQI 数值不断下降，2013～2022 年的年度均值从 85.371 降低到 50.900，空气质量由良逐渐改善，但仍可发现十年来城市群的空气质量从未达到优等，长三角城市群仍须打好大气污染防治攻坚战，统筹协调解决区域内的大气环境问题。

为了进一步了解长三角城市群的不同城市的 AQI 变化，本章绘制了长三角城市群内的 26 个城市[①]的 AQI 年度均值折线图，比较了 2013 年和 2022 年的 AQI 年度均值变化。通过比较城市群内部城市的 AQI 数值变化（图 9-2）可以看出：2013 年的空气污染较为严重的城市主要有南京市、泰州市、绍兴

① 根据《国务院关于长江三角洲城市群发展规划的批复》，长三角城市群共包括 27 个城市，由于温州缺失较多数据，实际只测算了 26 个城市。

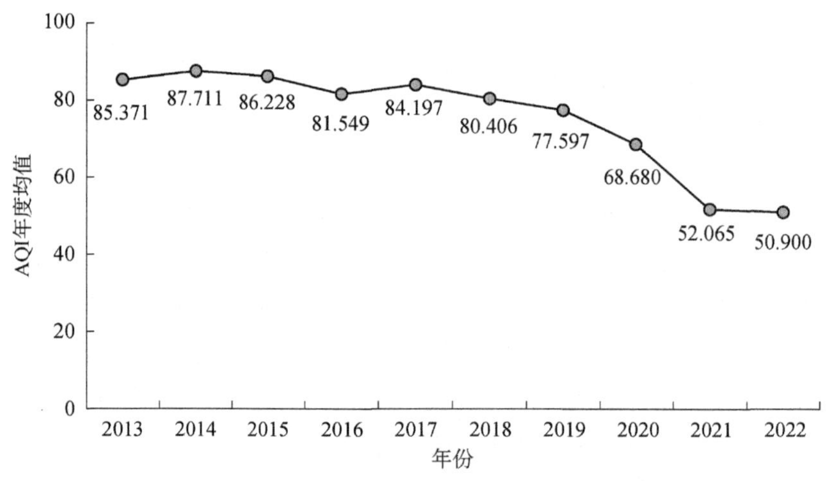

图 9-1　长三角城市群 2013～2022 年空气质量变化

市、金华市等，空气污染较为轻微的城市主要有舟山市、滁州市、上海市等。长三角城市群经过 10 年坚持不懈地降污减排的治理，2022 年城市群内的所有城市的空气污染均得以改善，其中南京市、湖州市、绍兴市、金华市等城市的空气质量改善程度较大。

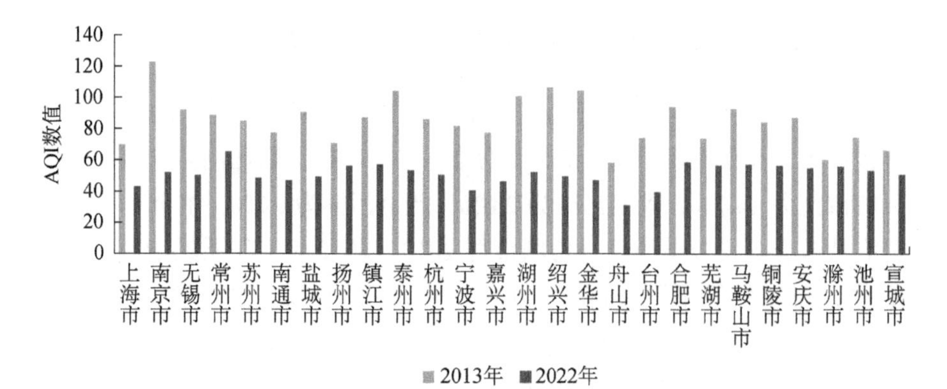

图 9-2　长三角城市群 26 个城市 AQI 数值变化

除此之外，样本时间段内的城市空气质量对比情况也是探究长三角城市群的空气质量变化的一个关注点。本章通过表 9-1 的城市群内的空气质量 AQI 描述性统计可以看出：长三角城市群在样本期内，AQI 最高和最低城市的数值都在不断下降，从 2013 年的均值 85.371，下降到 2022 年的均值 50.900，空气质量逐渐改善。同时比较逐年的 AQI 数值最高城市和最低城市可以发现，常州市的 AQI 数值一直在区域内占据高位，空气质量有待提高，而舟山市近十年来空气质量为优。

表 9-1　长三角城市群空气质量 AQI 描述性统计

年份	均值	AQI 最高城市	AQI 最低城市
2013	85.371	南京市（122.93）	舟山市（58.2）
2014	87.711	合肥市（108.91）	铜陵市（52）
2015	86.228	镇江市（97.2）	池州市（56.8）
2016	81.548	滁州市（91.13）	舟山市（58.8）
2017	84.197	扬州市（94.86）	舟山市（63.61）
2018	80.406	常州市（95.3）	舟山市（52.71）
2019	77.597	常州市（87.21）	舟山市（53.65）
2020	68.68	常州市（79.33）	舟山市（53.67）
2021	52.065	滁州市（61.03）	舟山市（33.19）
2022	50.9	常州市（65.3）	舟山市（31.12）

注：括号里的数值为 AQI 数值。

以上的特征事实可以发现，长三角城市群的空气质量逐渐改善，为了进一步确定空气质量改善的内在原因，本章将通过计量方法分析《发展规划》对区域内空气质量的影响差异，并挖掘《发展规划》治理大气污染的措施改善空气质量的内在机制和优化路径。

二、中心城市–外围城市的空气质量现状

基于《发展规划》中对中心城市和外围城市的划分，长三角城市群中心城市主要包括上海市、杭州市、宁波市、湖州市和嘉兴市等 16 个城市，外围城市主要包括盐城市、金华市、合肥市、芜湖市和马鞍山市等 10 个城市，中心城市已逐步成为城市群内增长极，而外围城市则仍处于快速发展阶段，这也是中心城市与外围城市的空气污染差异的内在原因。通过进一步探讨中心城市和外围城市的空气污染差异（图 9-3），可以看出以 2016 年《发展规划》发布为界，中心城市与外围城市的空气质量变化可分为 2013～2016 年和 2016～2022 年两个阶段。在前一个阶段，中心城市的空气污染较外围城市更严重，后一个阶段正好相反。因为承接产业转移、合理规划产业布局等措施都不断促进中心城市的产业结构优化升级，而原先的污染密集型产业则转移到外围城市，致使中心城市的空气污染可能性源头转移到外围城市。

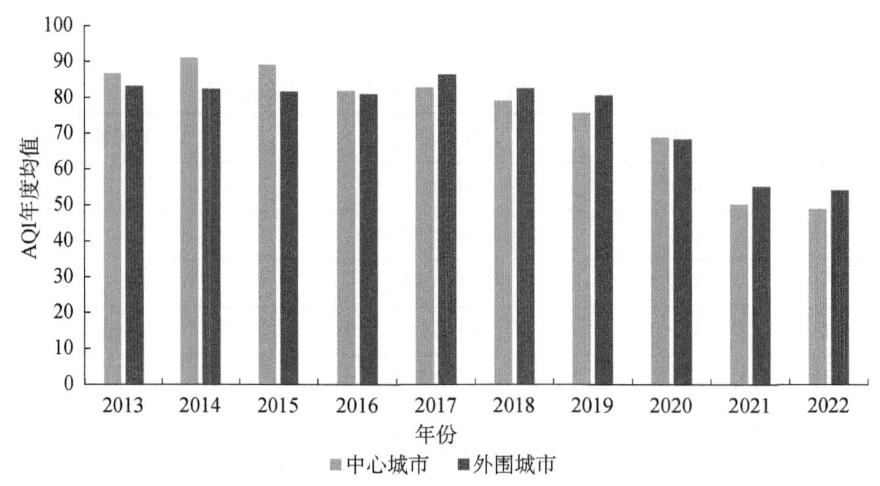

图 9-3　2013～2022 年中心城市-外围城市空气质量变化

第三节　影响效应分析

一、模型选择及变量选取

1. 测度方法

本章采用合成控制法（synthetic control method）来测度长三角城市群多中心发展政策对空气质量的影响效应。合成控制法与传统的政策评估方法（如双重差分法）不同。例如，双重差分法是采用回归方法，仅允许个体固定效应 u_i 与个体时间效应 λt 以相加的形式存在，暗含着假设所有个体的时间趋势 λt 一致；而合成控制法并不使用任何回归，合成控制法的因子模型允许“交互固定效应” $\lambda t \times u_i$，即可以存在多维的共同冲击 λt，而每个个体对于共同冲击的响应 u_i 可能不一样，因而允许不同个体有不同的时间趋势。

考虑到合成控制法通过构建合成的控制组的方式，能有效避免研究者主观选择控制组的误差，因此本章参考 Abadie 等（2015）提出的合成控制法对《发展规划》的环境效应进行评估。合成控制法的核心思想是对每个政策干预个体的“反事实”参照组进行加权平均，合成一个控制对象，模拟出区域内的城市群不实施政策的情况并用于准实验研究，具体步骤如下。

首先，给定 K+1 个城市群在 $t \in [1, T]$期内的空气质量，其中 A_{it}^{I} 表示第 i

个城市群在时间 t 没有颁布多中心发展政策的城市群空气质量，A_{it}^{N} 表示第 i 个城市群在时间 t 颁布多中心发展政策的城市群空气质量。假定第 i 个城市群在时间 $t=T_0$ 时没有颁布多中心发展政策，则 $[1, T_0]$ 期内该城市群空气质量不受到城市群多中心发展政策的影响，则 $A_{it}^{N}=A_{it}^{I}$；城市群多中心发展政策实施之后，即 $[T_{0+1}, T]$ 期内，我们采用 effect= $A_{it}^{I}-A_{it}^{N}$ 表示城市群多中心发展政策给第 i 个城市群带来的空气质量变化效应。对于已经颁布多中心发展政策的地区，我们可以测算出其空气质量 A_{it}^{N}，由于该区域在没有颁布多中心发展政策时的空气质量 A_{it}^{I} 无法被观测，因此本章采用 Abadie 等（2015）提出的基于参数回归的因子模型对 A_{it}^{I} 进行估计：

$$A_{it}^{I}=\tau_t+\beta_t X_i+\gamma_t \upsilon_i+\mu_{it} \tag{9-1}$$

式中，τ_t 是影响所有国家级城市群（11 个）空气质量的时间固定效应，X_i 表示可以观测到的协变量，是不受城市群多中心发展政策影响的控制变量，β_t 是一个未知参数向量，γ_t 是一个无法观测的公共因子向量，υ_i 是不可观察的城市固定效应，μ_{it} 是不可观测的短期冲击（苏治和胡迪，2015）。具体而言，本章选择国家级城市群颁布多中心发展政策的样本期（2013～2022 年）的经济发展、产业结构、工业发展、基础设施水平、人口密度、对外开放等一系列变量作为预测变量。

假设存在权重向量 $W^{*}=(w_2^{*}, \cdots, w_{n+1}^{*})$ 来构造合适的控制组，使得：

$$\begin{aligned}&\sum_{i=2}^{k+1} w_i^{*} A_{i1}=A_{11}, \sum_{i=2}^{K+1} w_i^{*} A_{i2}=A_{12}, \cdots \\ &\sum_{i=2}^{K+1} w_i^{*} A_{iT_0}=A_{1T_0}, \sum_{i=2}^{K+1} w_i^{*} Z_i=Z_1\end{aligned} \tag{9-2}$$

通过求近似解来求解最优 W^{*}，定义 $X_1=\left(Z_1, Y_1^{1}, \cdots, Y_1^{\mathrm{m}}\right)$ 是 t_1 时期控制组（$m+1$）特征向量，X_0 是控制组在 t_1 时期的（$K+m$）维对应矩阵，通过求解 X_1 与 $X_0 W$ 之间最小距离来确定最优权重：

$$\left\|X_1-X_0 W\right\|=\sqrt{\left(X_1-X_0 W\right) V\left(X_1-X_0 W\right)} \tag{9-3}$$

其中，V 是对称半正定矩阵（symmetric and positive semidefinite matrix）。尽管我们的推断过程对任意的 V 都有效，但是 V 的选择会对估计值的均方差产生影响。V 的最优选择是赋予 X_1 和 X_0 中的变量一个合理的权重，以最小化合成控制值的均方差。对比实验组与控制组的差异以评估政策冲击的影响，ΔA_{it} 可以代表政策效果：

$$\Delta A_{it}=A_{it}-A_{it}^{I}=A_{it}-\sum_{k=2}^{K+1} w_k^{*} A_{it}, t \in\left[T_0+1, T\right] \tag{9-4}$$

构造均方预测误差（mean squared prediction error，MSPE）来合成值与真实值之间的偏离程度，若趋近于 0，则说明合成值 A_{it}^{I} 是可靠的。本章利用 Stata17.0 软件计算求得对称半正定矩阵，使得合成长三角城市群在实施政策之前能够更好地接近其他 10 个国家级城市群区域规划文件的空气质量效应（Eraydin，2016）。

2. 变量选取

被解释变量为 2013～2022 年的 11 个国家级城市群所包含的 107 个城市的空气质量指数（AQI），其数据来源于中国环境监测总站的全国城市空气质量发布平台（https://air.cnemc.cn:18014/）。

另外，为准确甄别政策的有效性，参考任以胜等（2023）选取控制变量的做法引入 6 个控制变量，即经济发展（gdp）、产业结构（stru）、工业发展（ind）、城市化水平（ur）、环境建设（eb）和对外开放（open）。其中，经济发展用城市人均 GDP 来衡量，产业结构用第二产业增加值占 GDP 的比重来衡量，工业发展用规模以上工业企业数量来衡量，城市化水平用地区城镇化水平来衡量，环境建设用地区人均绿地面积来衡量，对外开放用地区当年实际利用外商直接投资额来衡量。以上数据均采用城市数据，其中 GDP 作平减处理以减弱通货膨胀的影响（以 2013 年为基期），所有数据均来源于《中国城市统计年鉴》，具体的变量说明见表 9-2。

表 9-2 变量说明

变量名称	符号	定义	单位
空气质量	AQI	城市空气质量	N/A
经济发展	gdp	城市人均 GDP	万元
产业结构	stru	第二产业增加值占 GDP 的比重	%
工业发展	ind	规模以上工业企业数量	个
城市化水平	ur	地区城镇化水平	%
环境建设	eb	地区人均绿地面积	公顷/万人
对外开放	open	地区当年实际利用外商直接投资额	万元

3. 数据说明

城市群将会成为支撑经济增长、协调区域发展的新增长极。2015 年《长江中游城市群发展规划》使得长江中游城市群成为第一个批复的国家级城市群，紧接着哈长城市群、成渝城市群、长江三角洲城市群、北部湾城市群、关中平原城市群、粤港澳大湾区[①]等 11 个国家级城市群也先后被批复，总共覆盖了全国 156 个城市及自治州。为了合理控制样本量，同时尽可能地保证数据的说服力和细化研究内容，本章选取了除长三角城市群外的其余 10 个国家级城市群组成控制组的样本数据。由于个别城市（如九江、鹰潭、大庆、内江和新乡等）的空气质量数据严重缺失，因此最终选取 11 个国家级城市群的 107 个城市的 2013～2022 年数据作为面板数据。

考虑到合成控制法需要对照的控制组和处理组均以城市群为单位，只有 1 个处理组，因此原城市样本数据经过加总处理为城市群的样本数据，主要为 11 个国家级城市群 2013～2022 年共 10 年的面板数据。为了降低数据异方差的影响，本章将数据作了取对数处理，所有变量的描述性统计如表 9-3 所示。

表 9-3　变量的描述性统计

变量名	均值	标准差	最小值	最大值
空气质量	72.88	19.49	35.31	123.32
经济发展	13.79	0.71	7.93	12.91
产业结构	42.12	6.53	25.89	59.82
工业发展	2325	7.83	128	18 267
城市化水平	0.66	0.09	0.48	0.83
环境建设	21.78	11.39	8.37	48.54
对外开放	243 755	1.38	6 007	1 247 200

二、实证分析结果

本节采用 2013～2022 年的经济发展、产业结构、工业发展、城市化水平、环境建设和对外开放等 6 个变量作为预测变量来合成虚拟的控制组。使用合成控制法将处理组与其他 10 个控制组城市群进行合成控制分析，考察《发展规划》政策实施前后真实的长三角城市群与合成的长三角城市群的空气质量情况，确定用于合成的长三角城市群的各个城市群及其权重。在确定权重问题上，Abadie 等（2015）指出回归方法可看作将控制地区作线性拟合，且权重之和为 1，但回归法的权重可能出现负值，即出现过分外推而离开了样本数

① 粤港澳大湾区共包括香港特别行政区、澳门特别行政区和广东省 9 个地级市，由于港澳数据严重缺失，故不在本章研究范围之内。

据的取值范围。合成控制法的不同之处在于其权重必须非负，很好地避免了过分外推导致的“外推偏差”。

1. 多中心城市发展政策对空气质量的影响

本节运用 Stata17.0 软件提供的 synth 程序对合成的长三角城市群所对应的权重进行了测算，构造合成的长三角城市群的地区有 10 个国家级城市群，其中京津冀城市群、长江中游城市群、中原城市群、北部湾城市群、关中平原城市群、呼包鄂榆城市群和粤港澳大湾区被赋予的权重分别是 0.173、0.517、0.022、0.007、0.004、0.002 和 0.275，其他 3 个城市群（哈长城市群、成渝城市群、兰西城市群）的权重均为 0，权重加总和为 1。利用以上权重对 7 个城市群进行加权，模拟出合成的长三角城市群。

在进行随机实验时，需要对处理组和控制组的协变量进行平衡性检验，以保证实验的随机性或外生性，增强回归结果的有效性，使研究者能够同时控制处理组与控制组样本协变量多维平衡性。表 9-4 对比了真实的长三角城市群和合成的长三角城市群的重要变量，在代表真实的长三角城市群和合成的长三角城市群的 6 个控制变量中，只有工业发展和环境建设这 2 个变量的合成值较真实值变化幅度大，其他控制变量的合成值较真实值变化幅度小，表明使用合成控制法能够构造出有效的“反事实”控制组，合成的长三角城市群能够较好地拟合出真实的长三角城市群的各项特征。

表 9-4 真实的长三角城市群与合成的长三角城市群重要变量对比

变量	真实的长三角城市群	合成的长三角城市群
经济发展	17.483	17.487
产业结构	48.662	47.608
工业发展	1357.75	1324.551
城市化水平	0.605	0.605
环境建设	14.096	20.622
对外开放	12.137	12.053
2013 年 AQI 均值	90.489	90.475
2014 年 AQI 均值	84.920	85.040
2015 年 AQI 均值	79.608	79.604

鉴于多中心空间发展具有准自然实验特点，以此识别多中心空间发展政策对区域降污减排的影响。以长三角城市群为处理组，其他 10 个国家级城市

群为控制组，分析长三角城市群政策的降污效应有效性。如图 9-4 所示，政策实施对空气质量具有显著的负向影响。图中的实线表示真实的长三角城市群的 AQI 均值，虚线表示合成的长三角城市群的 AQI 均值，垂直虚线表示政策干预时间为 2016 年。《发展规划》的实施有效降低了长三角城市群的 AQI 数值，并且政策效果呈逐渐增加趋势。换句话说，《发展规划》的实施有效提升了长三角地区的空气质量，并且具有长期效应。在长三角城市群政策干预的左侧，真实的长三角城市群的 AQI 均值与合成的长三角城市群的 AQI 均值的降低趋势相同且重合。这一结果表明，在长三角城市群政策实施之前，合成的长三角城市群可以较好地刻画出长三角城市群的空气质量状况，真实值约等于合成值，表明合成控制法的选择可行。在长三角城市群政策干预的右侧，真实的长三角城市群与合成的长三角城市群的 AQI 均值逐渐分化，且真实的 AQI 均值明显低于合成的 AQI 均值，这表明实施《发展规划》的长三角城市群与未实施该政策的其他国家级城市群相比，AQI 均值明显下降，即长三角城市群政策的颁布有效地提升了区域内的空气质量，假说 H17 得到验证。

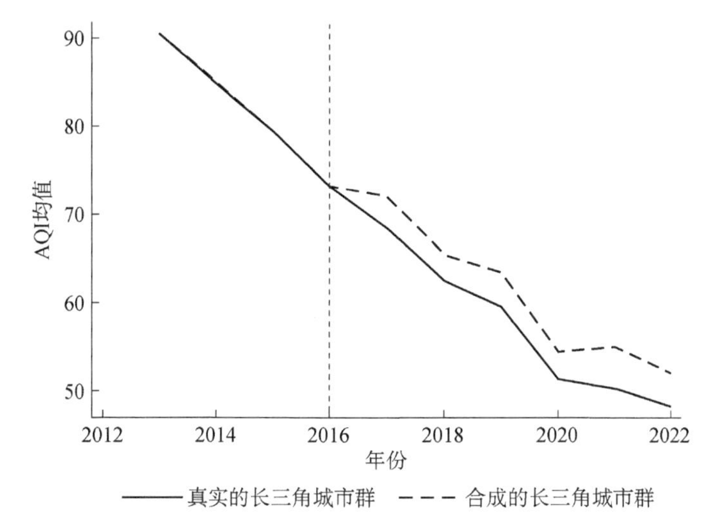

图 9-4　真实的长三角城市群与合成的长三角城市群空气质量对比图

《发展规划》指出："联手打好大气污染防治攻坚战。完善长三角区域大气污染防治协作机制，统筹协调解决大气环境问题。"长三城市群在积极落实《发展规划》中的降污减排措施，主要从这几个方面积极落实：第一，优化区域能源消费结构，积极发展清洁能源，全面推进煤炭清洁利用，上海、江苏、浙江等省份禁止配套建设燃煤电站，切断燃煤带来的废气排放来源。第二，加快产业布局结构优化调整，淘汰城市群内的落后产能，推进重点行业产业升级换代，全面推动钢铁、水泥、平板玻璃等重点行业完成燃煤锅炉的脱硫、脱硝、除尘改造，确保达标排放。第三，大力推行新能源汽车和公共交通出行，加大黄标车和老旧车辆淘汰力度，减少交通带来的空气污染排放。长三角城市群的诸多措施促进区域降污减排，因此 AQI 数值不断降低，空气污染转好。

为了更清晰地呈现长三角城市群政策的干预效果，本章精确计算了真实的长三角城市群与合成的长三角城市群的 AQI 均值之间的差值，并绘制了两者差异的变化趋势图（图 9-5）。可以看出，在 2016 年之前，真实的长三角城市群和合成的长三角城市群的 AQI 均值之间的差值约等于 0，表明真实的长三角城市群与合成的长三角城市群的空气质量非常相近，没有显著差异。自从 2016 年《发展规划》颁布后，两者的差距逐渐显现，并且这种差异一直持续到 2022 年，表明长三角城市群政策的降污效应显著有效。近几年长三角城市群内的一氧化碳、二氧化硫及 PM10 等主要大气污染物持续下降，能耗显著低于全国平均水平，产业布局也更加合理，整体空气质量有明显好转。

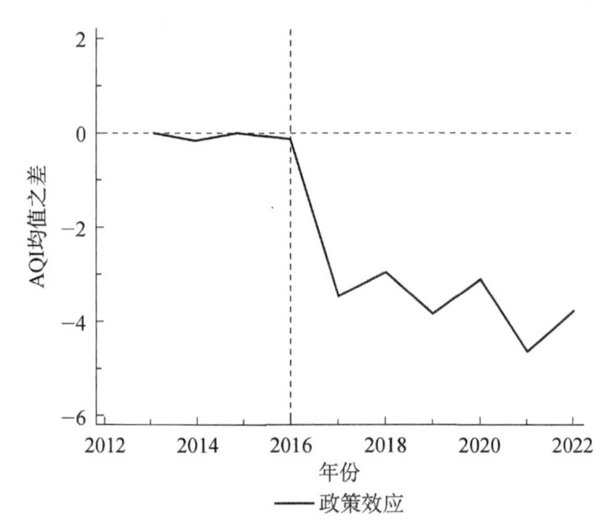

图 9-5　真实的长三角城市群和合成的长三角城市群的 AQI 均值之差变动趋势

2. 稳健性检验

为了确保长三角城市群的空气质量变化是因为《发展规划》的实施而非其他因素影响产生的，这里将进一步采用替换因变量指标、有效性检验、时间安慰剂检验和更换估计方法等一系列稳健性检验方法来进行稳健性检验。

1）替换因变量指标

基准回归部分使用的空气污染指标为空气质量指数（AQI），应包含细颗粒物（PM10）、可吸入颗粒物（PM2.5）、二氧化硫（SO_2）、二氧化氮（NO_2）、臭氧（O_3）、一氧化碳（CO）等空气污染物，但由于存在统计误差和人为干扰，大部分学者将 PM2.5 浓度作为雾霾污染的重要衡量指标，因此本章也使用 PM2.5 浓度来衡量空气污染，数据来源为加拿大达尔豪斯大学大气成分分析组（Atmospheric Composition Analysis Group），为了保持数据的平衡性，选取的数据时间跨度为 2013～2022 年。

结果如图 9-6 所示，在使用 PM2.5 代替空气质量 AQI 后，与上文的结果保持一致，《发展规划》的政策实施对 PM2.5 具有显著的负向影响，换句话说，政策的实施降低了长三角区域的 PM2.5，空气质量改善。在长三角城市群政策干预的左侧，真实的长三角城市群与合成的长三角城市群的 PM2.5 呈现相同的趋势且重合，表明较好拟合了长三角城市群政策实施前的空气质量变化路径，与基础回归保持一致，从而验证了结果的稳健性。在长三角城市群政策干预的右侧，真实的长三角城市群的 PM2.5 明显低于合成的长三角城市群，这表明 2016 年《发展规划》的实施显著降低了长三角地区的雾霾污染，即长三角城市群多中心发展政策实施对区域内的空气质量具有提升作用，且以 PM2.5 表示的空气质量的真实观察均值也是在政策发生后显著大于拟合估计的均值，验证了长三角城市群政策对空气质量提升具有显著的促进作用。以上结果显示，即使对空气质量的衡量指标进行替换，研究结果仍然稳健。

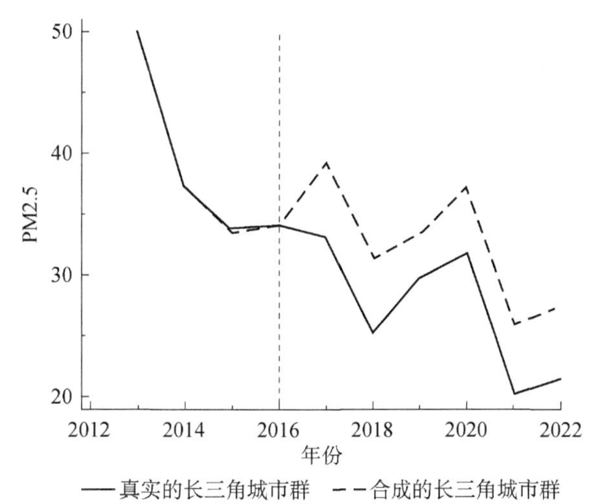

图 9-6　真实的长三角城市群与合成的长三角城市群 PM2.5 对比图

2）有效性检验

利用合成控制法对全部控制组依次进行政策效应评估，并通过政策实施前后的政策净效应来判断是否会得到相似的结果。若长三角城市群在《发展规划》实施后的降污减排效应显著大于各个控制组国家级城市群，则说明目标政策效应评估具有较强的稳健性。

合成控制法对全部控制组依次进行政策效应评估的结果如图 9-7 所示，AQI 差值表示实际 AQI 与合成 AQI 的差值。实线代表长三角城市群政策实施后实现降污减排的净效应，虚线代表其他国家级城市群即控制组城市群在《发展规划》实施后实现降污减排的净效应。长三角城市群的 AQI 差值在 2016 年后有明显下降趋势，且一直持续至 2022 年。需要说明的是，针对控制组政策执行前良莠不齐的合成效果，事先剔除 2013 年之前均方预测误差超过试点省份均方预测误差 5 倍的地区（北部湾城市群）。不难发现，长三角城市群的降污效应超过大多数国家级城市群，从而论证《发展规划》的政策实施有助于降低 AQI 均值，即提升空气质量。但哈长城市群、成渝城市群、中原城市群和呼包鄂榆城市群等地区的 AQI 差值在 2016 年还有上升趋势，说明《发展规划》对其他国家级城市群的降污减排效应不显著。以上结果说明《发展规划》的政策效应评估具有较强的稳健性。

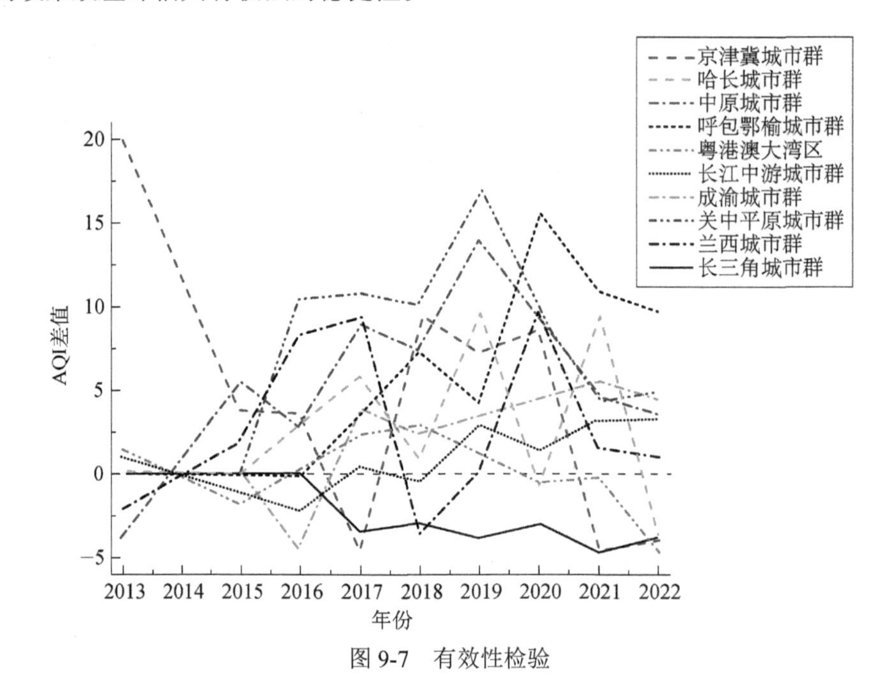

图 9-7 有效性检验

3）时间安慰剂检验

为了排除非政策因素对研究结果的影响，避免研究对象因提前得知政策将要实施而产生主观上的变化，从而导致"政策效应"存在误差。参考 Abadie 和 Gardeazabal（2003）采用的时间安慰剂检验来进行稳健性检验，以此增强研究结论的有效性。时间安慰剂检验的核心思想是虚构一个政策时间进行估计，如果虚构政策时间的估计结果依然显著，就说明之前的估计结果有可能出现偏误，因变量的变动有可能是受到其他政策或随机性因素的影响。

虚构一个政策实施时间，假设长三角城市群政策的冲击发生在 2016 年之前的两年即 2014 年，然后重新采用合成控制法进行时间安慰剂检验。尽管这一假设有其内在合理性，但依然存在主观选择的嫌疑。将政策冲击时间提前到 2014 年之后，如图 9-8 所示，发现真实的长三角城市群和合成的长三角城市群的 AQI 均值的下降趋势一致且重合，直到 2016 年之后实际 AQI 均值与合成 AQI 均值才显现出明显的差距，表明将 2014 年作为政策冲击时间点的假设不成立。换句话说，在虚构政策实施时间是 2014 年的情况下，长三角城市群政策对目标区域的空气质量影响不显著。

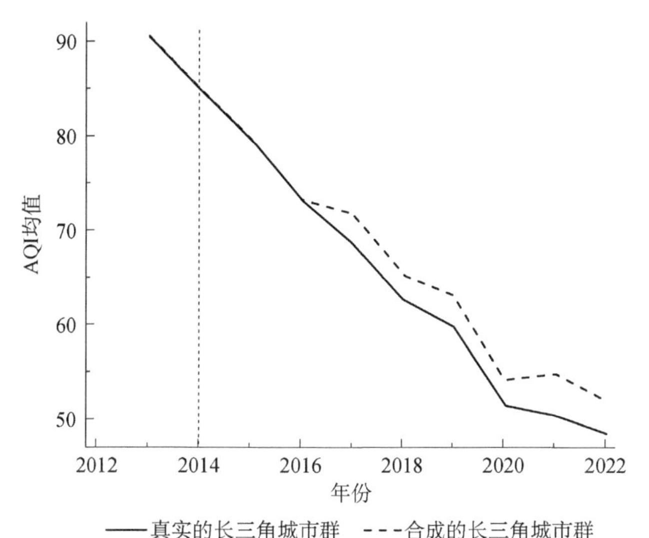

图 9-8　政策冲击时间为 2014 年的时间安慰剂检验

进一步地，本节又将政策冲击时间推后到 2016 年之后的两年即 2018 年，然后重新采用合成控制法进行时间安慰剂检验。通过重新进行合成控制分析得到的结果如图 9-9 所示，发现政策在 2018 年时对 AQI 的影响程度变弱，没有显著的变化。在虚构政策实施时间是2018年的情况下，长三角城市群政策对目标区域的空气质量影响变弱，实际AQI均值与合成AQI均值的差距依然是从2016年之后开始显现。因此，无论是将政策冲击时间假设为2014年还是2018年，政策对AQI均值的冲击均在2016年发生显著的变化，因而将长三角城市群政策即《发展规划》的时间设定为2016年是合理的，且长三角城市群的空气质量变化的确是由2016年的《发展规划》所引起的，而不是由其他的政策因素或随机性因素导致的，因此本章的目标政策效应评估具有较强的稳健性。

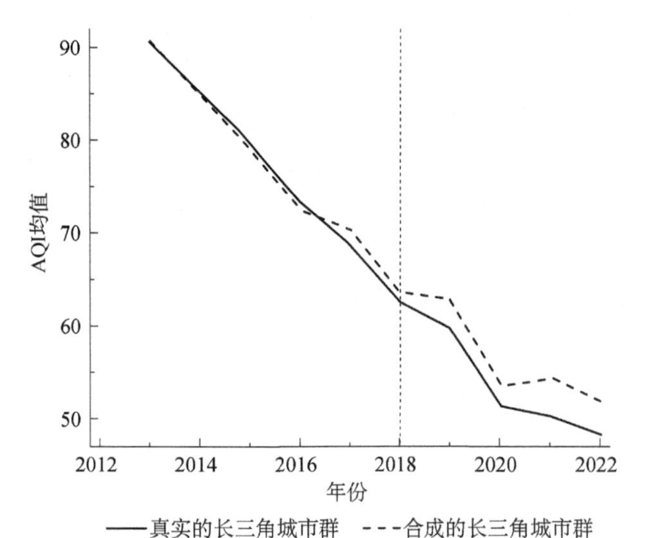

图9-9 政策冲击时间为2018年的时间安慰剂检验

4）更换估计方法

本节采用传统的双重差分方法来评估《发展规划》对空气质量的影响效应，对长三角城市群政策的降污效应的显著性进行验证和补充。双重差分模型设定如下：

$$y_{it} = \alpha_0 + \alpha_1 d_i \times d_t + \sum_{u=1}^{N} \beta_k X_{ut} + \mu_i + \gamma_t + \varepsilon_{it} \quad (9\text{-}5)$$

其中，y表示空气质量，d_i表示城市虚拟变量，城市群中的城市取值为1，否则取值为0；d_t为时间虚拟变量，《发展规划》颁布之后的年份取值为1，否则为0；$d_i \times d_t$为城市虚拟变量和时间虚拟变量的交互项；X_{ut}代表一系列的控制变量，包括经济发展、产业结构、工业发展、城市化水平、环境建设和对外开放等。μ_i和γ_t分别代表城市固定效应和时间固定效应，ε_{it}为随机误差项，

α_0为常数项，$d_i \times d_t$前的系数α_1代表《发展规划》对长三角城市群的空气质量的影响程度，预期其符号显著为负。此处需要注意的是双重差分方法需要较多的处理组，因此单个城市群不能成为双重差分方法的处理组，而使用2013～2022年11个国家级城市群包含的107个地级市的面板数据。回归的结果如表9-5所示，$d_i \times d_t$即政策项的系数为−6.997，在1%的统计水平下显著为负，说明《发展规划》对AQI的政策效应为负，即长三角城市群政策会显著降低AQI数值，并提升空气质量。换句话说，2016年颁布长三角城市群政策后，AQI数值显著降低，说明政策对AQI数值的影响方向为负，即多中心政策带来的降污效应较为显著，空气质量逐渐改善。以上更换估计方法的稳健性检验结果与合成控制分析结果一致，验证了合成控制法估计结果的稳健性。

表9-5　双重差分回归分析结果

变量	回归结果
$d_i \times d_t$	−6.997*** （1.564）
控制变量	是
常数项	−11.15 （13.74）
地区效应	控制
时间效应	控制
样本量	1 070
R^2	0.52

注：括号内为稳健标准误。
***表示在1%的水平上显著。

第四节　中心城市–外围城市的政策效应评估及机制分析

一、政策效应评估

在区域一体化协同发展的进程中，城市群内不同的城市会处于不同的发展阶段，长三角城市群多中心发展政策对中心城市和外围城市的差异化作用主要来源于三个方面。第一，优质要素集聚于中心城市。城市群多中心发展政策驱动经济增长主要源于优质要素集聚在整个城市群的中心城市或核心区域，从而推动城市群整体融合发展。但区域内的要素分配并不合理，大城市始终对中小城市产生虹吸效应。第二，多中心城市群发展政策有利于城市群发展，因为其在符合规模经济要求的同时又避免了单一中心的拥挤效应，通过优化资源配置、减少资源浪费和环境污染，促进城市群绿色发展水平的提高，带来的降污减排作用明显。第三，中心城市与外围城市的功能分工不同。企业更青睐于将研发和管理环节留在中心城市，而将生产制造环节选址在环境规制更为宽松的外围城市，这一定程度上也加剧了外围城市的空气污染。中心城市与外围城市空气质量的差异性具体来源如图 9-10 所示。

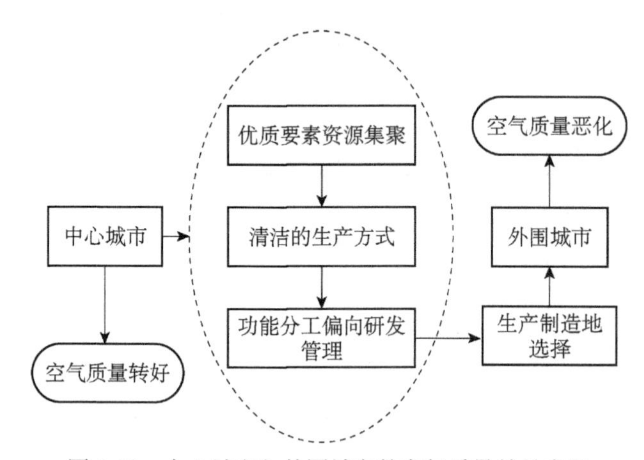

图 9-10 中心城市与外围城市的空气质量差异来源

依据中心-外围理论，长三角城市群多中心发展政策驱动区域一体化发展，因此绿色技术、科创产业等优质要素集聚在中心城市，促使中心城市积极实现产业结构转型。城市群的一体化发展也加快了城市间的基础设施建设，降低了产业转移的运输成本，外围城市承接了中心城市转移的第二产业，如重工业和生产制造业，空气污染也随之转移。基于以上的理论分析，探讨中心-外围城市与空气质量的政策效应评估成为本章的重要部分。

要想探讨《发展规划》对长三角地区中心-外围城市的空气质量的影响，合成控制法不再适用。原因有两点，一是在其他国家级城市群中的政策规划文件中没有明确中心城市和外围城市的区域范围，因此合成的中心城市和外围城市无法确定。二是合成控制法适用于处理组个体较少的政策评估问题，而这里需要探究的中心城市数量为 16 个，外围城市为 10 个，因此合成控制法不再适用。

城市群发展规划对空气质量的空间影响主要来自两个方面，一部分是随时间自然推进或随经济形势变化而形成的所谓的“时间效应”，另一部分是发展规划颁布引起的所谓“政策处理效应”（董艳梅和朱英明，2016）。问题的关键在于如何把随时间自然推进而引起的空间重塑效应与发展规划颁布这一“政策处理效应”区别开来？自然实验评估方法 DID 即双重差分法能用于对一项措施或者政策实施前后的效果对比，可有效分离“时间效应”和“政策处理效应”，因此本文选择 DID 对发展规划颁布的效果进行评价，即以《发展规划》中的长三角城市群区域内 16 个中心城市和 10 个外围城市分别作为中心城市处理组和外围城市处理组，没有受到政策影响的其他城市群城市作为控制组，采用双重差分法对政策的执行效果进行分析，设定的基准模型如下：

$$y_{it} = \alpha_0 + \alpha_1 d_i \times d_t + \sum_{u=1}^{N} \beta_k X_{ut} + \mu_i + \gamma_t + \varepsilon_{it} \tag{9-6}$$

其中，y 表示空气质量，$d_i \times d_t$ 为政策干预变量，若城市 i 为长三角地区城市且 t 为 2016 年及以后，则赋值为 1，否则为 0；X_{ut} 代表一系列的控制变量，包括经济发展、产业结构、工业发展、城市化水平、环境建设和对外开放等。μ_i 和 γ_t 分别代表城市固定效应和时间固定效应，ε_{it} 为随机误差项。

表 9-6 呈现了用匹配后的控制组样本和长三角中心城市和外围城市进行 DID 估计的结果，其中第（1）列中心城市的政策项对空气质量的影响系数为负，而第（2）列的外围城市政策项对空气质量的影响系数为正，均在 1%的统计水平下显著，与预期结果一致，这也进一步验证了《发展规划》的政策效应存在异质性，中心城市的空气质量改善，外围城市的空气质量变差。换句话说，长三角多中心发展政策降低了中心城市的大气污染水平，提高了外围城市的大气污染水平。值得注意的是，回归结果中中心城市的政策项系数绝对值远大于外围城市的政策项系数绝对值，说明中心城市的大气污染水平下降幅度要高于外围城市的大气污染上升幅度，因此总体地区的大气污染水平降低，空气质量在政策影响下仍有改善。

表 9-6 中心城市–外围城市的政策效应评估

变量	（1）中心城市	（2）外围城市
政策项	-15.53^{***} （2.158）	5.241^{***} （0.548）
常数项	-31.52^{**} （12.74）	−13.24 （12.72）
控制变量	是	是
地区效应	控制	控制
时间效应	控制	控制
样本量	1070	1070
调整的 R^2	0.252	0.231

注：括号内为稳健标准误。

、*分别表示在 5%和 1%的水平上显著。

为什么城市群内部会表现出政策效应的差异？从城市群中心城市与外围城市的功能分工对比来看，这种差异与中心城市和外围城市的产业布局、环境规制息息相关。首先，长三角城市群内的中心城市率先进行产业结构优化升级，承担着产业转型升级的示范作用，城市群多中心发展政策能扩大产业发展的市场范围，降低企业的交易成本，从而影响企业的专业化分工（王逸翔等，2023）。城市群内的中心城市具有长期的虹吸效应，影响范围更广，因此产业链的上游、企业的研发管理部门等“清洁”环节都会选择设在城市群内的中心城市，这些带来了清洁的生产方式；而产业链的中下游、企业的生产制造等“污染”环节会选择设在外围城市，进而对区域经济增长和大气污染有重大影响。其次，中心城市自身的环境规制更加严格，通过提升环境保护标准、加大污染查处力度、关停外迁污染企业等一系列措施加大环境规制强度。当前中心城市环境规制已成为重要的外生变量，深刻影响着各类企业特别是污染密集型企业的生产、经营乃至存续，并通过作用于微观企业对域内经济的空间分布格局产生深远影响。作为污染企业承载地，环境规制较为放松的外围城市主要接受产业转移，这造成政策落实产生的环境效应存在差异。当前城市群内部的政策效应差异归根结底在于污染的转移，而污染的转移主要来源于产业转移，因此下面将进一步验证城市群内中心城市与外围城市的产业转移。

二、机制检验

长三角城市群内空气污染的治理离不开对区域内的产业转移的管理。城市群内的产业转移对空气质量的影响主要是通过扩大污染规模效应发挥作用，且外围城市承接的多为高能耗、高污染排放并规模化发展的产业（涂涛涛等，2023）。群内产业转移并不考虑承接地的环境承载实际能力，马鞍山市、安庆市、铜陵市和池州市的环境承载力较弱，产业承接带来的单位产出耗能大且单位产出排污量大，合肥、芜湖等城市多以自身区位优势和科教优势，不断承接其他区域转来的优势产业，如新能源、新材料及生物科技等绿色产业，虽然工业污染排放量较大，但这些城市的治理污染能力较强，单位产出的污染排放量低（宋来敏，2021）。因此，在进行产业发展规划和污染治理时应制定动态可调整的污染治理方案，避免城市群多中心发展政策实施过程中污染转移对低发展水平地区环境治理造成威胁。推进跨区域产业链供需对接、标准统一和政策协同，深入分析地区产业结构差异，推动产业合理布局、分工进一步优化，打造各扬所长、优势互补的区域产业高质量发展新格局。

上面验证了长三角地区中心城市-外围城市的政策效应存在差异，区域逐渐实现一体化发展也是城市群政策所驱动，但在协同发展的过程中，政策效应的差异主要来源于区域内不同的产业结构布局（杨亚平和周泳宏，2013）。长三角城市群内中心城市与外围城市的空气质量变化是否验证了区域内的污染产业转移？《发展规划》的颁布究竟是通过提升整体区域的产业结构改善空气质量还是通过将中心城市的污染产业转移到外围城市治理空气污染？对这些问题的回答，能够更深入地探讨长三角城市群多中心发展政策对空气质量的影响内在机制，从中心-外围城市探讨城市群政策影响不同区域的空气质量的差异性，对于其他的国家级城市群实现经济与环境协调发展都具有参考意义。

因此，依据上面得出的中心-外围城市的降污效应的差异性的结论，这里提出假设，即《发展规划》颁布会造成第二产业向外围城市转移，第三产业向中心城市转移，从而导致污染转移。为了探究区域内空气污染的转移是否由产业结构调整造成，这里首先来验证城市群政策是否导致了城市群内部的产业结构调整，建立模型如下：

$$\mathrm{stru}_{it} = \alpha_0 + \alpha_1 d_i \times d_t + \sum_{u=1}^{N} \beta_k X_{ut} + \mu_i + \gamma_t + \varepsilon_{it} \tag{9-7}$$

分别以中心和外围城市作为处理组，其他国家级城市群内的城市作为控制组，对模型（9-7）进行估计，其中 $d_i \times d_t$ 为城市虚拟变量和时间虚拟变量的交互项，代表多中心发展政策对产业结构的影响效应，stru_{it} 为城市 i 在 t 年的产业结构，用第二产业和第三产业增加值占 GDP 的比重来表示。X_{it} 为一组控制变量，包括经济发展、城市化水平、环境建设和对外开放等变量，同时控制地区固定效应 μ_i 和时间固定效应 γ_t。在估计之前分别对长三角城市群城市与其他国家级城市群内城市的产业结构变量进行去中心化处理（本身数值减去均值），模型的估计结果如表 9-7 所示。

表 9-7 城市群多中心发展政策影响产业结构估计结果

产业结构	中心城市		外围城市	
	第二产业比重	第三产业比重	第二产业比重	第三产业比重
政策项	−16.86*** （2.024）	6.106*** （1.647）	7.576*** （1.751）	−15.67*** （1.981）
控制变量	是	是	是	是
地区效应	是	是	是	是
时间效应	是	是	是	是
样本量	1070	1070	1070	1070
调整的 R^2	0.59	0.66	0.58	0.56

注：括号内为稳健标准误，产业结构指标均做了去中心化处理。
***表示在 1%的水平上显著。

可以看到，中心城市第二产业的政策项在 1%的统计水平下显著为负，第三产业的政策项在 1%的统计水平下显著为正，这表明政策影响下，长三角城市群内的中心城市的第二产业比重显著下降，第三产业比重显著上升。外围城市恰恰相反，外围城市第二产业的政策项在 1%的统计水平下显著为正，第三产业的政策项在 1%的统计水平下显著为负，这说明政策影响下，外围城市的第二产业比重显著上升，第三产业比重显著下降。此估计结果说明多中心发展政策对产业结构调整的拉力相反，这也进一步验证了多中心发展政策的颁布会造成第二产业向外围城市转移，第三产业向中心城市转移，产业结构调整造成了区域内空气污染的转移。

为了厘清多中心发展政策颁布后中心城市和外围城市发生产业转移导致空气污染变化的内在原因，首先，需要厘清多中心发展政策为什么会导致中心城市和外围城市的产业转移，其次要考虑产业转移带来的空气污染变化。

如图 9-11 所示，《发展规划》颁布后增加了资源和要素流动，实现了区域协调发展。随着地区之间的经济联系更加紧密，环境污染的流动增加。同时，《发展规划》也促成外围城市成为承接中心城市污染密集型产业转移的重点区域，造成了中心城市环境污染水平下降，外围城市环境污染水平上升，但城市群整体环境污染水平略有上升。城市群内部经济发展水平不同的地区对经济和环境污染的偏好程度存在差异，优质要素资源集聚于中心城市，长三角城市群更倾向将上海市打造为龙头城市，并发挥其核心作用和区域中心城市的辐射带动作用，培育加强科技创新，第三产业比重明显上升；而政策更倾向将合肥市、芜湖市及马鞍山市打造成为承接产业转移示范区，苏州市、无锡市及常州市等成为制造业集聚地，建设工业园国家开放创新综合试验区，政策的倾斜像一双“无形的手”，推动着区域内产业结构的变化，使得科创产业在上海市集聚，金融服务业发展较为迅速。欠发达城市的政府官员出于晋升激励的政治动机，追求粗放式的经济增长模式，实现规模经济，产生经济集聚效应，扩大能源和资源的消费需求，从而增加城市群的大气污染。同样，粗放的城镇化模式也是造成城市群大气污染的原因之一，农村人口涌进大城市，多在制造业行业就业，这容易在大城市形成制造业集聚从而带来交通拥堵、大气污染等一系列问题。根据经济增长收敛理论，多中心发展政策在区域内的实施，促进资本、知识和信息等要素的自由流动，欠发达城市主要可以通过税收减免、土地供给等方式吸引发达城市的污染企业并获得经济发展，但也加重了区域污染，而且随着地区之间的经济联系更加紧密，大规模的基础设施建设也会产生更多的空气污染。

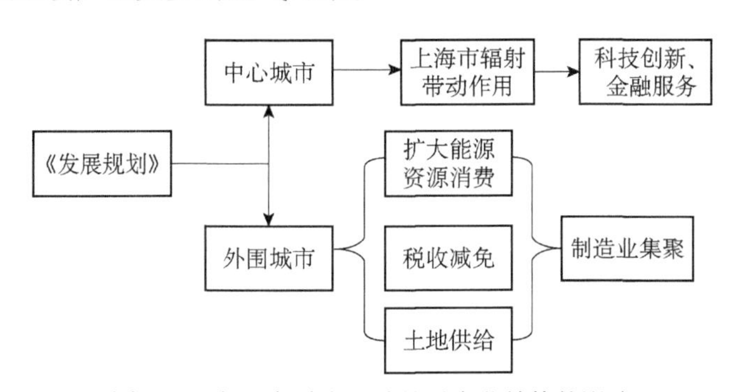

图 9-11　长三角城市群政策对产业结构的影响

其次，如图 9-12 所示，要厘清中心城市和外围城市的产业转移对空气污染的影响，还离不开多中心发展政策中有关大气污染的治理措施。《发展规划》指出，苏中、浙中、皖江及沿海部分地区是资源承载能力具有较大潜力的地区，也是重点开发的区域，扩大产业布局，并引导人口加快向重点开发区域集聚，如合肥、南通、马鞍山及滁州等城市实现有效承接产业转移，这一系列措施都促使外围城市成为长三角城市群承接产业转移的重点区域，产业在空间上的变动也带来了污染的变化。长三角城市群的中心城市在较高的经济发展水平下逐渐将污染密集型产业挤出，提升了生产的清洁程度，从而进行了产业结构转型升级；而外围城市经济水平较低，通过承接产业转移，第二产业比重上升，这也带来了污染排放规模和生产排污程度提高。多中心发展政策中诸多治理大气污染的措施，在一定程度上带来的环境效应比产业转移带来的污染效应更大，因此多中心发展政策对于区域内的空气质量产生改善作用但也受限于中心和外围城市间环境规制政策的协调性。只有加强中心和外围城市的产业合作，建立产业链联动机制，形成“你中有我，我中有你”的局面，倒逼污染的联防和共治，才能在不牺牲外围城市环境水平的基础上完成中心城市节能减排的目标，从而实现环境的帕累托改善。

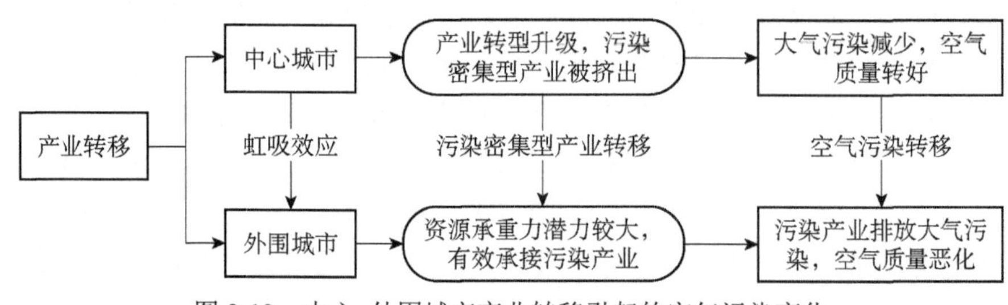

图 9-12　中心-外围城市产业转移引起的空气污染变化

三、调节效应分析

政策的边际效应指的是政策变化对经济体最后一个单位的影响，它也是检验该政策是否成功落实的一个重要指标。依据李洪涛和王丽丽（2020）的做法，考察城市群政策的边际效应主要是考察政策与调节变量的交互项。关于调节变量的选择，城市规模越大，在城市群政策落实方面越具有优势，一方面城市规模越大的城市，经济发展水平较高，政府能够通过财政收入、权力职能优势推动城市群发展规划的有效实施；另一方面，城市规模优势体现出该城市政府在行政级别上比较高（一般为省会城市、副省级城市等），则它在区域经济发展中具有较高级别的行政资源，因此城市群发展规划的设计、出台及落地等一系列过程不能脱离此类城市在区域、城市发展中的政府实际治理能力。参考郭晓丹等（2019）的方法，这里选择城市规模为调节变量，将城市规模划分为中型城市、大型城市、特大型城市和超大型城市四类。长三角城市群所有城市的城市规模划分的具体结果见表 9-8。考虑到观测值的数量不宜过大，将超大型城市与特大型城市合并为一类，后面通过建立多中心发展政策与城市规模的交互项以考察长三角城市群政策的边际效应。

表 9-8　长三角城市群的城市规模一览表

城市规模	包含城市
中型城市（50 万～100 万人）	嘉兴市、金华市、舟山市、马鞍山市、铜陵市、安庆市、滁州市、池州市、宣城市
大型城市（100 万～500 万人）	无锡市、常州市、苏州市、南通市、盐城市、扬州市、镇江市、泰州市、杭州市、宁波市、湖州市、绍兴市、台州市、合肥市、芜湖市
特大型城市（500 万～1000 万人）	南京市、杭州市
超大型城市（1000 万人以上）	上海市

注：长三角城市群内的所有城市的市辖区常住人口虽然会随着时间有所变化，但上下浮动范围较小且在划分区间内，且城市群内暂不统计小型城市，即便极个别城市在 2013 年、2014 年的市辖区年末常住人口低于 50 万人，但在整个样本区间的大部分阶段市辖区年末常住人口高于 50 万人，因此仍划分为中型城市。

目前较多学者都探究了城市规模对诸多政策实现环境效应的影响。比如，吴欣雨等（2023）发现了城市规模不同对于绿色信贷的环境治理效应存在显著差异，规模越大的城市往往有更强大的政策实施和落实力度，从而对环境污染的治理效应也更显著。这里为了研究城市规模在城市群政策实现环境效应的调节作用，建立政策与城市规模的交互项考察城市群政策的边际效应，具体的估计结果如表 9-9 所示。

表 9-9　城市规模的调节作用

变量	整体地区
政策项	−19.11*** （3.320）
政策项 × 城市规模	−6.957*** （1.344）
城市规模	8.011*** （2.868）
控制变量	是
常数项	54.48 （35.07）
地区效应	是
时间效应	是
样本量	1070
调整的 R^2	0.61

注：括号内为稳健标准误。

***表示在 1%的水平上显著。

由表 9-9 可知，加入了城市规模后《发展规划》的政策项在 1%的水平上显著为负，说明前文得出的结论，即城市群多中心发展政策能够降低区域空气污染依旧成立。本章最关注的政策项与城市规模的交互项均在 1%的水平上显著为负，表明城市规模越大的城市，《发展规划》所发挥的降污减排效果越明显。换句话说，城市群内规模越大的城市，落实城市群政策的大气污染治理措施的效果越好，《发展规划》实现的降污减排效果越好。长三角城市群内，上海市、南京市、杭州市、无锡市、常州市、苏州市、南通市、杭州市和宁波市等的城市规模均为大型城市及以上，而安徽省的马鞍山市、铜陵市、安庆市和滁州市等只是中型城市。城市群内显著的城市规模差异，也决定了这些城市的发展水平和落实政策的实际治理能力各自不同，更直观地反映出城市群政策以城市规模为调节变量的边际效应作用的差异性。尽管城市规模的提升能够有效促进城市群政策实现空气质量改善，然而区域内的空气质量变化也显著地受城市规模调节作用的影响，这也表明扩大城市规模优势是提升政策实施效果的关键。

第五节　本章小结

《发展规划》，明确长三角城市群多中心空间发展的路径与机制保障。本章以该规划文件为研究对象，基于 2013～2022 年的 11 个国家级城市群的面板数据，探究长三角多中心空间发展政策对空气质量的影响及作用机制，发现长三角城市群政策的确有效地提升了区域内的空气质量，该政策效应存在异质性。长三角城市群政策是通过提高环境规制、优化能源消费结构和产业结构转型产生降污效应的内在作用机制。长三角城市群区域内整体城市规模的提升能够有效促进城市群政策实现降污减排和改善空气质量的有效实施。政策变化的边际效应也是检验该政策是否成功落实的一个重要指标，因此选择城市规模作为调节变量，建立政策与城市规模的交互项以考察长三角城市群政策的边际效应，发现城市群内的城市规模越大，多中心空间发展政策实现降污效应的效果越明显。

第十章

多中心空间发展减霾建议及研究展望

保护环境与发展经济并不矛盾，二者的协同发展与习近平总书记提出的五大理念中的协调理念的含义保持一致，十八大以来中央制定的各项政策也都体现了政府对区域协调发展的高度重视。但学术界对于我国城市化发展应走的道路仍然存在着争论，其争论的关键在于我国城市化发展是应该以大城市为主先发展大城市，还是要更加重视中小城市的潜力，重点发展中小城市。一些学者认为，我国现有的大城市人口还远远没有饱和，城市的规模到目前为止也没有达到最优状态，因此，应积极对大城市进行扩张。另一种截然不同的声音是，一些学者认为我国的发展具有一定的特殊性，他们认为我国不仅地域广阔而且人口基数较大，因此在城市化的推进过程中应注意城市分布的均衡性，即我国应该走多中心城市发展道路，且应以中小城市为主。不可否认的是上述观点都有其各自的考虑，上述研究的对象基本都集中于省域、城市或者城市群，仅有的研究城市区域多中心空间发展的文献只关注到了其与收入差距和经济增长的关系，却没有关注到城市区域这一尺度下多中心空间发展与雾霾污染之间的关系。本书通过对城市群、城市空间结构分别进行测度，使用 NASA 公布的雾霾污染数据、中国工业企业污染排放数据库和中国工业企业数据库匹配数据、中国家庭能源消费调查数据等，结合空间计量、GS2SLS 等方法检验了城市区域多中心空间发展与雾霾污染、污染产业布局和家庭能耗等之间的关系。在进行了基准回归、稳健性检验、异质性检验、机制分析及进一步分析与讨论后，本书得出如下结论。

（1）我国城市群整体上呈现出多中心的空间结构。具体来说，除了兰西和北部湾这 2 个城市群为单中心空间结构外，其余城市群都呈现出多中心空间结构。我国城市群的雾霾污染还会对周边邻近城市群产生严重外溢。东部城市群和中部城市群的雾霾污染都存在着对邻近城市群的溢出现象，且东部城市群的雾霾污染外溢现象大于中部城市群，西部城市群的雾霾污染并没有向相邻或邻近城市群溢出。从城市群内部来看，89.93%的污染企业在距离中心城市 320 千米的空间范围内密集分布，大部分污染企业并未选址在中心城市反而更青睐在周边城市。对于撤县设区所带来的多中心空间发展，整体上经历撤县设区的县域在调整后，其污染产业地理集中度相对于调整前有所降低。随着首位度指数不断增加，即单中心程度增加，家庭平均能源消费量不断上升，而多中心程度高的城市往往保持着相对较低的家庭能源消费水平。

（2）从城市群来看，城市群多中心空间发展的确有利于降低城市群 PM2.5 浓度，中心度每增加 0.01 个单位，城市群的雾霾污染 PM2.5 浓度将降低 0.301%～0.393%。当城市群的人口密度超过 2510 人/千米^{2}时，城市群多中心空间发展的降霾效应将不复存在。东部城市群的多中心空间发展的降霾作用最为明显，其次是中部城市群，西部城市群多中心空间发展的降霾作用最小。城市群多中心空间发展模式对污染企业存续状态的影响呈现显著的倒 U 形特征，京津冀、珠三角和长江三角洲城市群已跨越了拐点。从城市角度而言，撤县设区所带来的多中心空间发展对降低城市能源强度具有正向影响，该效应是在实施后第三年开始产生显著效果的。撤县设区能够显著降低城市的污染产业地理集中度，这意味着撤县设区有利于优化城市的污染产业结构，促使城市的污染产业为寻找最优生产区位而产生迁移行为，进而影响城市的污染产业布局从过度集聚到布局优化的状态。撤县设区所带来的多中心空间发展也有利于降低被撤并县工业企业二氧化硫排放，该结果在地区经济实力、监管距离和行业性质下存在差异，政府调控能力和中心城区首位度均发挥着显著的调节作用。从城市家庭部门角度来看，城市空间结构的多中心化发展的确有利于降低家庭能源消耗，城市多中心度每增加 0.01 个单位，家庭能源消耗总量降低 0.352%。最后，长三角城市群多中心发展政策的确有效地提升了区域内的空气质量，该政策效应存在异质性。

（3）城市群多中心空间发展对雾霾污染的影响主要通过增加客货运量、提高能源效率以及降低第二产业等机制发挥作用，同时也受到产业集聚、基础设施水平及城市之间平均距离的制约。从城市角度来看，撤县设区所带来的多中心空间发展对降低城市能源强度主要是通过地区分权、集聚效应及区域一体化来实现的。通过地方政府竞争和环境规制力度的路径降低城市污染产业地理集中度，会受到城市政府的调控能力和政府与产业之间的监管距离的制约。在全过程管理框架下，撤县设区所带来的多中心空间发展对污染企业二氧化硫降低作用主要通过前端控制和末端治理实现，过程管理效果不明显。从城市家庭部门来看，城市多中心空间结构主要通过影响家庭的住宅选择、出行习惯以及城市热岛效应进而对家庭能源消费产生影响。最后，长三角城市群多中心发展政策是通过提高环境规制、优化能源消费结构和产业结构转型产生降污效应的内在作用机制。

第一节　多中心空间发展减霾建议

一、发挥人口密度调节效应，统筹规划城市区域人口分布

积极构建城市区域多中心空间网络来达到降低雾霾污染和家庭能耗及合理布局污染产业的目的。尽管在研究样本期内尚未发现城市区域多中心空间发展与雾霾污染之间存在非线性关系，但这并不意味着城市区域多中心空间发展与雾霾污染在未来也不存在这种关系。因此雾霾污染的治理是一项长期任务，在积极培育城市群的次中心城市，构建城市群多中心空间网络，打赢雾霾污染这个攻坚战和持久战的同时，要树立忧患意识，谨防拐点的出现，避免出现城市群多中心空间发展加重雾霾污染局面的出现。另外我们发现人口密度达到一定程度时多中心空间发展的降霾作用就会消失，雾霾污染反而会随着多中心度的增加而变得严重，因此要对城市区域人口进行统筹安排，缓解城市区域的人口压力。以长三角城市群为例，长三角城市群的常住人口主要分布于上海市这一超大城市和南京市这一特大城市，城市群人口规模分布存在失衡现象。实际上，不仅仅是长三角城市群，其他国家级城市群人口分布也呈现不均衡状况，因此要积极鼓励次中心城市分解中心城市的人口压力。首先中心城市要改变以往无序蔓延式发展方式，防止在城市化推进过程中产生人口过度集聚造成城市群雾霾污染的加重现象的出现；其次，次中心城市政府要积极制定差异化的人才引进政策，同时降低人才准入门槛，积极吸引中心城市人才进入，帮助中心城市纾解人口压力；最后，非中心城市政

府要积极完善基础设施等，建立与人才引进产生的集聚相配套的城市交通网络及信息网络。

二、谨防城市区域雾霾污染外溢，建立城市区域联防联控治霾机制

（1）东中部城市区域建立联防联控治霾机制，西部城市区域树立雾霾外溢忧患意识。前文研究发现城市区域雾霾污染很有可能会溢出到邻近城市区域中，而且东部外溢现象要大于中部，而西部很少存在外溢现象，因此，应实行差异化的治霾战略。首先，东部城市区域作为雾霾污染状况最严重的区域而且是防止污染外溢的主战场，要谨防雾霾污染出现“雪球效应”；其次，中部地区是防止雾霾污染外溢的次重点地区，东部和中部城市区域要谨防雾霾污染的“泄露效应”；最后，尽管西部城市区域在研究样本期中不存在雾霾污染外溢现象，但中央政府也应通过对东中部城市区域中防霾治霾不力的城市政府进行约谈，从而对西部城市区域中的城市政府产生“警示效应”。此外，西部城市政府也应时刻树立忧患意识，居安思危。东中部城市区域的雾霾污染外溢问题绝不仅仅是一个简单的污染外溢问题而是一项复杂的系统性工程，雾霾污染外溢问题也绝不仅仅是中央政府的单方责任，其与各城市区域政府以及各方利益主体密切相关，根据多中心治理理论和协同治理理论，雾霾污染外溢问题的解决不能单单依靠中央政府自上而下的强制约束，还需要各城市区域政府积极建立联防联控治霾机制，同时鼓励公民、企业以及民间环保组织等多方主体参与，尽快形成治霾的有效合力。

此外，还应积极建立城市区域防污治霾的生态补偿机制，积极构建区域统一的雾霾污染监测平台，共享环境污染监测数据，提高区域内环境监测力度及惩戒力度。城市区域雾霾污染的溢出效应表明仅仅通过单个城市的单方面的降霾努力是不可行的，换句话说，在各城市区域政府各自为政的情况下，单个城市区域降霾的努力及成果往往会因城市区域雾霾污染的泄漏变得徒劳无功，这将极大打击城市区域降霾积极性，鉴于此，城市区域雾霾污染的共治及成果的共享必须依靠城市区域各级政府的联防联控。联防联控机制的顺利和有效建立及实施，关键在于各级政府能否从根本上认识到区域间雾霾共治的共同利益。城市区域政府应积极打破在联防联控机制建立时存在的地区

壁垒，通过共用彼此的资源及条件，协同规划雾霾污染治理方案，防止城市区域内部之间出现重复治理现象，从而降低治霾的经济成本，实现减少雾霾污染、共享治霾成果的目的。

（2）建立绿色技术创新共享机制。在城市化进程中，要优化现有的产业结构，发展清洁能源绿色产业，同时要把治理雾霾污染作为一项长期执行的制度固定下来。地方政府要大力扶持创新型企业，首先，要制定和完善治理环境的法律法规和规章制度，完善相关资源税和碳税的制定和实行，构建全国范围内的排污权交易市场，提高环境生产效率。其次，积极制定并出台相应的税收优惠政策，对清洁生产的企业进行表彰与补贴，对污染排放超标的企业进行罚款与警示，甚至在必要时关停重污染企业。再次，积极制定外资企业进驻的优惠政策，严把外资企业资质的同时简化合规外资企业入驻的审批手续，加强当地配套设施的完善及建立，吸引高新技术外资企业入驻，利用外资企业的清洁技术外溢达到降低雾霾污染的目的。最后，要把扶持创新型企业和产业结构优化结合起来，把新技术新工艺投入产业结构转型中。利用一体化区域平台建立共享机制和激励机制，技术只有利用起来才能造福社会，地方政府要设立激励机制鼓励企业研发和共享清洁生产技术，提高技术使用率，促进技术转产，实现绿色环境共享。同时，鼓励区域企业进行产业重组，淘汰落后产能，清理污染低产值的企业，整合区域资源，不同城市间要优势互补，合理分布当地产业，带动落后地区经济发展，实现区域共同发展，共享生态环境改善的成果。

三、科学制定减霾政策，层层落实减霾目标

雾霾污染形成的原因并不单一，人口密度的增加和城市化水平的推进并未起到促进城市群雾霾污染降低的作用，反而增加了城市群的雾霾污染，技术进步、对外开放和环境规制虽然起到了降低城市群雾霾污染的作用，但其系数绝对值较小，可见并没有在降霾工作中发挥较大作用。通过以上分析可以发现，雾霾污染产生的根本原因在于本可以降低雾霾污染的因素没有充分发挥其作用，而增加雾霾污染的因素却没有得到有效的抑制，因此雾霾污染的治理是一项系统性工程，需要进行全局统筹规划，综合考虑各种因素，实行科学的顶层设计。同时，彻底治理雾霾污染要秉承着“釜底抽薪”的理念，从根本出发，从源头着手，制定科学的减霾政策。

对不同区域城市群因地制宜地制定减霾目标，根据实际情况为雾霾污染较为严重的东部城市群制定较高的降霾目标，中部城市群次之。尽管西部城市群的雾霾污染状况不及东中部地区严重，但也应为西部城市群制定降霾目标，此外，西部城市群在完成自身降霾目标的同时，还应完成对东中部雾霾污染较为严重地区的帮扶目标，这些降霾目标的制定和完成有赖于完善的政策。此外，各城市群政府也应积极制定降霾目标分解政策，将城市群的降霾目标合理分配到城市群内各城市之中，同时各城市政府要积极制定本市的降霾目标分解政策，将降霾目标分解至各市辖区，使降霾目标层层下沉，进而形成“星火燎原”的降霾之势。此外，还应科学制定降霾目标的验收政策，降霾不能止于文件，更需要硬指标对降霾目标的完成情况进行衡量，如对本区域的PM2.5浓度进行逐月监测，防止各地区政府出现赶工现象，对治霾懈怠的官员进行约谈。建立一体化的环境质量监测系统，共享污染信息，完善污染补偿制度，统一建立区域内环境质量监测平台，实现区域内环境质量信息和预警信息及时共享，对公民、企业及民间环保组织对雾霾污染超标对象进行自下而上举报的行为进行奖励，加强区域内环境监督与执法力度，统一区域内环境规制行动，形成有效的雾霾污染治理合力。

四、积极发挥非中心城市（城区）政府职能，继续强化中心城市（城区）主体地位

（1）积极发挥非中心城市（城区）政府职能。非中心城市（城区）政府在积极融入城市区域多中心网络的同时要主动借用中心城市（城区）的规模，纾解中心城市（城区）的拥挤现象，同时，非中心城市（城区）在享受中心城市（城区）集聚的正外部性时，要尽可能避免中心城市（城区）的负外部性对非中心城市（城区）的影响。此外，非中心城市（城区）在积极发展经济、寻找自身的比较优势和发挥其主体职能时要注意，在接受中央政府或中心城市政府的优惠性扶持政策时，要注意适度使用中央政府的优惠政策，如信贷优惠政策等，避免过度使用这些政策。不可否认，这些优惠政策在经济发展的早期或者在城市区域多中心网络构建的早期会带来一些积极的影响，但同时也会对生产要素的配置产生严重的破坏，从而损失其环境效率，这反而加剧了非中心城市（城区）的雾霾污染。如上所

述，城市区域多中心空间发展对雾霾污染的降低作用受制于产业集聚、基础设施和区域内城市（城区）之间的距离的影响，因此，一个较好的思路是，非核心或落后城市（城区）的政府应充分利用好与改善本地雾霾污染及与提高本地产业集聚、基础设施水平相关的政策，理智分析和适度利用其他政策。

（2）继续巩固中心城市（城区）主体地位。城市区域多中心空间发展对雾霾污染的缓解作用依赖于城市区域内部产业集聚和基础设施，而中心城市（城区）往往拥有更高程度的产业集聚和完善的基础设施。因此，构建城市区域多中心空间网络结构并不是意味着要让中心城市（城区）丢掉其主体地位或者限制中心城市（城区）的发展，而是要继续巩固中心城市（城区）主体地位，这意味着要积极鼓励城市产业中的龙头产业和优势产业进行合理化分工，同时梳理裁撤同质产业，在防止低效产业进行无底线竞争的同时也要规避低效产业的无序竞争。城市区域中不同等级城市（城区）的存在支撑了产业结构的优化和合理化发展，学者们对发达国家的城市（城区）进行研究后发现产业会根据自身的类型选择适合自身发展的城市（城区）从而形成集聚，中心城市（城区）对第三产业的吸引力最大，处于城市区域边缘的城市（城区）因为地价较低更加吸引制造加工业等第二产业集聚，所以服务业往往在中心城市（城区）占据较大的比重，而人口规模会随着第三产业的发展而增多，从而有利于发挥集聚经济的正外部性并降低雾霾污染。因此，刻意弱化核心城市（城区）的主导地位以追求中心城市（城区）和非中心城市（城区）的等级或地位均等化，可能会减少服务业的集聚，取而代之的是制造业的集聚，这可能会增加城市区域的雾霾污染。

五、推动要素流动，加强城市区域基础设施建设

（1）提高城市区域产业集聚和基础设施水平。城市区域多中心空间发展主要通过产业结构、要素流动和绿色技术等机制间接作用于雾霾污染，其降霾作用会受到产业集聚和基础设施水平的影响。因此城市区域各级政府应加强在降低第二产业比重、增加要素流动与提高能源效率方面的投入，同时也应注重提高产业集聚度和基础设施水平，为城市群多中心发展降霾作用的发挥助力。在专业化集聚方面，积极构建城市区域水陆空三维交通网络，尤其是加快轨道交通网络的建设，从而提高城市群内人流和物流的流通速度，减

少流通障碍。对城市区域的交通网络及电信基站等进行优化整合，减少重复、混乱及低效交通路线的开发与建设，对城市区域新能源汽车企业及行业进行补贴，实现专业化集聚与基础设施协同发展。在多样化集聚方面，要优化城市区域产业布局，积极鼓励企业共享中间投入品，增加上游产业和下游产业的联系度和紧密度，此外，鼓励区域开发更多的中间投入品，缩短城市区域企业间运输距离，降低产品运输的强度，缓解交通拥挤现象，从而降低城市区域的雾霾污染。

（2）加强区域连接性基础设施的建设。更高水平的产业集聚和基础设施才能使得城市区域多中心空间发展有效发挥其降霾机制，而产业集聚和基础设施水平的提高又有赖于要素的充分流动。由于我国特有的户籍制度使得无论是人口的流动成本还是商品的流动成本都大大增加，因此打破户籍制度的限制或者是在现有户籍制度下加强区域间连接性的基础设施的建设就显得非常有必要，这样可以大大降低人口流动成本以及商品流通成本。人流和物流只有在这些成本降下来以后才能真正融入城市区域各级政府所构建的多中心网络中来，从而才能真正发挥多中心网络的正外部性，进而减少城市区域雾霾污染。此外，中心城市（城区）往往拥有更高的城市化水平和更强的经济实力，应积极发挥其主体地位，主动承担建立区域连接性基础设施的责任。就交通基础设施而言，要积极打破城市间（城区间）的交通壁垒，减少不必要的交通关卡的设立，建立通达的高铁和公路网络，开通航空运输航线，建立水陆空联结一体的交通基础设施；就信息基础设施而言，加强对无线基站的开发、利用及维护等工作。同时，区域连接性基础设施的构建也需要城市区域各级政府的有效配合，因此需要让各城市政府认识到建立连接性基础设施的必要性，形成共建连接性基础设施的合力。

第二节　多中心空间发展减霾绩效研究展望

一、构建理论分析模型

由于研究能力有限，本书主要聚焦于弥补以往空间结构环境绩效研究中的实证证据不足，提供多中心空间发展减霾绩效研究的实证支撑。事实上，已有研究在理论模型的构建上也存在很大不足。已有的理论模型分析多是集中在空间结构的形成和演化上，经典如概括出城市内部单中心结构的Alonso-Mills-Muth模型，而具体到空间结构的绩效分析上，现有大部分的实证研究都是基于以往的经验回归模型，且空间结构或单中心/多中心在绩效判断上莫衷一是很大程度也被认为是由于理论不明晰或者理论框架不完备，严谨的理论模型推导还有待后续的进一步研究。

二、从形态多中心发展向功能多中心发展延伸

囿于数据的可得性，本书在空间结构的测度上虽然使用了夜间灯光数据，但仍均是形态上的单/多中心，且这种形态的空间结构还存在多种的测度方法，比如基于就业人口、中心个数等。向功能多中心发展延伸不代表其“高级”或“时髦”，但应该肯定是随着交通通信技术的不断进步，人流、物流和信息流正以前所未有的速度发展着。毫无疑问，能更加真实地反映城市之间相互作用的“流空间”日趋重要，而基于功能或“流”的空间结构也会对发展产生越来越重要的影响。尤其是近些年随着大数据研究的兴起，功能空间结构研究中数据不足的问题也逐渐得到弥补。目前有不少研究开始挖掘使用新浪微博、百度迁徙、商业机构兴趣点（POI）及手机信令数据分析我国城市的网络特征，因此如何在数据上进一步的处理样本的代表性以及将大数据与其他社会经济属性数据相连接是亟待解决的技术性问题，而基于我国数据的形态空间结构和功能空间结构的关系、功能空间结构的多尺度/多维度的绩效等是尚待进一步探究的研究主题，也是目前研究的前沿。

三、补充基于空间正义诉求的城市空间结构优化研究

空间是社会实践的产物，社会关系和空间关系之间是辩证交互作用。城市的空间结构同样无法脱离社会生产关系存在。传统城市研究理论中芝加哥学派强调的城市中心处于城市空间的支配地位，经济活动由中心向外扩张，伴随着富人区和贫民区的形成和居住分离；洛杉矶学派的空间思想基于城市多中心空间结构，认为随着生产关系的转变，传统工业区的减弱、许多竞争性分散中心崛起，城市中心不再占据主导地位。早期霍华德的田园城市关于社会制度改革的宏大设想，后期城市增长管理、精明增长、紧凑城市等规划

思想限制城市蔓延对开放空间和外围农业用地侵占的目标，无论其最终实践效果如何，它们的出发点都明显地体现了空间正义的思想。在未来城市多中心空间结构的研究中，应该增加对空间剥夺、空间隔离、空间不平衡发展、公共资源的空间分配不公等问题的关注。尤其是城市空间调整过程中是否会带来社会结构的调整，如不同收入群体的隔离，高低技能劳动力市场的两极分化，基础设施的公平性和可达性等都亟待关注。

四、补充多中心空间发展影响城市区域雾霾的案例研究和个体行为研究

通过大量的样本和计量经济模型得到的规律性的结论具有普遍适用性，但是不同的城市、不同的发展阶段都具有不同的社会经济特征，所适用的空间结构也就不尽相同。更具体一些来说，各城市区域的基础设施、产业集聚水平和城市区域的城市（城区）平均距离等情况都有差别，普适性的规律如果盲目地套用在某一个城市区域，可能并不会对该城市区域的雾霾治理产生有利影响，反而会弄巧成拙，增加该城市区域的雾霾污染。因此，还是要因地制宜地根据当地的人口特征、生态现状具体问题具体分析。因此，进行单个城市区域的案例分析就十分必要，这能够深入地剖析一个城市的特征，并得出符合这个城市区域特征的政策建议。通过深入剖析单个城市区域的特殊之处，具体问题具体分析，对普适性的治霾政策进行补充和优化，避免“只见数字，不见人”的弊端，从而在治霾的过程中达到事半功倍的效果。

之所以这容易造成“只见数字，不见人”的弊端，因为不同的居民对于空间结构的敏感性和感知度是不同的，且个人“用脚投票”的居住和就业行为会改变城市的人口空间分布结构。相对于基于城市和区域的研究，个体行为研究能够发现具有不同社会经济属性的个人对于空间结构的反应和塑造，以及在此空间结构条件下对城市生态的影响。在此领域内，本书虽然从个体微观角度考察城市区域空间结构对家庭能源消耗的影响，但本文的结论仍基于城市区域整体的、平均的减霾绩效，而个体微观研究可以精确地探查多中心或单中心的空间结构，是否真实地促进了个体能够获得更多的清洁空气，更接近低碳消费以及绿色出行。随着更多微观个体数据的开放，更精确的居住和就业位置信息、机动车通勤行为信息、休闲出行信息等大数据的获得，使得个体行为的空间结构减霾绩效研究成为可能。

五、加强基于空间干预政策的城市区域空间结构战略评估研究

对于区域发展政策如何干预经济活动发展，长期以来存在空间中性和空间干预的争论。空间中性视角认为不应该考虑空间因素，强调个人可以“用脚投票”选择自身利益最大化的区位，有利于总体环境绩效，因此也被视为基于人员的政策；空间干预政策认为集聚并非自然形成的，只有基于特定地方的干预政策才能影响区域环境绩效。城市多中心空间结构战略与政府的空间干预政策密不可分，政府为缓解主中心拥堵效应疏散主中心就业和人口、同时为城市区位外围次中心的集聚给予政策扶持等空间战略过程中都能看到空间干预思想的影子。尤其在我国“财政分权政治集权”和“官员晋升锦标赛”的制度环境影响下，城市政府通常选择基于本地的“为增长而规划”政策。但政府的干预政策评估在多中心空间结构的减霾绩效评价研究中被长期忽视，相关的研究中已有包括产业园区政策、集群政策、基础设施投资政策等基于不同地方的政府区域空间政策评价。

本书对于多中心空间结构的减霾绩效的评价，主要基于多中心空间结构形成以后这一既定形态的减霾绩效评估，不区分是市场行为还是政府行为引导产生的多中心结构，因此也忽视了政府政策选择在多中心空间结构形成过程中的作用。多中心空间结构政策在整体收益-成本的均衡过程中是否是一个“零和均衡”，即政府为建设多中心在短期、局部地区付出的高昂成本能否在更长的时间、更广的空间维度上得到分摊，还是仅仅是跨时间、跨空间的透支用于补贴特定时期、特定地区的环境治理？因此，当前基于地方的多中心空间引导战略，是否能在更长时期、更大的空间范围得到治理成本回收甚至获得更多的收益回报，需要进一步的政策评估检验。

参 考 文 献

安杰尔·什洛莫. 2015. 城市星球[M]. 贺灿飞，陈天鸣，等译. 北京：科学出版社：87-88.

包群，彭水军. 2006. 经济增长与环境污染：基于面板数据的联立方程估计[J]. 世界经济，（11）：48-58.

薄文广，崔博博，陈璐琳. 2019. 环境规制对工业企业选址的影响——基于微观已有企业和新建企业数据的比较分析[J]. 南开经济研究，（4）：37-57.

才国伟，张学志，邓卫广. 2011. "省直管县"改革会损害地级市的利益吗？[J]. 经济研究，46（7）：65-77.

蔡宏波，钟超，韩金镕. 2021. 交通基础设施升级与污染型企业选址[J]. 中国工业经济，（10）：136-155.

曹裕，陈晓红，王傅强. 2012. 所有制、行业效率与转型经济下的中国企业生存[J]. 统计研究，29（1）：74-79.

陈操操，刘春兰，汪浩，等. 2014. 北京市能源消费碳足迹影响因素分析——基于 STIRPAT 模型和偏小二乘模型[J]. 中国环境科学，34（6）：1622-1632.

陈飞，徐鹤，李永贺. 2024. 长三角地区城市密度对碳排放绩效的影响效应与机制分析[J]. 生态学报，（10）：1-13

陈诗一，金浩. 2019. 外部性、行政区划改革与企业污染排放——基于"撤县设区"政策的实证研究[C]. 全国高校社会主义经济理论与实践研讨会第 33 次年会.

陈思怡. 2021. 撤县（市）设区对城市土地供应的影响研究[D]. 南京：南京大学硕士学位论文.

陈晓红，李喜华，曹裕. 2009. 技术创新对中小企业成长的影响——基于我国中小企业板上市公司的实证分析[J]. 科学学与科学技术管理，30（4）：91-98.

陈旭. 2020. 多中心空间结构是否有助于生产效率的提升[J]. 现代经济探讨，（2）：83-92.

陈旭，邱斌. 2021. 多中心空间结构与劳动收入——来自中国工业企业的证据[J]. 南开经济研究，（2）：24-45.

陈旭，张亮，张硕. 2021. 多中心空间发展模式与雾霾污染——基于中国城市数据的经验研究[J]. 重庆大学学报（社会科学版），27（5）：30-44.

陈瑶，吴婧. 2021. 区域一体化对工业绿色发展效率的影响及空间分异研究——来自长三角城市群的证据[J]. 东岳论丛，42（10）：151-161.
陈熠辉，蔡庆丰，林海涵. 2022. 政府推动型城市化会提升域内企业的创新活动吗？——基于“撤县设区”的实证发现与政策思考[J]. 经济学（季刊），22（2）：465-484.
陈勇兵，蒋灵多. 2012. 外资参与、融资约束与企业生存——来自中国微观企业的证据[J]. 投资研究，31（6）：65-78.
陈妤凡，王开泳. 2019. 撤县（市）设区对城市公共服务配置和空间布局的影响与作用机理[J]. 经济地理，39（5）：76-86.
崔建鑫，赵海霞. 2015. 长江三角洲地区污染密集型产业转移及驱动机理[J]. 地理研究，34（3）：504-512.
崔一澜，刘毅，诸葛承祥. 2016. 城市居民生活能源消费研究进展综述[J]. 中国人口·资源与环境，26（12）：117-124.
戴翔，金碚. 2013. 服务贸易进口技术含量与中国工业经济发展方式转变[J]. 管理世界，（09）：21-31，54，187.
董艳梅，朱英明. 2016. 高铁建设能否重塑中国的经济空间布局——基于就业、工资和经济增的区域异质性视角[J]. 中国工业经济，（10）：92-108.
董直庆，王辉. 2021. 市场型环境规制政策有效性检验——来自碳排放权交易政策视角的经验证据[J]. 统计研究，38（10）：48-61.
豆建民，张可. 2015. 空间依赖性、经济集聚与城市环境污染[J]. 经济管理，37（10）：12-21.
杜运周，张玉利，任兵. 2012. 展现还是隐藏竞争优势：新企业竞争者导向与绩效U型关系及组织合法性的中介作用[J]. 管理世界，（7）：96-107.
段娟，文余源. 2018. 特大城市群污染密集型产业转移与决定因素——以京津冀为例[J]. 西南民族大学学报（人文社科版），39（2）：127-136.
范剑勇，刘念，刘莹莹. 2021. 地理距离、投入产出关系与产业集聚[J]. 经济研究，56（10）：138-154.
范进. 2011. 城市密度对城市能源消耗影响的实证研究[J]. 中国经济问题，（6）：16-22.
范子英，田彬彬. 2013. 税收竞争、税收执法与企业避税[J]. 经济研究，48（9）：99-111.
范子英，赵仁杰. 2020. 财政职权、征税努力与企业税负[J]. 经济研究，55（4）：101-117.
方创琳，王振波，马海涛. 2018. 中国城市群形成发育规律的理论认知与地理学贡献[J]. 地理学报，73（4）：651-665.
方创琳，周成虎，顾朝林，等. 2016. 特大城市群地区城镇化与生态环境交互耦合效应解析的理论框架及技术路径[J]. 地理学报，71（4）：531-550.
冯奎. 2015. 中国新城新区转型发展趋势研究[J]. 经济纵横，（4）：1-10.
傅勇，张晏. 2007. 中国式分权与财政支出结构偏向：为增长而竞争的代价[J]. 管理世界，（3）：4-12，22.

高琳. 2011. 大都市辖区合并的经济增长绩效——基于上海市黄浦区与南市区的合并案例研究[J]. 经济管理，33（5）：38-45.
高明，陈丽强，郭施宏. 2018. 轨道交通、BRT 与空气质量——一个城市异质性的视角[J]. 中国人口·资源与环境，28（6）：73-79.
郭琳，吴玉鸣，吴青山，等. 2021. 多中心空间结构对小城市经济效率的影响及作用机制——基于长三角城市群的经验分析[J]. 城市问题，（1）：28-37.
郭韬. 2013. 中国城市空间形态对居民生活碳排放影响的实证研究[D]. 合肥：中国科学技术大学博士学位论文.
郭晓丹，张军，吴利学. 2019. 城市规模、生产率优势与资源配置[J]. 管理世界，35（4）：77-89.
郭艺，曹贤忠，魏文栋，等. 2022. 长三角区域一体化对城市碳排放的影响研究[J]. 地理研究，41（1）：181-192.
韩峰，冯萍，阳立高. 2014. 中国城市的空间集聚效应与工业能源效率[J]. 中国人口·资源与环境，24（5）：72-79.
韩会然，杨成凤. 2019. 北京都市区居住与产业用地空间格局演化及其对居民通勤行为的影响[J]. 经济地理，39（5）：65-75.
韩帅帅. 2020. 中国城市空间结构的生态绩效研究[D]. 上海：华东师范大学博士学位论文.
韩旭，豆建民. 2022. 长三角一体化能重塑污染产业空间布局吗？[J]. 中国环境管理，14（3）：88-96.
何文举. 2017. 城市集聚密度与环境污染的空间交互溢出效应[J]. 中山大学学报（社会科学版），57（5）：192-200.
何显明. 2004. 市管县体制绩效及其变革路径选择的制度分析——兼论“复合行政”概念[J]. 中国行政管理，（7）：70-74.
胡振通，柳荻，靳乐山. 2016. 草原生态补偿：生态绩效、收入影响和政策满意度[J]. 中国人口·资源与环境，26（1）：165-176.
黄磊，吴传清. 2022. 长江经济带污染密集型产业集聚时空特征及其绿色经济效应[J]. 自然资源学报，37（2）：459-476.
黄群慧，余泳泽，张松林. 2019. 互联网发展与制造业生产率提升：内在机制与中国经验[J]. 中国工业经济，（8）：5-23.
江艇，孙鲲鹏，聂辉华. 2018. 城市级别、全要素生产率和资源错配[J]. 管理世界，34（3）：38-50，77，183.
姜磊，何世雄，崔远政. 2021. 中国二氧化硫污染治理分析：基于卫星观测数据和空间计量模型的实证[J]. 环境科学学报，41（3）：1153-1164.
姜明栋，陈雯雯，许静茹. 2022. “撤县设区”提高城市经济效率了吗？——来自设区市面板数据的实证研究[J]. 经济体制改革，(3)：180-186.
金浩，陈诗一. 2022. 地理距离对政府监管企业污染排放的影响效应研究——兼论数据技术监管的作用[J]. 数量经济技术经济研究，39(10)：109-128.
晋晶，王宇澄，郑新业. 2020. 集中供暖要跨过淮河吗？——基于中国家庭能源消费数据的估计[J]. 经济学（季刊），19(2)：685-708.
孔凡斌，许正松，胡俊. 2017. 经济增长、承接产业转移与环境污染的关系研究——基于江西省 1989 年—2012 年统计数据的实证[J]. 经济经纬，34(2)：25-30.
冷红，陈曦，马彦红. 2020. 城市形态对建筑能耗影响的研究进展与启示[J]. 建筑学报，(2)：120-126.
李博，施瀚. 2024. 撤县设区、产业结构调整与地区间产业关联[J]. 北京交通大学学报（社会科学版），23(2)：46-58.
李洪涛，王丽丽. 2020. 城市群发展规划对要素流动与高效集聚的影响研究[J]. 经济学家，(12)：52-61.
李顺毅. 2016. 城市体系规模结构与工业碳排放强度——基于中国省际面板数据的实证分析. 贵州财经大学学报，(4)：77-85.
李顺毅，王双进. 2014. 产业集聚对我国工业污染排放影响的实证检验[J]. 统计与决策，(8)：128-130.
李松林，刘修岩. 2017. 中国城市体系规模分布扁平化：多维区域验证与经济解释[J]. 世界经济，40(11)：144-169.
李琬. 2018. 中国市域空间结构的绩效分析：单中心和多中心的视角[D]. 上海：华东师范大学博士学位论文.
李伟娜，杨永福，王珍珍. 2010. 制造业集聚、大气污染与节能减排[J]. 经济管理，32(9)：36-44.
李晓翠. 2015. 我国新型小城镇产业布局评价体系研究[J]. 工业技术经济，34(6)：36-44.
李筱乐. 2014. 市场化、工业集聚和环境污染的实证分析[J]. 统计研究，31(8)：39-45.
李勇刚，张鹏. 2013. 产业集聚加剧了中国的环境污染吗——来自中国省级层面的经验证据[J]. 华中科技大学学报（社会科学版），27(5)：97-106.
李治，达朝昱，张祚. 2024. 行政边界扩张视角下撤县设区对工业企业空气污染排放 的影响研究[J]. 生态经济，40(11)：176-184.
李治，李国平，胡振. 2017. 西安市家庭碳排放特征及影响因素实证分析[J]. 资源科学，39(7)：1394-1405.
里德·尤因，荣芳，秦波，等. 2013. 城市形态对美国住宅能源使用的影响[J]. 国际城市规划，28(2)：31-41.
梁若冰，席鹏辉. 2016. 轨道交通对空气污染的异质性影响——基于 RDID 方法的经验研究

[J]. 中国工业经济，(3)：83-98.
梁志艳，赵勇. 2019. 撤县设区是否提高了城市公共服务水平？——基于双重差分倾向得分匹配法的评价[J]. 城市与环境研究，(1)：49-59.
林伯强，刘希颖. 2010. 中国城市化阶段的碳排放：影响因素和减排策略[J]. 经济研究，45(8)：66-78.
林伯强，谭睿鹏. 2019. 中国经济集聚与绿色经济效率. 经济研究，54(2)：119-132.
林筱蕴，凌晖，徐璐，等. 2016. 浅谈 PM2.5 来源、污染、危害和预防控制[J]. 广州化工，44(12)：148-149，165.
刘斌，张列柯. 2018. 去产能粘性粘住了谁：国有企业还是非国有企业[J]. 南开管理评论，21：109-121，147.
刘定惠. 2015. 城市空间结构对居民通勤行为的影响研究——以成都市和兰州市为例[J]. 世界地理研究，24(4)：78-84，93.
刘华军，刘传明，孙亚男. 2015. 中国能源消费的空间关联网络结构特征及其效应研究[J]. 中国工业经济，(5)：83-95.
刘军，罗陕缘，韦光龙. 2023. 中国式行政集权的企业减排效应——基于撤县设区改革的微观分析视角[J]. 中国环境科学，43(7)：3796-3807.
刘凯，吴怡，王晓瑜等. 2020. 中国城市群空间结构对大气污染的影响[J]. 中国人口资源与环境，30(10)：28-35.
刘明辉，李江龙，孟观飞，等. 2022. 气候冲击背景下温度变化如何影响家庭能源消费？——基于需求异质性视角[J]. 西安交通大学学报（社会科学版），42(4)：74-85.
刘伟，周静怡，杨霞. 2022. 政府推动型城镇化对企业污染排放的影响研究[J]. 中国环境管理，14(5)：60-69.
刘修岩，李松林，陈子扬. 2017a. 多中心空间发展模式与地区收入差距[J]. 中国工业经济，(10)：25-43.
刘修岩，李松林，秦蒙. 2017b. 城市空间结构与地区经济效率——兼论中国城镇化发展道路的模式选择[J]. 管理世界，(1)：51-64.
刘修岩，余雪微，王峤. 2024. 行政区划调整与城市空间结构演化——基于撤县设区的视角[J]. 山东大学学报（哲学社会科学版），(3)：152-162.
刘颖育，邢玉升. 2021. 外商投资对我国经济增长与产业结构的影响[J]. 北方经贸，(9)：29-33.
卢洪友，张奔. 2020. 长三角城市群的污染异质性研究[J]. 中国人口·资源与环境，30(8)：110-117.
卢丽文，李小帆. 2023. 黄河流域污染密集型产业时空演化特征及其影响因素研究[J]. 生态经济，39(8)：70-76，155.

卢盛峰，陈思霞. 2017. 政府偏袒缓解了企业融资约束吗？——来自中国的准自然实验[J]. 管理世界，（5）：51-65，187-188.
卢盛峰，陈思霞，张东杰. 2017. 政府推动型城市化促进了县域经济发展吗[J]. 统计研究，34（5）：59-68.
卢盛峰，林菁文，阳子熠. 2024. “撤县设区”的公共资源再配置效应[J]. 经济理论与经济管理，44（3）：49-64.
陆杰华，汪斌. 2022. 乡村振兴背景下农村老年人健康老龄化影响机理探究——基于CLHLS2018年数据[J]. 中国农业大学学报（社会科学版），39（1）：134-147.
陆铭. 2019. 城市人口疏散可能适得其反[J]. 上海城市管理，28（6）：2-3.
陆铭，冯皓. 2014. 集聚与减排：城市规模差距影响工业污染强度的经验研究[J]. 世界经济，37（7）：86-114.
罗能生，李建明. 2018. 产业集聚及交通联系加剧了雾霾空间溢出效应吗？——基于产业空间布局视角的分析[J]. 产业经济研究，（4）：52-64.
罗能生，王玉泽. 2017. 财政分权、环境规制与区域生态效率——基于动态空间杜宾模型的实证研究[J]. 中国人口·资源与环境，27（4）：110-118.
罗小龙，殷洁，田冬. 2010. 不完全的再领域化与大都市区行政区划重组——以南京市江宁撤县设区为例[J]. 地理研究，29（10）：1746-1756.
吕凯波，刘小兵. 2014. 城市化进程中地方行政区划变革的经济增长绩效——基于江苏省“县改区”的个案分析[J]. 统计与信息论坛，29（7）：47-53.
吕越，陈帅，盛斌. 2018. 嵌入全球价值链会导致中国制造的“低端锁定”吗？[J]. 管理世界，34（8）：11-29.
马红旗，黄桂田，王韧，申广军. 2018. 我国钢铁企业产能过剩的成因及所有制差异分析[J]. 经济研究，53（3）：94-109.
毛熙彦，栾心晨，蒋一菲. 2021. 长江经济带产业跨区域关联路径分析[J]. 现代城市研究，（5）：27-35.
宁越敏. 2017. 小城镇是乡村与城市之间的桥梁[J]. 小城镇建设，（11）：107.
秦炳涛，葛力铭. 2018. 相对环境规制、高污染产业转移与污染集聚[J]. 中国人口·资源与环境，28（12）：52-62.
秦波，邵然. 2011. 低碳城市与空间结构优化：理念、实证和实践[J]. 国际城市规划，26（3）：72-77.
秦昌波，吕红迪，于雷，等. 2023. 建设新时代美丽城市的总体思路与战略任务研究[J]. 中国环境管理，15（6）：40-44.
全伟. 2002. 市管县（市）体制分析研究[J]. 理论与改革，（6）：41-43.
任胜钢，郑晶晶，刘东华，等. 2019. 排污权交易机制是否提高了企业全要素生产率——来自中国上市公司的证据[J]. 中国工业经济，(5)：5-23.
任以胜，龙一鸣，陆林. 2023. 流域生态补偿政策对受偿地区水污染强度的影响—以新安江流域为例[J]. 经济地理，43（11）：181-189.
上官绪明，葛斌华. 2020. 科技创新、环境规制与经济高质量发展——来自中国 278 个地级及以上城市的经验证据[J]. 中国人口・资源与环境，30（6）：95-104.
邵帅，李欣，曹建华，等. 2016. 中国雾霾污染治理的经济政策选择——基于空间溢出效应的视角. 经济研究，51（9）：73-88.
邵帅，李欣，曹建华. 2019a. 中国的城市化推进与雾霾治理[J]. 经济研究，54(2)：148-165.
邵帅，张可，豆建民. 2019b. 经济集聚的节能减排效应：理论与中国经验[J]. 管理世界，35（1）：36-60，226.
沈能. 2014. 工业集聚能改善环境效率吗？——基于中国城市数据的空间非线性检验[J]. 管理工程学报，28（3）：57-63，10.
沈能，王艳，王群伟. 2013. 集聚外部性与碳生产率空间趋同研究[J]. 中国人口・资源与环境，23（12）：40-47.
沈清基. 2004. 城市空间结构生态化基本原理研究[J]. 中国人口・资源与环境，(6)：8-13.
盛斌，毛其淋. 2011. 贸易开放、国内市场一体化与中国省际经济增长：1985—2008 年[J]. 世界经济，(11)：44-66.
盛丹，卜文超. 2022. 机器人使用与中国企业的污染排放[J]. 数量经济技术经济研究，39（9)：157-176.
师博，沈坤荣. 2008. 市场分割下的中国全要素能源效率：基于超效率 DEA 方法的经验分析[J]. 世界经济，(9)：49-59.
师博，沈坤荣. 2012. 城市化、产业集聚与 EBM 能源效率[J]. 产业经济研究，(6)：10-16，67.
宋恒，王树昊，李川川. 2024. 省以下财政体制改革如何影响企业全要素生产率：来自“财政省直管县”改革的准自然实验[J]. 中国软科学，(1)：175-185.
宋来敏. 2021. 中部地区产业转移承接地的环境承载力动态综合评价研究——以皖江城市带为例[J]. 财贸研究，32（9）：47-56.
苏丹妮，盛斌. 2021. 产业集聚、集聚外部性与企业减排——来自中国的微观新证据[J]. 经济学（季刊），21（5）：1793-1816.
苏丹妮，盛斌，邵朝对，等. 2020. 全球价值链、本地化产业集聚与企业生产率的互动效应[J]. 经济研究，55（3）：100-115.
苏振东，刘淼，赵文涛. 2016. 微观金融健康可以提高企业的生存率吗？——“新常态”背景下经济持续健康发展的微观视角解读[J]. 数量经济技术经济研究，33（4）：3-20.
孙斌栋，魏旭红. 2016 中国城市区域的多中心空间结构与发展战略[M]. 北京：科学出版社.

孙斌栋，华杰媛，李琬，等. 2017. 中国城市群空间结构的演化与影响因素——基于人口分布的形态单中心—多中心视角[J]. 地理科学进展，36（10）：1294-1303.

孙久文，姚鹏. 2015. 京津冀产业空间转移、地区专业化与协同发展——基于新经济地理学的分析框架[J]. 南开学报（哲学社会科学版），（1）：81-89.

孙岩. 2013. 家庭异质性因素对城市居民能源使用行为的影响[J]. 北京理工大学学报（社会科学版），15（5）：23-28.

谭用，盛丹. 2022. 揭开出口贸易影响企业排污的“面纱”——清洁生产与终端治理[J]. 南开经济研究，（1）：39-55.

谭语嫣，谭之博，黄益平，等. 2017. 僵尸企业的投资挤出效应：基于中国工业企业的证据[J]. 经济研究，52（5）：175-188.

汤维祺，吴力波，钱浩祺. 2016. 从“污染天堂”到绿色增长——区域间高耗能产业转移的调控机制研究[J]. 经济研究，51（6）：58-70.

唐天伟，朱凯文，刘远辉. 2023. 地方政府竞争、“双碳”目标压力与绿色技术创新效率[J]. 经济经纬，40（5）：3-13.

唐为. 2021. 要素市场一体化与城市群经济的发展——基于微观企业数据的分析[J]. 经济学（季刊），21（1）：1-22.

唐为，王媛. 2015. 行政区划调整与人口城市化：来自撤县设区的经验证据[J]. 经济研究，50（9）：72-85.

田超. 2015. 环境规制对污染密集型产业空间布局的影响. 广州：暨南大学.

田光辉，苗长虹，胡志强，等. 2018. 环境规制、地方保护与中国污染密集型产业布局[J]. 地理学报，73（10）：1954-1969.

童泉格，孙涵，成金华，等. 2017. 居民能源消费行为对居民建筑能耗的影响——以悉尼典型居民家庭为例[J]. 北京理工大学学报（社会科学版），19（1）：9-19.

童玉芬，王莹莹. 2014. 中国城市人口与雾霾：相互作用机制路径分析[J]. 北京社会科学，（5）：4-10.

涂涛涛，耿秀苑，胡宇翔，等. 2023. 区际产业转移、地理特征与承接地空气质量——基于中部六省地级市数据的研究[J]. 商学研究，30（1）：55-67.

王昂扬，潘岳，童岩冰. 2015. 长三角主要城市空气污染时空分布特征研究[J]. 环境保护科学，（5）：131-136.

王桂林，张炜. 2019. 中国城市扩张及空间特征变化对 PM2.5 污染的影响[J]. 环境科学，40（8）：3447-3456.

王桂新，李刚. 2020. 生态省建设的碳减排效应研究[J]. 地理学报，75（11）：2431-2442.

王峤，刘修岩，李迎成. 2021. 空间结构、城市规模与中国城市的创新绩效[J]. 中国工业经济，（5）：114-132.

王俊锋，黄小勇. 2021. 开发区行政化的内在逻辑：路径与动因[J]. 开发研究，(3)：139-146.
王兰兰，赵建梅. 2024. 撤县设区、空间一致性与县域经济发展[J]. 中央财经大学学报，(5)：115-128.
王庶，岳希明. 2017. 退耕还林、非农就业与农民增收——基于21省面板数据的双重差分分析[J]. 经济研究，52（4）：106-119.
王思语，郑乐凯. 2019. 全球价值链嵌入特征对出口技术复杂度差异化的影响[J]. 数量经济技术经济研究，36（5）：65-82.
王文寅，刘佳. 2021. 环境规制与全要素生产率之间的效应分析——基于HDI分区和ACF法[J]. 经济问题，(2)：53-60.
王小龙，陈金皇. 2020. 省直管县改革与区域空气污染——来自卫星反演数据的实证证据[J]. 金融研究，(11)：76-93.
王垚，年猛，王春华. 2017. 产业结构、最优规模与中国城市化路径选择[J]. 经济学(季刊)，16（2）：441-462.
王一益. 2023. 长三角城市群 PM2.5 污染时空特征及其优化路径——基于产业转型和技术升级的视角[J]. 环境保护科学，49（1）：117-125.
王伊攀，何圆. 2021. 环境规制、重污染企业迁移与协同治理效果——基于异地设立子公司的经验证据[J]. 经济科学，(5)：130-145.
王逸翔，张红凤，何旭，等. 2023. 城市群政策能否促进企业专业化分工？——来自中国上市公司的证据[J]. 财经研究，49（6）：19-33.
王永钦，陆铭. 2007. 千年史的经济学：一个包含市场范围、经济增长和合约形式的理论[J]. 世界经济，(10)：76-85.
魏楚，郑新业. 2017. 能源效率提升的新视角——基于市场分割的检验[J]. 中国社会科学，(10)：90-111，206.
魏天保，马磊. 2019. 社保缴费负担对我国企业生存风险的影响研究[J]. 财经研究，45(8)：112-126.
温忠麟，叶宝娟. 2014. 中介效应分析：方法和模型发展[J]. 心理科学进展，22(5)：731-745.
翁鸿妹，陈广平，王琛. 2022. 社会资本是否促进污染型企业退出？——来自中国城市的微观数据[J]. 地理研究，41（1）：34-45.
吴福象，段巍. 2017. 国际产能合作与重塑中国经济地理[J]. 中国社会科学，(2)：44-64+206.
吴建祖，龚敏. 2018. 基于注意力基础观的CEO自恋对企业战略变革影响机制研究[J]. 管理学报，15（11）：1638-1646.
吴金群，廖超超. 2019. 我国城市行政区划改革中的尺度重组与地域重构——基于1978年以来的数据[J]. 江苏社会科学，(5)：90-106，258.
吴敏，周黎安. 2018. 晋升激励与城市建设：公共品可视性的视角[J]. 经济研究，53（12）：

97-111.
吴巍. 2020. 时空间行为视角下城市建成环境与居民生活能耗关系研究[D]. 天津：天津大学博士学位论文.
吴巍，宋彦，洪再生，等. 2018. 居住社区形态对住宅能耗影响研究——以宁波市为例[J]. 城市发展研究，25（1）：15-20，28.
吴欣雨，高立，郭震，等. 2023. 绿色信贷对环境污染治理的影响机制及异质性研究：基于我国长三角地区的实证检验[J]. 产业经济评论，（2）：69-90.
吴勋，王杰. 2018. 财政分权、环境保护支出与雾霾污染[J]. 资源科学，40（4）：851-861.
夏永红. 2022. 徐州产业空间布局优化方向与对策研究——基于徐州与南京产业发展的对比分析[J]. 金陵科技学院学报（社会科学版），36（4）：23-30.
肖萍，侯爱敏，孟凡霄，等. 2017. 撤县（市）设区不同划界模式对城市空间演变的影响研究[J]. 规划师，33（8）：92-97.
谢呈阳，王明辉. 2020. 交通基础设施对工业活动空间分布的影响研究[J]. 管理世界，36（12）：52-64+161，165-166.
邢华，李向阳. 2024. 减污降碳：低碳城市试点的协同效应[J]. 干旱区资源与环境，38（5）：10-19.
熊雪如，覃成林. 2013. 政府作用与产业有序转移[J]. 经济体制改革，（1）：161-165.
徐辉，杨烨. 2017. 人口和产业集聚对环境污染的影响——以中国的 100 个城市为例[J]. 城市问题，（1）：53-60.
徐宜青，曾刚，王秋玉. 2018. 长三角城市群协同创新网络格局发展演变及优化策略[J]. 经济地理，38（11）：133-140.
徐志伟，李蕊含. 2019. 污染企业的生存之道："污而不倒"现象的考察与反思[J]. 财经研究，45（7）：84-96，153.
徐志伟，殷晓蕴，王晓晨. 2020. 污染企业选址与存续[J]. 世界经济，43（7）：122-145.
许和连，邓玉萍. 2012. 外商直接投资导致了中国的环境污染吗？——基于中国省际面板数据的空间计量研究[J]. 管理世界，（2）：30-43.
宣烨，余泳泽. 2017. 生产性服务业集聚对制造业企业全要素生产率提升研究——来自 230 个城市微观企业的证据[J]. 数量经济技术经济研究，34（2）：89-104.
亚洲清洁空气中心. 2023. 大气中国 2023：中国大气污染防治进程[EB/OL]. http://www.allaboutair.cn/a/reports/2023/1027/684.html[2023-10-27].
闫逢柱，苏李，乔娟. 2011. 产业集聚发展与环境污染关系的考察——来自中国制造业的证据[J]. 科学学研究，29（1）：79-83，120.
阎宏，孙斌栋. 2015. 多中心城市空间结构的能耗绩效——基于我国地级及以上城市的实证研究[J]. 城市发展研究，22（12）：13-19.

颜文涛，萧敬豪，胡海，等. 2012. 城市空间结构的环境绩效：进展与思考[J]. 城市规划学刊，(5)：50-59.
杨磊，李贵才，林姚宇，等. 2011. 城市空间形态与碳排放关系研究进展与展望[J]. 城市发展研究，18(2)：12-17，81.
杨礼琼，李伟娜. 2011. 集聚外部性、环境技术效率与节能减排[J]. 软科学，25(9)：14-19.
杨仁发. 2015. 产业集聚能否改善中国环境污染[J]. 中国人口·资源与环境，25(2)：23-29.
杨亚平，周泳宏. 2013. 成本上升、产业转移与结构升级——基于全国大中城市的实证研究[J]. 中国工业经济，(7)：147-159.
杨振兵，邵帅，杨莉莉. 2016. 中国绿色工业变革的最优路径选择——基于技术进步要素偏向视角的经验考察[J]. 经济学动态，(1)：76-89.
姚昕，潘是英，孙传旺. 2017. 城市规模、空间集聚与电力强度[J]. 经济研究，52(11)：165-177.
叶玉瑶，陈伟莲，苏泳娴，等. 2012. 城市空间结构对碳排放影响的研究进展[J]. 热带地理，32(3)：313-320.
尹恒，朱虹. 2009. 中国县级地区财力缺口与转移支付的均等性[J]. 管理世界，(4)：37-46.
尹恒，朱虹. 2011. 县级财政生产性支出偏向研究[J]. 中国社会科学，(1)：88-101，222.
尤济红，陈喜强. 2019. 区域一体化合作是否导致污染转移——来自长三角城市群扩容的证据[J]. 中国人口·资源与环境，29(6)：118-129.
游细斌，魏清泉，李开宇，等. 2005. 行政区划视角下广东省地级市的发展问题[J]. 规划师，(11)：74-76.
于娇，逯宇铎，刘海洋. 2015. 出口行为与企业生存概率：一个经验研究[J]. 世界经济，38(4)：25-49.
余华义，侯玉娟，洪永淼. 2021. 城市辖区合并的区域一体化效应——来自房地产微观数据和城市辖区经济数据的证据[J]. 中国工业经济，(4)：119-137.
余锦亮. 2022. 异质性分权的污染效应：来自市县政府体制改革的证据[J]. 世界经济，45(5)：185-207.
原毅军，谢荣辉. 2014. 环境规制的产业结构调整效应研究——基于中国省际面板数据的实证检验[J]. 中国工业经济，(8)：57-69.
原毅军，谢荣辉. 2015. 产业集聚、技术创新与环境污染的内在联系[J]. 科学学研究，33(9)：1340-1347.
岳立，任婉瑜，江铃锋. 2024. 环境规制影响绿色经济效率的机制研究与实证检验——基于环保注意力和地方政府 GDP 竞争角度[J]. 管理评论：1-11.
詹新宇，曾傅雯. 2021. 行政区划调整提升经济发展质量了吗？——来自“撤县设区”的经验证据[J]. 财贸研究，32(4)：70-82.

张彩云，苏丹妮，卢玲，等. 2018. 政绩考核与环境治理——基于地方政府间策略互动的视角[J]. 财经研究，44（5）：4-22.
张德钢，陆远权. 2017. 市场分割对能源效率的影响研究[J]. 中国人口·资源与环境，27（27）：65-72.
张帆，施震凯，武戈. 2022. 数字经济与环境规制对绿色全要素生产率的影响[J]. 南京社会科学，（6）：12-20，29.
张国峰，王永进，李坤望. 2016. 开发区与企业动态成长机制——基于企业进入、退出和增长的研究[J]. 财经研究，42（12）：49-60.
张华，丰超. 2015. 扩散还是回流：能源效率空间交互效应的识别与解析[J]. 山西财经大学学报，37（5）：50-62.
张华，魏晓平. 2014. 绿色悖论抑或倒逼减排——环境规制对碳排放影响的双重效应[J]. 中国人口·资源与环境，24（9）：21-29.
张军，徐力恒，刘芳. 2016. 鉴往知来：推测中国经济增长潜力与结构演变[J]. 世界经济，39（1）：52-74.
张可. 2018. 区域一体化有利于减排吗？[J]. 金融研究，（1）：67-83.
张可. 2023. 智慧城市建设促进了节能减排吗？——基于长三角城市群 141 个区县的经验分析[J]. 金融研究，（7）：134-153.
张可，豆建民. 2013. 集聚对环境污染的作用机制研究[J]. 中国人口科学，（5）：105-116，128.
张可云，张江. 2022. 城市群多中心性与绿色发展效率——基于异质性的城镇化空间布局分析[J]. 中国人口·资源与环境，32（2）：107-117.
张克中，王娟，崔小勇. 2011. 财政分权与环境污染：碳排放的视角[J]. 中国工业经济，(10)：65-75.
张丽华，甘甜，许政. 2021.开发区的环境溢出效应：基于中国企业的研究[J]. 世界经济，44（12）：76-103.
张莉，皮嘉勇，宋光祥. 2018. 地方政府竞争与生产性支出偏向——撤县设区的政治经济学分析[J]. 财贸经济，39（3）：65-78.
张鹏，张靳雪，崔峰. 2017. 工业化进程中环境污染、能源耗费与官员晋升[J]. 公共行政评论，10（05）：46-68，216.
张田田. 2023. 高铁开通对外围城市污染的影响研究[D]. 兰州：兰州大学硕士学位论文.
张婷麟. 2015. 政府碎化和城市经济绩效[D]. 上海：华东师范大学硕士学位论文.
张婷麟. 2019. 多中心城市空间结构的经济绩效研究[D]. 上海：华东师范大学博士学位论文.
张先锋，刘婷婷，吴飞飞. 2020. 高行政层级城市能否延长企业存续期？[J]. 财贸研究，31（1）：34-47，57.

张祥建，徐晋，徐龙炳. 2015. 高管精英治理模式能够提升企业绩效吗？——基于社会连带关系调节效应的研究[J]. 经济研究，50（3）：100-114.
张英杰，霍燚. 2010. 城市增长与生活碳排放的理论研究[J]. 城市观察，（2）：69-79.
翟淑敏. 2020. 基于产业发展的河南省村庄分类及其影响因素分析[D]. 郑州：河南大学硕士学位论文.
赵建平，姚天雨，王明虎，等. 2018. 中国雾霾天气成因及防治对策的系统思考[J]. 系统科学学报，26（3）：102-107.
赵领娣，徐乐. 2019. 基于长三角扩容准自然实验的区域一体化水污染效应研究[J]. 中国人口·资源与环境，29（3）：50-61.
赵瑞丽，孙楚仁，陈勇兵. 2016. 最低工资与企业出口持续时间[J]. 世界经济，39（7）：97-120.
郑思齐，霍燚. 2010. 低碳城市空间结构：从私家车出行角度的研究[J]. 世界经济文汇，（6）：50-65.
郑思齐，霍燚，曹静. 2011. 中国城市居住碳排放的弹性估计与城市间差异性研究[J]. 经济问题探索，（9）：124-130.
郑思齐，霍燚，张英杰，等. 2010. 城市空间动态模型的研究进展与应用前景[J]. 城市问题，（9）：25-30.
郑新业，魏楚，虞义华，等. 2017. 中国家庭能源消费研究报告2016[M]. 北京：科学出版社.
周浩，余壮雄，杨铮. 2015. 可达性、集聚和新建企业选址——来自中国制造业的微观证据[J]. 经济学（季刊），14（4）：1393-1416.
周慧珺，傅春杨，王忏. 2024. 地方政府竞争行为、土地财政与经济波动[J]. 经济研究，59（1）：93-110.
周景怡，张军. 2022. 外商投资对中国三次产业发展的影响[J]. 商业经济，（11）：81-83.
周黎安，陶婧. 2011. 官员晋升竞争与边界效应：以省区交界地带的经济发展为例[J]. 金融研究，（3）：15-26.
周一星，史育龙. 1995. 中国城市统计口径的出路何在：建立城市的实体地域概念（上）[J]. 市场与人口分析，（3）：7-11.
朱思瑜，于冰. 2024. 长三角减污降碳政策的协同效应和作用机制研究[J]. 环境科学研究，37（2）：256-265.
朱英明，杨连盛，吕慧君，等. 2012. 资源短缺、环境损害及其产业集聚效果研究——基于21世纪我国省级工业集聚的实证分析[J]. 管理世界，（11）：28-44.
邹晖，罗小龙，唐蜜，等. 2019. 从住房建设透视巨型城市多中心发展——以北京为例[J]. 经济地理，39（9）：65-70.
左扬尚瑜，晁恒，陈珍启. 2020. 污染密集型产业布局及影响因素研究进展[J]. 科技管理研究，40（12）：229-238.

Abadie A, Gardeazabal J. 2003. The economic costs of conflict: A case study of the Basque Country[J]. American economic review, 93(1): 113-132.

Abadie A, Diamond A, Hainmueller J. 2015. Comparative politics and the synthetic control method[J]. American Journal of Political Science, 59(2): 495-510.

Al-Marhubi F. 2000. Export diversification and growth: an empirical investigation[J]. Applied Economics Letters, 7(9): 559-562.

Anderson N B, Bogart W T. 2001. The structure of sprawl: Identifying and characterizing employment centers in polycentric metropolitan areas[J]. American Journal of Economics and Sociology, 60(1): 147-169.

Anderson W P, Kanaroglou P S, Miller E J. 1996. Urban form, energy and the environment: a review of issues, evidence and policy[J]. Urban studies, 33(1): 7-35.

Arthur H R, Hashem A, Joseph J R, et al. 1998. Cool communities: Strategies for heat island mitigation and smog reduction[J]. Energy and Buildings, 28(1): 51-62.

Azaria D E, Troy A, Lee B H Y, et al. 2013. Modeling the effects of an urban growth boundary on vehicle travel in a small metropolitan area[J]. Environment and Planning B: Planning and Design, 40(5): 846-864.

Baron R M, Kenny D A. 1986. The moderator-mediator variable distinction in social psychological research: conceptual, strategic, and statistical considerations[J]. Journal of personality and social psychology, 51(6): 1173-1182.

Beck T, Levine R, Levkov A. 2010. Big bad banks? The winners and losers from bank deregulation in the United States[J]. The Journal of Finance, 65(5): 1637-1667.

Besley T, Case A. 2000. Unnatural experiments? Estimating the incidence of endogenous policies[J]. The Economic Journal, 110(467): 672-694.

Bo S Y. 2020. Centralization and regional development: Evidence from a political hierarchy reform to create cities in China [J]. Journal of Urban Economics, 115: 103-182.

Bo S, Cheng C. 2021. Political hierarchy and urban primacy: Evidence from China[J]. Journal of Comparative Economics, 49(4): 933-946.

Brandt L, Van Biesebroeck J, Zhang Y. 2012. Creative accounting or creative destruction? Firm-level productivity growth in Chinese manufacturing[J]. Journal of Development Economics, 97(2): 339-351.

Breheny M. 2001. Housing is not a disease: Reflections on PPG 3 and regional guidance[J]. Journal of planning and environment law occasional papers, 29: 79-89.

Breton A. 1998. Competitive governments: An economic theory of politics and public finance[M]. Cambridge:Cambridge University Press.

Brezzi M, Veneri P. 2015. Assessing polycentric urban systems in the OECD: Country, regional and metropolitan perspectives[J]. European Planning Studies, 23(6): 1128-1145.

Brownstone D, Golob T F. 2009. The impact of residential density on vehicle usage and energy consumption[J]. Journal of Urban Economics, 65(1): 91-98.

Buchard V, Da Silva A M, Randles C A, et al. 2016. Evaluation of the surface PM2. 5 in Version 1 of the NASA MERRA Aerosol Reanalysis over the United States[J]. Atmospheric Environment, 125: 100-111.

Burgalassi D, Luzzati T. 2015. Urban spatial structure and environmental emissions: A survey of the literature and some empirical evidence for Italian NUTS 3 regions[J]. Cities, 49: 134-148.

Burton-Freeman B. 2000. Dietary fiber and energy regulation[J]. The Journal of nutrition, 130(2): 272S-275S.

Capello R. 2000a. Beyond optimal city size: an evaluation of alternative urban growth patterns[J]. Urban Studies, 37(9): 1479-1496.

Capello R. 2000b. The city network paradigm: measuring urban network externalities. Urban Studies, 37(11): 1925-1945.

Chen H, Namdeo A, Bell M. 2008. Classification of road traffic and roadside pollution concentrations for assessment of personal exposure[J]. Environmental Modelling & Software, 23(3): 282-287.

Chen X, Huang B. 2016. Club membership and transboundary pollution: Evidence from the European Union enlargement[J]. Energy Economics, 53: 230-237.

Chen Y, Henderson J V, Cai W. 2017. Political favoritism in China's capital markets and its effect on city sizes[J]. Journal of Urban Economics, 98: 69-87.

Chen Z, Zhang X G, Chen F. 2021. Do carbon emission trading schemes stimulate green innovation in enterprises? Evidence from China[J]. Technological Forecasting and Social Change, 168: 120744.

Chung J H, Lam T. 2004. China's "City System" in flux: Explaining Post-Mao administrative changes[J]. The China Quarterly, 180: 945-964.

Cohen J. 1988. Statistical Power Analysis for the Behavioral Sciences(2nd ed.) [M]. New York: Routledge.

Cole M A, Neumayer E. 2004. Examining the impact of demographic factors on air pollution[J]. Population and Environment, 26: 5-21.

Davis J H, Schoorman F D, Donaldson L. 1997. Toward a stewardship theory of management[J]. The Academy of Management Review, 22(1): 20-47.

Davoudi S. 2003. Polycentricity in European spatial planning: From an analytical tool to a normative agenda. European Planning Studies, 11: 979-999.

de Leeuw F A, Moussiopoulos N, Sahm P, et al. 2001. Urban air quality in larger conurbations in the European Union[J]. Environmental Modelling & Software, 16(4): 399-414.

Desmet K, Parente L S. 2010. Bigger is better: Market size, demand elasticity, and innovation[J]. International Economic Review, 51(2): 319-333.

Dietz T, Rosa E A. 1994. Rethinking the environmental impacts of population, affluence and technology[J]. Human Ecology Review, 1(2): 277-300.

Dissanayake D, Morikawa T. 2007. Impact assessment of satellite centre-based telecommuting on travel and air quality in developing countries by exploring the link between travel behaviour and urban form[J]. Transportation Research Part A: Policy and Practice, 42(6): 883-894.

Duranton G, Puga D. 2020. The economics of urban density[J]. The Journal of Economic Perspectives, 34(3): 3-26.

Duranton G, Puga D. 2001. Nursery cities: Urban diversity, process innovation, and the life cycle of products[J]. American Economic Review, 91(5): 1454-1477.

Duranton G, Puga D. 2005. From sectoral to functional urban specialisation[J]. Journal of Urban Economics, 57: 343-370.

Ehrlich P R, Holdren J P. 1971. Impact of population growth[J]. Science(New York, N. Y.), 171(3977): 1212-1217.

Elliott R J R, Sun P, Chen S. 2013. Energy intensity and foreign direct investment: A Chinese city-level study[J]. Energy Economics, 40(2): 484-494.

Eraydin A. 2016. The role of regional policies along with the external and endogenous factors in the resilience of regions[J]. Cambridge Journal of Regions Economy & Society, 9(1)217-234.

EU. European Spatial Development Perspective[EB/OL]. https://eur-lex.europa.eu/legal-content/EN/TXT/?uri=LEGISSUM:g24401. [2004-05-01]

European Commission. 1999. European spatial development perspective | towards balanced and sustainable development of the territory of the European [EB/OL]. https:// www.eea.europa.eu/policy-documents/european-spatial-development-perspective-esdp[2024-10-30].

Ewing R, Rong F. 2008. The impact of urban form on US residential energy use[J]. Housing Policy Debate, 19(1): 1-30.

Ewing R, Tian G, Park K, et al. 2019. Comparative case studies: Trip and parking generation at Orenco Station TOD, Portland region and Station Park TAD, Salt Lake City region[J]. Cities, 87: 48-59.

Fan Q, Qiao Y, Zhang T, et al. 2021. Environmental regulation policy, corporate pollution control and economic growth effect: Evidence from China. Environmental Challenges, 5: 100244.

Feng R, Wang K. 2021. Spatiotemporal effects of administrative division adjustment on urban expansion in China[J]. Land Use Policy, 101: 105143.

Feng R, Wang K, Wang F. 2022. Quantifying influences of administrative division adjustment on PM2.5 pollution in China's mega-urban agglomerations[J]. Journal of environmental management, 302: 113993.

Fragkias M, Lobo J, Strumsky D, et al. 2013. Does size matter? Scaling of CO_2 emissions and US urban areas[J]. Plos one, 8(6): e64727.

Franzen A, Meyer R. 2010. Environmental attitudes in cross-national perspective: A multilevel analysis of the ISSP 1993 and 2000[J]. European sociological review, 26(2): 219-234.

Fredriksson P G, Millimet D L. 2002. Is there a California effect in US environmental policy making? [J]Regional Science and Urban Economics, 32(6): 737-764.

Fujita M, Ogawa H. 1982. Multiple equilibria and structural transition of non-monocentric urban configurations[J]. Regional Science and Urban Economics, 12: 161-196.

Gao J B, Qia W F, Ji Q Q, et al. 2021. Intensive-use-oriented identification and optimization of industrial land readjustment during transformation and development: A case study of Huai'an, China [J]. Habitat International, 118: 102451.

Gaston K J, Jackson S F, Nagy A, et al. 2008. Protected areas in Europe: Principle and practice[J]. Annals of The New York Academy of Sciences, 1134: 97-119.

Gelissen J. 2007. Explaining popular support for environmental protection: A multilevel analysis of 50 nations[J]. Environment and behavior, 39(3): 392-415.

Gelman A, Hill J. 2007. Data Analysis Using Regression and Multilevel/Hierarchical Models[M]. New York: Cambridge University Press.

Giuliano G, Small K A. 1993. Is the journey to work explained by urban structure? [J]. Urban Studies,(9): 1450-1500.

Glaeser E L, Kahn M E. 2010, The greenness of cities: Carbon dioxide emissions and urban development[J], Journal of Urban Economics, 67(3): 404-418.

Glaeser E. 2011. Cities, productivity, and quality of life[J]. Science, 333(6042): 592-594.

Glaeser E. 2012. Triumph of the city: How our greatest invention makes us richer, smarter, greener, healthier, and happier[J]. London: Peguin.

Gomez-Calver R, Conesa D, Gomez-Calvet A R, et al. 2014. Energy efficiency in the European Union: What can be learned from the joint application of directional distance functions and slacks-based measures? [J]. Applied Energy, 132(11): 137-154.

Grossman G, Krueger A. 1995. Economic Environment and the Economic Growth[J]. Quarterly Journal of Economics, 110(2): 353-377.

Guang Y, Huang Y. 2022. Urban form and household energy consumption: Evidence from China panel data[J]. Land, 11(8): 1300.

Han F, Xie R, Fang J, et al. 2018a. The effects of urban agglomeration economies on carbon emissions: Evidence from Chinese cities[J]. Journal of Cleaner Production, 172: 1096- 1110.

Han Y, Long C, Geng Z, et al. 2018b. Carbon emission analysis and evaluation of industrial departments in China: An improved environmental DEA cross model based on information entropy[J]. Journal of Environmental Management, 205, 298-307.

Han S, Sun B, Zhang T. 2020. Mono-and polycentric urban spatial structure and PM2.5 concentrations: Regarding the dependence on population density[J]. Habitat International, 104: 102257.

Hanssen J U. 1995. Transportation impacts of office relocation: A case study from Oslo[J]. Journal of Transport Geography, 3(4): 247-256.

Harbaugh W T, Levinson A, Wilson D M. 2002. Reexamining the empirical evidence for an environmental Kuznets Curve[J]. The Review of Economics and Statistics, 84(3): 541-551.

He L, Lin A, Chen X, et al. 2019. Assessment of MERRA-2 surface PM2. 5 over the Yangtze River Basin: Ground-based verification, spatiotemporal distribution and meteorological dependence[J]. Remote Sensing, 11(4): 460.

Henderson J V, Squires T, Storeygard A, et al. 2018. The global distribution of economic activity: Nature, history, and the role of trade[J]. The Quarterly Journal of Economics, 133(1): 357-406.

Holden E, Norland I T. 2005. Three challenges for the compact city as a sustainable urban form: Household consumption of energy and transport in eight residential areas in the greater Oslo region[J]. Urban studies, 42(12): 2145-2166.

Holtedahl P, Joutz F L. 2004. Residential electricity demand in Taiwan[J]. Energy economics, 26(2): 201-224.

Huang Z, Du X. 2018. Urban land expansion and air pollution: Evidence from China[J]. Journal of Urban Planning and Development, 144(4): 05018017.

Jacobs J. 1969. The Economy of Cities[M]. New York: Penguin Books.

Jia D, Yu C, Pan W. 2020. Multiple influencing factors analysis of household energy consumption in high-rise residential buildings: Evidence from Hong Kong[J]. Building Simulation, 13: 753-769.

Jiang M, Chen W, Yu X, et al. 2022. How can urban administrative boundary expansion affect air pollution? Mechanism analysis and empirical test[J]. Journal of Environmental Management, 322: 116075.

Jin J, Chen D. 2022. Research on the impact of the county-to-district reform on environmental pollution in China[J]. Sustainability, 14(11): 6406.

Johansson B, Quigley J M. 2004. Agglomeration and networks in spatial economies[J]. Papers in Regional Science, 83: 165-176.

Jones P, Patterson J, Lannon S. 2007. Modelling the built environment at an urban scale—Energy and health impacts in relation to housing[J]. Landscape and Urban Planning, 83(1): 39-49.

Jun M J. 2000. Commuting patterns of new town residents in the Seoul Metropolitan Area[J]. Journal of Korean Regional Development Association, 12(2): 157-70.

Jun M J, Hur J W. 2001. Commuting costs of "leap-frog" new town development in Seoul[J]. Cities, 18(3): 151-158.

Kamal A, Abidi S M H, Mahfouz A, et al. 2021. Impact of urban morphology on urban microclimate and building energy loads[J]. Energy and buildings, 253: 111499.

Kang Z, Li K, Qu J. 2018. The path of technological progress for China's low-carbon development: Evidence from three urban agglomerations[J]. Journal of Cleaner Production, 178: 644-654.

Kaza N. 2010. Understanding the spectrum of residential energy consumption: A quantile regression approach[J]. Energy policy, 38(11): 6574-6585.

Kukkonen M, Khamis M F, Muhammad M J, et al. 2022. Modeling direct above-ground carbon loss due to urban expansion in Zanzibar City Region, Tanzania[J]. Land Use Policy, 112: 105810

Lee J, Veloso F M, Hounshell D A. 2011. Linking induced technological change, and environmental regulation: Evidence from patenting in the US auto industry [J]. Research Policy, 40: 1240-1252.

Lee S, Lee B. 2014. The influence of urban form on GHG emissions in the US household sector[J]. Energy policy, 68: 534-549.

Leland S M, Thurmaier K. 2005. When efficiency is unbelievable: Normative lessons from 30 years of city-county consolidations[J]. Public Administration Review, 65: 475-489.

Levinson A. 2003. Environmental regulatory competition: A status report and some new evidence[J]. National Tax Journal, 56(1): 91-106.

Li C, Wu K, Wu J. 2017. A bibliometric analysis of research on haze during 2000–2016[J]. Environmental Science and Pollution Research, 24: 24733-24742.

Li F, Zhou T. 2019. Effects of urban form on air quality in China: An analysis based on the spatial autoregressive model[J]. Cities, 89: 130-140.

Li H, Guo H. 2021. Spatial spillovers of pollution via high-speed rail network in China[J].

Transport Policy, 111: 138-152.

Li H, Zhou L. 2005. Political turnover and economic performance: The incentive role of personnel control in China[J]. Journal of Public Economics, 89: 1743-1762.

Li J, Lin B. 2017. Does energy and CO_2 emissions performance of China benefit from regional integration?[J]. Energy Policy, 101: 366-378.

Li J, Yang L, Long H. 2018. Climatic impacts on energy consumption: Intensive and extensive margins[J]. Energy Economics, 71: 332-343.

Li L. 2011. The incentive role of creating "cities" in China[J]. China Economic Review, 22(1): 172-181.

Li Y C, Zhu K, Wang S J. 2020. Polycentric and dispersed population distribution increases PM2.5 concentrations: Evidence from 286 Chinese cities, 2001–2016[J]. Journal of Cleaner Production, 248: 119-202.

Li Y, Pizer W A, Wu L. 2019. Climate change and residential electricity consumption in the Yangtze River Delta, China[J]. Proceedings of the National Academy of Sciences, 116(2): 472-477.

Li Z, Li P, Li G P. 2010. Urban energy efficiency from cities in China and policy implications[J]. Chinese Journal of Population Resources and Environment, 8: 19-25.

Li Z, Yan R, Zhang Z, et al. 2021a. The Effect of Enclave Adjustment on the Urban Energy Intensity in China: Evidence from Wuhan[J]. Sustainability, 13(4): 1940.

Li Z, Yan R, Zhang Z, et al. 2021b. The effects of city-county mergers on urban energy intensity: Empirical evidence from Chinese cities[J]. International Journal of Environmental Research and Public Health, 18(16): 8839.

Li Z, Liu Y Z, Zhang Z. 2022a. Carbon emission characteristics and reduction pathways of urban household in China[J]. Frontiers in Environmental Science, 10: 896765.

Li Z, Lv L, Zhang Z. 2022b. Research on the Characteristics and Influencing Factors of Chinese Urban Households' Electricity Consumption Efficiency[J]. Energies,15(20): 7748.

Li Z, Zhou J, Zhang Z. 2023a. Market Segmentation and Haze Pollution in Yangtze River Delta Urban Agglomeration of China[J]. Atmosphere, 14(10): 1539.

Li Z, Zhou S, Zhang Z. 2023b. The Location Choice and Survival of Polluting Firms under Environmental Regulation in Urban Agglomerations of China[J]. Sustainability, 15(18): 13711.

Li Z, Wang W, Zhang Z. 2024. The Impacts of Environmental Assessment and Public Appeal on Air Quality: Evidence from the Chinese Provinces[J]. Atmosphere, 15(12): 1539.

Liddle B. 2004. Demographic dynamics and per capita environmental impact: Using panel regressions and household decompositions to examine population and transport[J]. Population and Environment, 26(1): 23-39.

Liu C, Shen Q. 2011. An empirical analysis of the influence of urban form on household travel and energy consumption[J]. Computers, Environment and Urban Systems, 35(5): 347-357.

Liu H. 2012. Comprehensive carrying capacity of the urban agglomeration in the Yangtze River Delta, China[J]. Habitat international, 36(4): 462-470.

Liu H, Fang C, Zhang X, et al. 2017. The effect of natural and anthropogenic factors on haze pollution in Chinese cities: A spatial econometrics approach[J]. Journal of cleaner production, 165: 323-333.

Liu X, Sweeney J. 2012. Modelling the impact of urban form on household energy demand and related CO_2 emissions in the Greater Dublin Region[J]. Energy Policy, 46: 359-369.

Lo A Y. 2016. Small is green? Urban form and sustainable consumption in selected OECD metropolitan areas[J]. Land use policy, 54: 212-220.

Lu D, Mao W, Xiao W, et al. 2021. Non-linear response of PM2.5 pollution to land use change in China[J]. Remote Sensing, 13(9): 1612.

Ma J, Liu Z, Chai Y. 2015. The impact of urban form on CO_2 emission from work and non-work trips: The case of Beijing, China[J]. Habitat International,47: 1-10.

Marquart-Pyatt S T. 2012. Contextual influences on environmental concerns cross- nationally: A multilevel investigation[J]. Social science research, 41(5): 1085-1099.

Martins T A, Faraut S, Adolphe L. 2019. Influence of context-sensitive urban and architectural design factors on the energy demand of buildings in Toulouse, France[J]. Energy and Buildings, 190: 262-278.

McMillen D P. 2001. Nonparametric employment subcenter identification[J]. Journal of Urban Economics, 50(3): 448-473.

Meijers E, Burger M J. 2010. Spatial structure and productivity in US metropolitan areas[J]. Environment and Planning A, 42: 1383-1402.

Meijers E J, Burger M J, Hoogerbrugge M M. 2016. Borrowing size in networks of cities: City size, network connectivity and metropolitan functions in Europe[J]. Papers in regional science, 95(1): 181-199.

Morikawa M. 2012. Population density and efficiency in energy consumption: An empirical analysis of service establishments[J]. Energy Economics, 34: 1617-1622.

Newman P W, Kenworthy J R. 1989. Gasoline consumption and cities: a comparison of US cities with a global survey[J]. Journal of the American planning association, 55(1): 24-37.

Nichols B G, Kockelman K M. 2014. Life-cycle energy implications of different residential settings: Recognizing buildings, travel, and public infrastructure[J]. Energy Policy, 68: 232-242.

Norman J B, MacLean H L, Kennedy C A. 2006. Comparing high and low residential density: life-cycle analysis of energy use and greenhouse gas emissions[J]. Journal of urban planning and development, 132(1): 10-21.

Ó Huallacháin B, Lee D S. 2011. Technological specialization and variety in urban invention[J]. Regional Studies, 45(1): 67-88.

Otsuka A, Goto M. 2018. Regional determinants of energy intensity in Japan: The impact of population density[J]. Asia-Pacific Journal of Regional Science, 2(2): 257-278.

Pang H. 2014. Mixed land use and travel behavior: A case study for incorporating land use patterns into travel demand models[D]. Austin: University of Texas at Austin.

Parikh J, Shukla V. 1995. Urbanization, energy use and greenhouse effects in economic development[J]. Global Environmental Change-human and Policy Dimensions, 5: 87-103.

Park K, Ewing R, Sabouri S, et al. 2020. Guidelines for a polycentric region to reduce vehicle use and increase walking and transit use[J]. Journal of the American Planning Association, 86(2): 236-249.

Parr J B. 2002. The location of economic activity: Central place theory and the wider urban system[J]. Industrial location economics, 32-82.

Petralli M, Massetti L, Brandani G, et al. 2014. Urban planning indicators: Useful tools to measure the effect of urbanization and vegetation on summer air temperatures[J]. International Journal of Climatology, 34(4).

Porter M E, van derLinde C. 1995. Toward a new conception of the environment-competitiveness relationship [J]. Journal of Economic Perspectives, 9(4): 97-118

Qin B, Wu J. 2015. The form of urbanization and carbon emissions in China: A panel data analysis across the provinces 2000-2008[J]. Population mobility, urban planning and management in China, 113-125.

Qin Q, Jiao Y, Gan X, et al. 2020. Environmental efficiency and market segmentation: An empirical analysis of China's thermal power industry[J]. Journal of Cleaner Production, 242: 118560.

Rauscher M. 2009. Concentration, separation, and dispersion: Economic geography and the environment[R]. Thuenen-Series of Applied Economic Theory, University of Rostock, Institute of Economics.

Ren S, Hao Y, Wu H. 2021. Government corruption, market segmentation and renewable energy technology innovation: Evidence from China[J]. Journal of environmental management, 300:

113686.

Rickwood P, Glazebrook G, Searle G. 2008. Urban structure and energy—a review[J]. Urban policy and research, 26(1): 57-81.

Shao S, Chen Y, Li K, et al. 2019. Market segmentation and urban CO_2 emissions in China: Evidence from the Yangtze River Delta region[J]. Journal of environmental management, 248(15): 1-10.

Shi L, Steenland K, Li H, et al. 2021. A national cohort study(2000-2018) of long-term air pollution exposure and incident dementia in older adults in the United States[J]. Nature communications, 12(1), 6754.

Song M, Du J, Tan K H. 2018. Impact of fiscal decentralization on green total factor productivity[J]. International Journal of Production Economics, 205: 359-367.

Strømann-Andersen J, Sattrup P. 2011. The urban canyon and building energy use: Urban density versus daylight and passive solar gains[J]. Energy and Buildings, 43(8), 2011-2020.

Sun B, Han S, Li W. 2020. Effects of the polycentric spatial structures of Chinese city regions on CO_2 concentrations[J]. Transportation Research Part D: Transport and Environment, 82: 102333.

Sun T, Lv Y. 2020. Employment centers and polycentric spatial development in Chinese cities: A multi-scale analysis[J]. Cities, 99: 102617.

Tang D, Xu H, Yang Y. 2018. Mutual Influence of energy consumption and foreign direct investment on haze pollution in China: A spatial econometric approach. Polish Journal of Environmental Studies, 27(4): 1743-1752.

Tang H, Jiang P, He J, et al. 2020. Synergies of cutting air pollutants and CO_2 emissions by the end-of-pipe treatment facilities in a typical Chinese integrated steel plant[J]. Sustainability, 12(12): 5157.

Tang W. 2021. Decentralization and development of small cites: Evidence from county-to- city upgrading in China [J]. China Economic Quarterly International, 1(3): 191-207.

Tang W, Hewings G J. 2017. Do city-county mergers in China promote local economic development?[J]. Economics of Transition, 25(3): 439-469.

The McKinsey Global Institute. 2017. Leapfrogging to Higher Energy Productivity in China. [EB/OL]https://www.mckinsey.com/business-functions/sustainability/our-insights/leap frogging-to-higher-energy-productivity-in-china.[2023-07-02].

Tsai S P. 2005. Impact of personal orientation on luxury-brand purchase value: An international investigation[J]. International Journal of Market Research, 47, 429-455.

UNEP(United Nations Environment Programme). 2012. UNEP 2012 annual report[R/OL].

https://www.unep.org/resources/annual-report/unep-2012-annual-report[2012-12-20].

van Oort F, Burger M, Raspe O. 2010. On the economic foundation of the urban network paradigm: Spatial integration functional integration and economic complementarities within the Dutch Randstad[J]. Urban Studies, 47(4): 725-748.

Vandermotten C, Halbert L, Roelandts M, et al. 2008. European planning and the polycentric consensus: Wishful thinking?[J] Regional Studies, 42: 1205-1217.

Venables A J. 2011. Productivity in cities: Self-selection and sorting[J]. Journal of Economic Geography, 11(2): 241-251.

Veneri P, Burgalassi D. 2012. Questioning polycentric development and its effects. Issues of definition and measurement for the Italian NUTS-2 regions[J]. European Planning Studies, 20(6): 1017-1037.

Verhoef E, Nijkamp P. 2002. Externalities in urban sustainability: Environmental versus localization-type agglomeration externalities in a general spatial equilibrium model of a single-sector monocentric industrial city[J]. Ecological Economics, 40, 157-179.

Virkanen J. 1998. Effect of urbanization on metal deposition in the bay of Töölönlahti, Southern Finland[J]. Marine Pollution Bulletin, 36(9), 729-738.

Wang H, Wheeler D. 1996. Pricing industrial pollution in China: An econometric analysis of the levy system[G]. Policy Research Working Paper, 1-40.

Wang K, Wei Y. 2014. China's regional industrial energy efficiency and carbon emissions abatement costs[J]. Applied Energy, 130: 617-631.

Wang Q R, Yang X M. 2019. Urbanization impact on residential energy consumption in China: The roles of income, urbanization level, and urban density[J]. Environmental Science and Pollution Research International, 26：3542-3555.

Wang Q, Wang Y, Zhou P, et al. 2017. Whole process decomposition of energy-related SO_2 in Jiangsu Province, China[J]. Applied Energy, 194: 679-687.

Waterhout B, Zonneveld W, Meijers E. 2005. Polycentric development policies in Europe: Overview and debate[J]. Built Environment, 31: 163-173.

Wei C, Ni J, Shen M. 2009. Empirical analysis of provincial energy efficiency in China[J]. China & World Economy, 17(5): 88-103.

WHO (World Health Organization). 2011. World health statistics 2011[R]. https://www.who.int/publications/i/item/9789241564199.

Williamson J G. 1965. Antebellum urbanization in the American Northeast[J]. The Journal of Economic History, 25(4): 592-608.

Wu J, Wu Y, Guo X, Cheong T S. 2016. Convergence of carbon dioxide emissions in Chinese cities: A continuous dynamic distribution approach[J]. Energy Policy, 91: 207- 219.

Xiao R, Tan G R, Huang B C. 2022. The costs of "blue sky": Environmental regulation and employee income in China[J]. Environmental science and pollution research international, 29(36): 54865-54881.

Xu B, Lin B Q. 2015. How industrialization and urbanization process impacts on CO_2 emissions in China: Evidence from nonparametric additive regression models[J]. Energy Economics, 48: 188-202.

Xu D, Zhou D, Wang Y, et al. 2019. Field measurement study on the impacts of urban spatial indicators on urban climate in a Chinese basin and static-wind city[J]. Building and Environment, 147: 482-494.

Xu H, Jiao M. 2021. City size, industrial structure and urbanization quality—A case study of the Yangtze River Delta urban agglomeration in China[J]. Land Use Policy, 111: 105735.

Yan Y, Sun Y B, Weiss D, et al. 2015. Polluted dust derived from long-range transport as a major end member of urban aerosols and its implication of non-point pollution in northern China[J]. Science of the Total Environment, 506: 538-545.

Yang Z J, Shi D Q. 2022. The impacts of political hierarchy on corporate pollution emissions: Evidence from a spatial discontinuity in China [J]. Journal of Environmental Management, 302: 113988.

York R, Rosa E A, Dietz T. 2003. Thomas Dietz. STIRPAT, IPAT and ImPACT: Analytic tools for unpacking the driving forces of environmental impacts[J]. Ecological Economics, 46(3): 351-365.

York R. 2007. Demographic trends and energy consumption in European Union Nations, 1960-2025[J]. Social Science Research, 36: 855-872.

Yu H, Liu Y, Zhao J J, et al. 2019. Urban total factor productivity: Does urban spatial structure matter in China? [J]. Sustainability, 12(1): 214.

Yu L, He Y. 2012. Energy consumption, industrial structure, and economic growth patterns in China: A study based on provincial data[J]. Journal of Renewable and Sustainable Energy, 4: 031804.

Yu W H, Liang W J, Yao X. 2024. The effect of the county-to-district conversion policy on energy efficiency of enterprises: Evidence from China[J]. Energy Economics, 134: 107618.

Yuan C, Liu S, Wu J. 2010. The relationship among energy prices and energy consumption in China[J]. Energy Policy, 38: 197-207.

Yuan Q, Yang D, Yang F, et al. 2020a. Green industry development in China: An index based assessment from perspectives of both current performance and historical effort[J]. Journal of

Cleaner Production, 250: 119457.

Yuan H, Feng Y, Lee C, et al. 2020b. How does manufacturing agglomeration affect green economic efficiency?[J]. Energy Economics, 92: 104944.

Zeng D, Zhao L. 2009. Pollution havens and industrial agglomeration[J]. Journal of Environmental Economics and Management, 58(2): 141-153.

Zhang M, Kone A, Tooley S, et al. 2009. Trip internalization and mixed-use development: a case study of Austin Texas[R]. Southwest Region University Transportation Center (US).

Zhang Q ,Yang L, Song D. 2020. Environmental effect of decentralization on water quality near the border of cities: Evidence from China's province-managing-county reform [J]. Science of the Total Environment,708:135154.

Zheng S, Kahn M E. 2013. Understanding China's urban pollution dynamics[J]. Journal of Economic Literature, 51(3): 731-772.

Zheng S, Kahn M E. 2017. A new era of pollution progress in urban China[J]. Journal of Economic Perspectives, 31: 71-92.

Zhu X, van Ierland E. 2006. The enlargement of the European Union: Effects on trade and emissions of greenhouse gases[J]. Ecological economics, *57*(1): 1-14.

Zipf G K. 1949. Human behavior and the principle of least effort[M]. Addison-Wesley Press.